陈铁山 主编

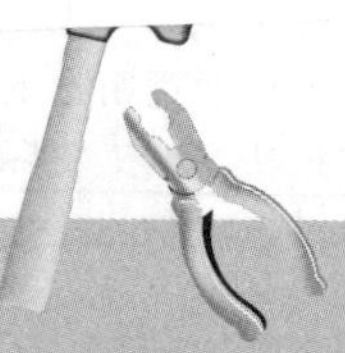

电子电工职业技能速成课堂

电工技能

化学工业出版社

·北京·

本书以帮助读者熟练掌握电工操作技能为目的，通过模拟课堂的形式，系统地讲解了电工的基础知识、电工识图、电工工具及材料、元器件识别与检测、电工线路的安装以及电工操作实训等内容。书中还通过精选的电工施工案例进一步介绍了在实际工作中的具体操作步骤、方法、技能、思路、技巧、电工实际处理技巧及要点点拨，举一反三，帮助读者快速掌握电工施工技能。

本书可供电工学习，也可供职业院校、培训学校相关专业的师生参考。

图书在版编目（CIP）数据

电子电工职业技能速成课堂·电工技能/陈铁山主编．—北京：化学工业出版社，2018.3

ISBN 978-7-122-31201-3

Ⅰ.①电…　Ⅱ.①陈…　Ⅲ.①电子技术-职业培训-教材②电工技术-职业培训-教材　Ⅳ.①TM②TN

中国版本图书馆CIP数据核字（2017）第309266号

责任编辑：李军亮　　文字编辑：谢蓉蓉

责任校对：宋　夏　　装帧设计：刘丽华

出版发行：化学工业出版社（北京市东城区青年湖南街13号　邮政编码100011）

印　　刷：三河市航远印刷有限公司

装　　订：三河市瞰发装订厂

710mm×1000mm　1/16　印张13½　字数274千字　2018年5月北京第1版第1次印刷

购书咨询：010-64518888（传真：010-64519686）　售后服务：010-64518899

网　　址：http://www.cip.com.cn

凡购买本书，如有缺损质量问题，本社销售中心负责调换。

定　　价：49.00元

前言

FOREWORD

电工是国民经济发展和人们生活中电气正常运行的保障，普遍存在于各行各业中，电工人群基数相对比较大。而在实际工作中电工人员存在数量不足和技术不够熟练的现状，针对这一现象，我们将电工实践经验与理论知识进行强化结合，以课堂的形式将课前预备知识、维修技能技巧，课内品牌专讲、专题训练、课后实操训练四大块为重点，将复杂的理论通俗化，将繁杂的操作技能明了化，建立起理论知识和实际应用之间的最直观桥梁。让初学者快速入门和提高，弄通实操基础，快速掌握电工技能。

本书具有以下特点：

课堂内外，强化训练；

直观识图，技能速成；

职业实训，要点点拨；

按图索骥，一看就会。

值得指出的是：由于生产厂家众多，各厂家资料中所给出的电路图形符号、文字符号等不尽相同，为了便于读者结合实物维修，本书未按国家标准完全统一，敬请读者谅解！

本书由陈铁山主编，张新春、张新德、刘淑华、张利平、陈金桂、刘晔、张云坤、王光玉、王娇、刘运和、陈秋玲、刘桂华、张美兰、周志英、刘玉华、张健梅、袁文初、张冬生、王灿等同志也参加了部分内容的编写、翻译、排版、资料收集、整理和文字录入等工作！

由于作者水平有限，书中不妥之处在所难免，敬请广大读者给予指评指正。

编著者

目录

CONTENTS

课堂三　电动机故障维修实训 / 172

课堂四　发电机故障维修实训 / 184

第一讲 职业化训练预备知识

课堂一

基础知识

一、模拟电路

根据所处理信号的不同，电子电路可以分为模拟电路和数字电路。模拟电路就是利用信号的大小强弱（某一时刻的模拟信号，即时间和幅度上都连续的信号）表示信息内容的电路，例如声音经话筒变为电信号，其电信号的大小就对应于电信号大小强弱（电压的高低值或电流的大小值），用以处理该信号的电路就是模拟电路。模拟信号在传输过程中很容易受到干扰而产生失真（与原来不一样）。与模拟电路对应的就是数字电路，模拟电路是数字电路的基础。

（一）模拟电路基本概念

学习模拟电路应掌握以下概念。

1. 电源

电源是电路中产生电能的设备。按其性质不同，分为直流电源和交流电源。它们分别是由化学能和机械能转换成电能的。直流电源是由化学能转换为电能的，如干电池和铅蓄电池；交流电源是通过发电动机产生的。

电源内有一种外力，能使电荷移动而做功，这种外力做功能力称为电源电动势，常用符号 E 表示，其单位为伏特（V），常用单位及换算关系是：

1 千伏（kV）＝1000 伏（V）

1 伏（V）＝1000 毫伏（mV）

1 毫伏（mV）＝1000 微伏（μV）

2. 电路

电路是指电流通过的路径。它由电源、导线和控制元器件组成。

3. 电流

电流是指电荷在导体上的定向移动。在单位时间内通过导体某一截面的电荷量用符号 I 表示。电流的大小和方向能随时间有规律地变化，叫做交流电流；电流的大小和方向不随时间发生变化，叫做恒定直流电。

电流的单位为安培，用字母 A 表示，常用单位及换算关系是：

1 安培（A）＝1000 毫安（mA）

$$1\text{ 毫安}(mA)=1000\text{ 微安}(\mu A)$$

4. 电压

电压是指电流在导体中流动的电位差。电路中元器件两端的电压用符号 U 表示。电压的单位也称为伏特（V），常用单位为伏（V）、毫伏（mV）、微伏（μV）。

5. 电阻

电阻是指导体本身对电流所产生的阻力。电阻用符号 R 表示。电阻的单位为欧姆，用符号 Ω 表示，常用单位及换算关系是：

$$1k\Omega=1000\Omega$$

$$1M\Omega=10^3 k\Omega=10^6\Omega$$

电阻的大小与导体的长度成正比，与导体的截面积成反比，且与导体的本身材料质量有关，其计算公式为：

$$R=\rho\frac{L}{A}(\Omega)$$

式中 L——导体的长度，m；

A——导体的截面积，m^2；

ρ——导体的电阻率，$\Omega\cdot mm^2/m$。

6. 电容

电容是指电容器的容量。电容器由两块彼此相互绝缘的导体组成，一块导体带正电荷，另一块导体带负电荷，其储存电荷量与加在两导体之间的电压大小成正比。

电容用字母 C 表示。电容量的基本单位为法拉，用字母 F 表示。常用单位为法（F）、微发（μF）和皮法（pF），其换算关系是：

$$1F=10^6\mu F=10^{12}pF$$

电容器在电路中的作用有：

a. 能起到隔直流通交流的作用；

b. 电容器与电感线圈可以构成具有某种功能的电路；

c. 利用电容器可实现滤波、耦合定时和延时等功能。

使用电容器时应注意：电容器串联使用时，容量小的电容器比容量大的电容器所分配的电压要高，串联使用时要注意每个电容器的电压不要超过其额定电压。电容器并联使用时，等效电容的耐压值等于并联电容器中最低额定工作电压。

串并联时的等效电容计算如表 1-1 所示。

表 1-1 电阻和电容串并联等效电容计算表

计算内容	等效阻容计算公式	阻容连接图
串联电阻总电阻的计算	$R=R_1+R_2+\cdots+R_i+\cdots+R_n=\sum_{i=1}^{n}R_i$ $G=\dfrac{1}{\dfrac{1}{G_1}+\dfrac{1}{G_2}+\cdots+\dfrac{1}{G_i}+\cdots+\dfrac{1}{G_n}}=\dfrac{1}{\sum_{i=1}^{n}\dfrac{1}{G_i}}$	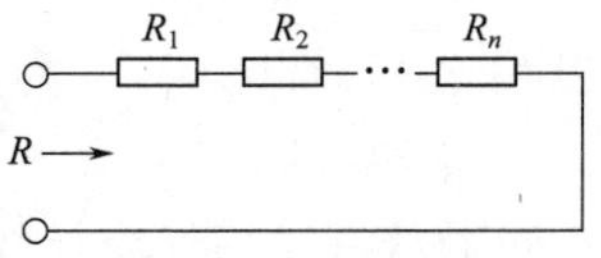

续表

计算内容	等效阻容计算公式	阻容连接图
并联电阻总电阻的计算	$G=G_1+G_2+\cdots+G_i+\cdots+G_n=\sum_{i=1}^{n}G_i$ $\frac{1}{R}=\frac{1}{R_1}+\frac{1}{R}+\cdots+\frac{1}{R_i}+\cdots+\frac{1}{R_n}=\sum_{i=1}^{n}\frac{1}{R_i}$	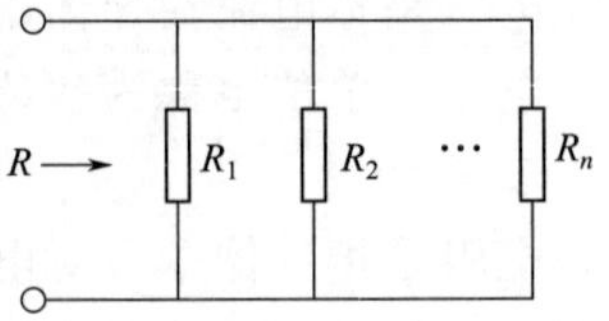
串联电容总电容的计算	$\frac{1}{C}=\frac{1}{C_1}+\frac{1}{C_2}+\cdots+\frac{1}{C_i}+\cdots+\frac{1}{C_n}=\sum_{i=1}^{n}\frac{1}{C_i}$	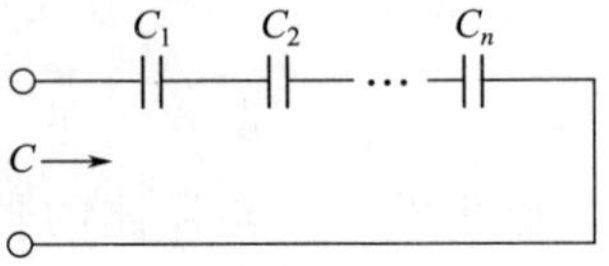
并联电容总电容的计算	$C=C_1+C_2+\cdots+C_i+\cdots+C_n=\sum_{i=1}^{n}C_i$	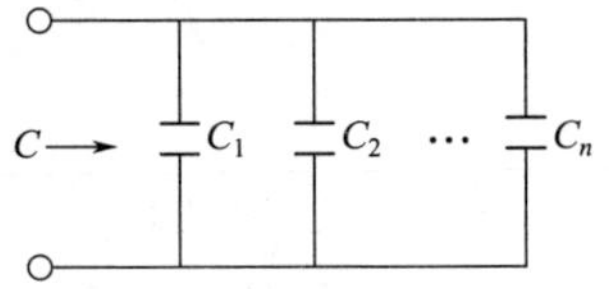

注：表中 G 为电导，$G=\frac{1}{R}$。

7. 电能

电能是指在某一段时间内电流的做功量。常用千瓦·时（kW·h）作为电能的计算单位，即功率为 1kW 的电源在 1h 内电流所做的功。

电能用符号 W 表示，单位为焦耳，单位符号为 J。电能的计算公式为：

$$W=Pt$$

式中，电功率 P 的单位为瓦（W），时间 t 的单位为秒（s），电能 W 的单位为焦耳（J）。

8. 电功率

电功率是指在一定的单位时间内电流所做的功。电功率用符号 P 表示，单位为瓦特，单位符号为 W，常用单位为千瓦（kW）和毫瓦（mW）等，1W 等于 1000mW。

电功率是衡量电能转换速度的物理量，其计算公式如下。

假设在一个电阻值为 R 的电阻两端加上电压 U，而流过 R 的电流为 I，则该电阻上消耗的电功率

$$P=UI=I^2R=\frac{U}{R}$$

式中，电压 U 的单位为伏特（V），电流 I 的单位为安培（A），电阻 R 的单位为欧姆（Ω），电功率 P 的单位为瓦特（W）。

9. 电感线圈

电感线圈是用绝缘导线绕制在铁芯或支架上的线圈。它具有通直流阻交流的

作用，可以配合其他电气元件组成振荡电路、调谐电路、高频和低频滤波电路。

电感是自感和互感的总称，其两种现象表现为：当线圈本身通过的电流发生变化时将引起线圈周围磁场的变化，而磁场的变化又在线圈中产生感应电动势，这种现象称作自感；两个互相靠近的线圈，其中一个线圈中的电流发生变化，而在另一个线圈中产生感应电动势，这种现象称作互感。

电感用符号 L 表示，单位为亨利，用字母 H 表示。常用单位为毫亨（mH）和微亨（μH），其换算关系是：

$$1\text{H}=10^3\text{mH}=10^6\mu\text{H}$$

电感线圈对交流电呈现的阻碍作用称作感抗，用符号 X_L 表示，单位为欧姆（Ω）。感抗与线圈中的电流的频率及线圈电感量的关系为：$X_L=\omega L=2\pi fL$。

10. 频率

频率是指交流电流量每秒钟完成的循环次数。用符号 f 表示，单位为赫兹（Hz）。我国交流供电的标准频率为 50Hz。

11. 周期

周期是指电流变化一周所需要的时间。用符号 T 表示，单位为秒（s）。周期与频率的关系是互为倒数，其数学公式为：

$$T=\frac{1}{f}$$

12. 相位和初相位

在电流表达式 $i=I_m\sin(\omega t+\varphi)$ 中，电角度（$\omega t+\varphi$）是表示正弦交流电变化过程的一个物理量，通常把交流电动势变化一个周期用 2π 弧度来计量，一定的时间对应一定的角度，这个角度即称为电角度，其文字符号用字母“α”来表示，单位是弧度（rad）。任一瞬间交流电动势的电角度称作相位。$t=0$（即起始时）时的相位 φ 称作初相位。

13. 角频率

角频率指正弦交流电在单位时间内所变化的电角度，用符号 ω 表示，单位是弧度/秒（rad/s）。角频率与频率和周期的关系为：

$$\omega=2\pi f=\frac{2\pi}{T}$$

14. 振幅值

振幅值是指交流电流或交流电压在一个周期内出现的电流或电压的最大值。用符号 I_m 表示。

15. 有效值

交流电流 i 通过一个电阻时，在一个周期内所产生的热量。如果与一个恒定直流电流 I 通过同一电阻时所产生的热量相等，则该恒定直流电流值的大小称作该交流电流的有效值。用字母 I 表示，电压有效值用 U 表示。

对于正弦交流电，其电流及电压的有效值与振幅值的数量关系为：

$$I=\frac{I_m}{\sqrt{2}} \qquad U=\frac{U_m}{\sqrt{2}}$$

16. 相电压

相电压是指在三相对称电路中，每相绕组或每相负载上的电压，即端线与中性线之间的电压。

17. 相电流

相电流是指在三相对称的电路中，流过每相绕组或每相负载上的电流。

18. 线电压

线电压是指在三相对称电路中，任意两条线之间的电压。

19. 线电流

线电流是指在三相对称电路中，端线中流过的电流。

（二）典型模拟电子电路

模拟电子电路经常是根据它们的作用或任务来命名的，典型的模拟电子电路如下所述。

① 开关。电子系统将信号选通或关闭，或者改变路径的电路。

② 放大器。实现放大信号的电路。

③ 加法器。将信号相加在一起的电路。减法器也可获得。

④ 衰减器。实现减少信号的电路。

⑤ 限幅器。阻止信号超过某一或某几个限定幅度的电路。

⑥ 比较器。将某一信号和参考量比较，参考量通常为电压。

⑦ 控制器。调节信号与负载设备。例如，控制器可用来设定和保持电动机的运转速度。

⑧ 转换器。将信号由一种形式改变为另一种形式（例如，电压→频率和频率→电压转换器）。

⑨ 检波器。从信号中提取信息的电路（收音机检波器从无线电信号中提取出声音和音乐信号）。

⑩ 除法器。实现信号的算术除法功能的电路。

⑪ 滤波器。从信号中去除不想要的频率的电路。

⑫ 混频器。加法器的另一个名字，产生两个输入信号的和频与差频的非线性电路。

⑬ 乘法器。实现某些信号的算术乘法特性的电路（有频率乘法器和幅值乘法器）。

⑭ 振荡器。将直流改变成交流的电路。

⑮ 整流器。将交流改变成直流的电路。

⑯ 稳压（流）器。将电压或电流量保持为常量的电路。

二、数字电路

用数字信号完成对数字量进行算术运算和逻辑运算的电路称为数字电路或数字系统。由于它具有逻辑运算和逻辑处理的功能，所以又称数字逻辑电路。现代的数字电路由半导体工艺制成的若干数字集成器件构造而成。逻辑门是数字逻辑电路的基本单元。存储器是用来存储二值数据的数字电路。从整体上看，数字电路可以分为组合逻辑电路和时序逻辑电路两大类。

（一）数字电路基本概念

学习数字电路主要应掌握以下概念。

1. 组合逻辑电路

组合逻辑电路简称组合电路，它由最基本的逻辑门电路组合而成。特点是：输出值只与当时的输入值有关，即输出唯一地由当时的输入值决定。电路没有记忆功能，输出状态随着输入状态的变化而变化，类似于电阻性电路，如加法器、译码器、编码器、数据选择器、发生器、函数发生器等都属于此类。

2. 时序逻辑电路

简称时序电路，是由组合逻辑电路和存储电路两个部分组成的电路，如图 1-1 所示。与组合电路最本质的区别在于时序电路具有记忆功能。

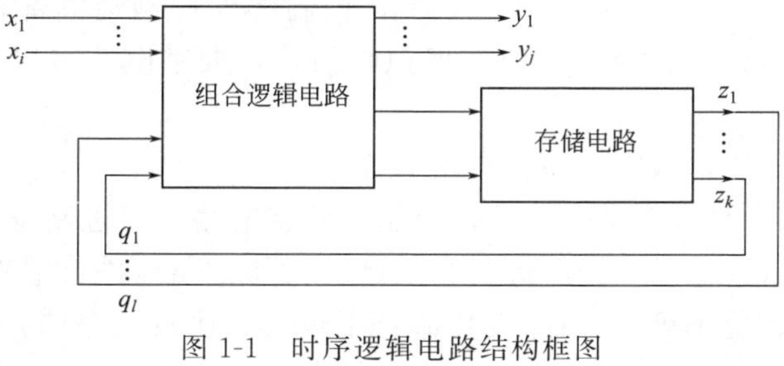

图 1-1 时序逻辑电路结构框图

时序电路的特点是：输出不仅取决于当时的输入值，而且还与电路过去的状态有关，是类似于含储能元器件的电感或电容的电路。典型时序逻辑电路主要有触发器、锁存器、计数器、移位寄存器、储存器等器件。

按电路有无集成元器件来分类，可分为分立元器件数字电路和集成数字电路。按集成电路的集成度进行分类，可分为小规模集成数字电路（SSI）、中规模集成数字电路（MSI）、大规模集成数字电路（LSI）和超大规模集成数字电路（VLSI）。按构成电路的半导体器件来分类，可分为双极型数字电路和单极型数字电路。

（二）数字电路与模拟电路的区别

数字电路与模拟电路不同，它不利用信号大小强弱来表示信息，而利用电压的高低或电流的有无或电路的通断来表示信息的 1 或 0，用一连串的 1 或 0 编码表示某种信息（由于只有 1 与 0 两个数码，所以叫二进制编码，如图 1-2 所示为数字信号与模拟信号波形对照）。用以处理二进制信号的电路就是数字电路，它利用电路的通断来表示信息的 1 或 0，其工作信号是离散的数字信号。电路中的晶体管的工作状态，即可产生数字信号，即时而导通时而截止就可产生数字信号。

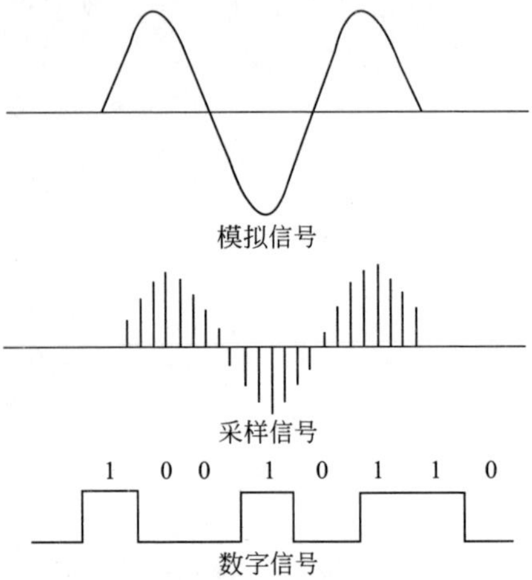

图 1-2　数字信号与模拟信号波形对照

最初的数字集成器件以双极型工艺制成了小规模逻辑器件，随后发展到了中规模逻辑器件；20 世纪 70 年代末，微处理器的出现，使数字集成电路的性能产生了质的飞跃，出现了大规模的数字集成电路。数字电路最重要的单元电路就是逻辑门。

数字集成电路是由许多逻辑门组成的复杂电路。与模拟电路相比，它主要进行数字信号的处理（即信号以 0 与 1 两个状态表示），因此抗干扰能力较强。数字集成电路有各种门电路、触发器以及由它们构成的各种组合逻辑电路和时序逻辑电路。一个数字系统一般由控制部件和运算部件组成，在时脉的驱动下，控制部件控制运算部件完成所要执行的动作。通过模拟数字转换器、数字模拟转换器，数字电路可以和模拟电路实现互联互通。

与模拟电路相比，数字电路具有以下特点：

① 同时具有算术运算和逻辑运算功能。数字电路以二进制逻辑代数为数学基础，使用二进制数字信号，既能进行算术运算又能方便地进行逻辑运算（与、或、非、判断、比较、处理等），因此极其适合于运算、比较、存储、传输、控制、决策等应用。

② 实现简单，系统可靠。以二进制作为基础的数字逻辑电路，可靠性较强。电源电压的小波动对其没有影响，温度和工艺偏差对其工作的可靠性影响也比模拟电路小得多。

③ 集成高、功能实现容易、体积小、功耗低是数字电路突出的优点之一。

另外，数字电路的设计、维修、维护灵活方便，随着集成电路技术的高速发展，数字逻辑电路的集成度越来越高，集成电路块的功能随着小规模集成电路（SSI）、中规模集成电路（MSI）、大规模集成电路（LSI）、超大规模集成电路（VLSI）的发展也从元器件级、器件级、部件级、板卡级上升到了系统级。电路的设计组成只需采用一些标准的集成电路块单元连接而成。对于非标准的特殊电路还可以使用可编程序逻辑阵列电路，通过编程的方法实现任意的逻辑功能。数字电路与数字电子技术广泛地应用于家电、雷达、通信、电子计算机、自动控制和航天等科学技术领域。

三、电路基本定律

（一）欧姆定律

在一段不含电动势只有电阻的电路中流过电阻 R 的电流 I 与加在电阻两端的电压 U 成正比，与电阻成反比，称作无源支路的欧姆定律。

欧姆定律的计算公式为：

$$I=\frac{U^2}{R}$$

式中　I——支路电流，A；

U——电阻两端的电压，V；

R——支路电阻，Ω。

在一段含有电动势的电路中，其支路电流的大小和方向与支路电阻、电动势的大小和方向、支路两端的电压有关，称作有源支路欧姆定律，其计算公式为：

$$I=\frac{U-E}{R}$$

式中　I——有源支路电流，A；

U——电阻两端的电压，V；

R——支路电阻，Ω；

E——支路电动势，V。

（二）基尔霍夫定律

基尔霍夫第一定律为节点电流定律，几条支路所汇集的点称作节点。对于电路中任一节点，任一瞬间流入该节点的电流之和必须等于流出该节点的电流之和，或者说流入任一节点的电流的代数和等于0（假定流入的电流为正值，流出的则看作是流入一个负极的电流），即：

$$I_1+I_2-I_3+I_4-I_5=0 \quad (I_X \text{为任一节点电流})$$

基尔霍夫第二定律为回路电压定律。电路中任一闭合路径称作回路，任一瞬间，电路中任一回路的各阻抗上的电压降的代数和恒等于回路中的各电动势的代数和。

（三）安培右手螺旋定律

伸出右手握住螺旋线圈，让大拇指与四指垂直，让电流的方向与四指的方向一致，则大拇指的方向就是螺旋线圈内部磁力线的方向。

如图 1-3 所示，通电的导体缠绕在一根铁棒上，这样就会在铁棒的内部和周围产生磁场，产生磁场的方向符合安培右手螺旋定律。

（四）弗莱明右手定则

弗莱明在法拉第和楞次等科学家的研究基础上，推论出了用磁场方向和导体运动方向来表示感应电动势方向的法则，称为弗莱明右手定则，如图 1-4 所示。

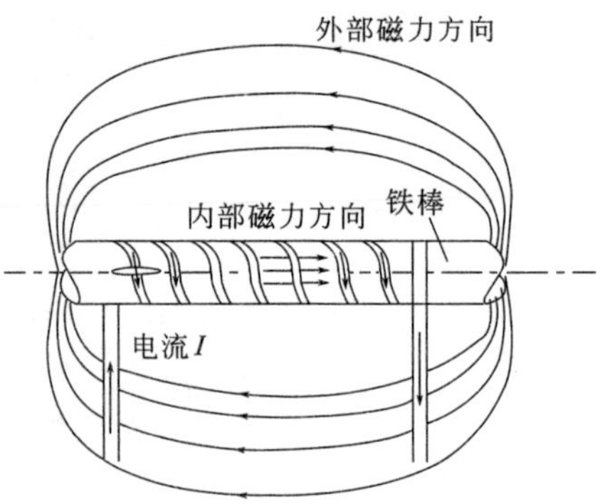

图 1-3　安培右手螺旋定律

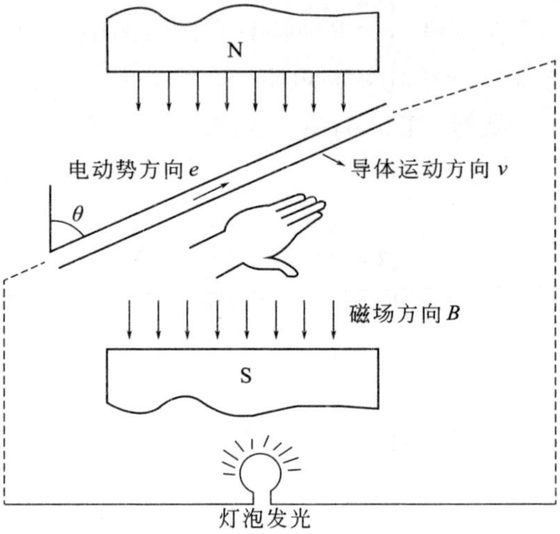

图 1-4　弗莱明右手定则

伸出右手，展开四指，大拇指与四指垂直，让磁力线的方向竖直穿过手心，大拇指的方向为导体运动的方向，则四指的方向为感应电动势的方向。

公式为：

$$e = BLv\sin\theta$$

可见，在磁场中运动的导体会产生感应电动势（电压），导体就成了一个电源（可以想象成电池）。如果外面接上一个电路，则电路中存在电流，灯泡会放光。

（五）弗莱明左手定则

如图 1-5 所示，在磁极之间悬挂一导体，如果有电流通过导体，导体就会运动。这是磁极形成的磁场和电流形成的磁场间相互作用所致，这个力叫电磁力。

电磁力的方向取决于电流的方向和磁场的方向。运用弗莱明左手定则可进行判定：伸出左手，展开四指，大拇指与四指垂直，让磁力线的方向竖直穿过手心，四指的方向为导体电流的方向，则大拇指的方向为导体受力的方向。

公式表示为：

$$F = BIL\sin\theta$$

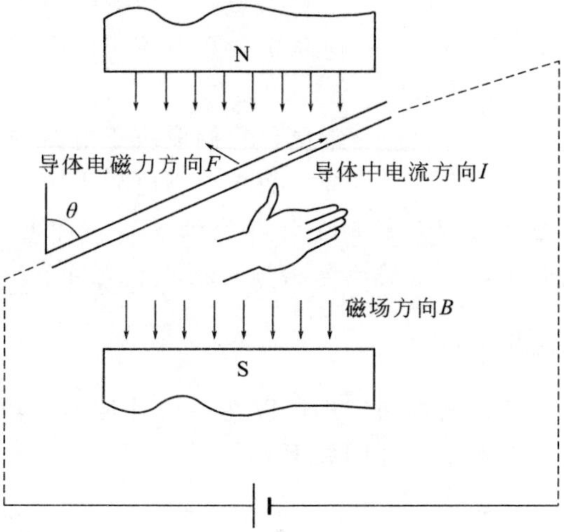

图 1-5　弗莱明左手定则

（六）焦耳定律

电流通过导体时所产生的热量 Q，跟电流的平方成正比，跟导体的电阻成正比，跟通电的时间成正比。这一结论称为焦耳定律，用公式表示为：$Q=I^2Rt$。Q 的单位为焦耳（J）。

焦耳定律给出了电流产生热量与电流强弱、时间还有电阻的关系：电流通过导体产生的热量，跟电流的二次方成正比，跟导体电阻大小成正比，跟通电时间成正比。

焦耳定律是设计电照明，电热设备及计算各种电气设备温升的重要公式。在串联电路中，电流是相等的，则电阻越大时，产生的热越多。在并联电路中，电压是相等的，通过变形公式，$W=Q=Pt=(U^2/R)t$，当 U 一定时，R 越大则 Q 越小。

（七）叠加定理

在线性电路中，任一支路的电流（或电压）可以看成是电路中每一个独立电源单独作用于电路时，在该支路产生的电流（或电压）的代数和（叠加）。线性电路的这种叠加性称为叠加定理。

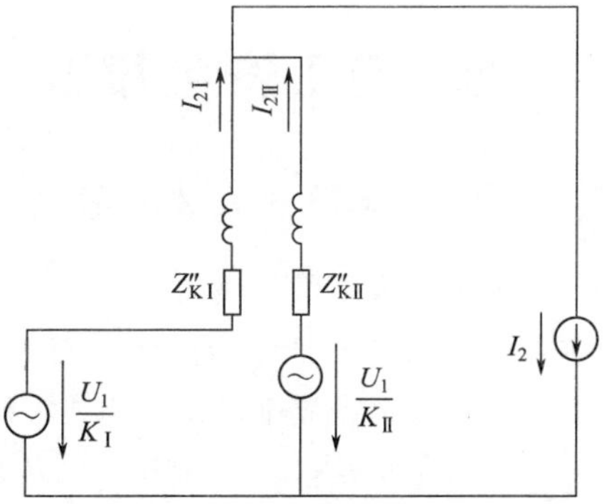

图 1-6　叠加定理

叠加定理可用图 1-6 表示。线性电阻电路中的任一节点电压、支路电压或支路电流均可用以下形式表示：

$$y=H_1u_{s1}+H_2u_{s2}+\cdots+H_mu_{sm}+K_1i_{s1}+K_2i_{s2}+\cdots+K_ni_{sn}$$

式中 u_{sk} ($k=1, 2, \cdots, m$) ——电路中独立电压源的电压；

i_{sk} ($k=1, 2, \cdots, n$) ——电路中独立电流源的电流；

H_k ($k=1, 2, \cdots, m$) 和 K_k ($k=1, 2, \cdots, n$)

——常量，它们取决于电路的参数和输出变量的选择，而与独立电源无关。

值得指出的是，叠加定理只能用于计算线性电路（即电路中的元件均为线性元件）的支路电流或电压，只适用于电压与电流，不适用于计算功率。

（八）戴维南定理

又称等效电压源定律。戴维南定理可以在单口外加电流源 i，用叠加定理计算端口电压的方法如图 1-7 所示，证明如下。

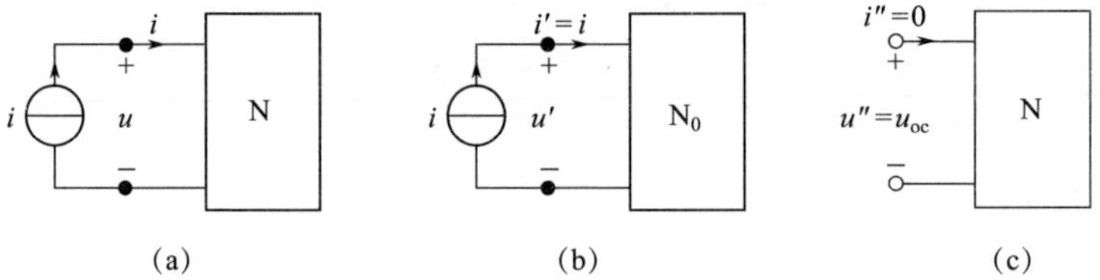

图 1-7 戴维南定理证明

在单口网络端口上外加电流源 i，根据叠加定理，端口电压可以分为两部分组成。一部分是由电流源单独作用（单口内全部独立电源置零）产生的电压 $u'=R_{oi}$；另一部分是外加电流源置零（$i=0$），即单口网络开路时，由单口网络内部全部独立电源共同作用产生的电压 $u''=u_{oc}$。由此得到：

$$U=u'+u''=R_{oi}+u_{oc}$$

值得指出的是，戴维南定理只对外电路等效，对内电路不等效。也就是说，不可应用该定理求出等效电源电动势和内阻之后，又返回来求原电路（即有源二端网络内部电路）的电流和功率。另外，戴维南定理只适用于线性的有源二端网络。如果有源二端网络中含有非线性元件，则不能应用戴维南定理求解。

四、电工安全知识

（一）电流对人体的危害

触电对人体的伤害方式可分为电击和电伤两种。电击是指电流流过人体时反应在人体内部造成器官的损伤，而在人体外表不一定留下电流痕迹。电击的危险性最大，一般死亡事故都是出于电击。电伤不是将人体内部器官损伤，而是指由于电流的热效应、化学效应、机械效应以及在电流作用下熔化或蒸发的金属微粒等侵袭人体皮肤，使局部皮肤受到灼伤、烤伤和皮肤金属化的伤害，严重的也可以致人死亡。

电击所引起的伤害程度与下列各种因素有关。

① 人体电阻的大小。人体的电阻愈大，通入的电流愈小，伤害程度也就愈轻。根据研究结果，当皮肤有完好的角质外层并且很干燥时，人体电阻为 $10^4 \sim 10^5 \Omega$。当角质外层破坏时，则降到 $800 \sim 1000\Omega$。

② 电流的大小。如果通过人体的电流在 0.05A 以上时，就会有生命危险。一般说，接触 36V 以下的电压时，通过人体的电流不致超过 0.05A，故把 36V 的电压作为安全电压。如果在潮湿的场所，安全电压还要规定得低一些，通常是 24V 和 12V。

③ 电流通过时间的长短。电流通过人体的时间愈长，则伤害愈严重。

④ 电流的频率。直流和频率为 50Hz 左右的交流电对人体的伤害最大，而 20kHz 以上的交流电对人体无危害。高频电流还可以治疗某种疾病。

⑤ 电流通过人体的路径以及与带电体接触的面积和压力。

（二）触电方式

电击可分为单相触电、两相触电和跨步电压触电三种方式。

1. 单相触电

单相触电方式如图 1-8 所示。在低压系统中，人体的一部分直接或通过某种导体间接触及电源的一相，而人体的另一部分直接或通过导体间接触及大地，使电源和人体及大地之间形成了一个电流通路，这种触电方式为单相触电。

2. 两相触电

两相触电方式如图 1-9 所示。在低压系统中，人体两部分直接或通过导体间接分别触及电源的两相，在电源与人体之间构成了电流通路，这种触电方式称为两相触电。不管是单相触电还是两相触电，如果电流通过人体心脏，都是最危险的触电方式。

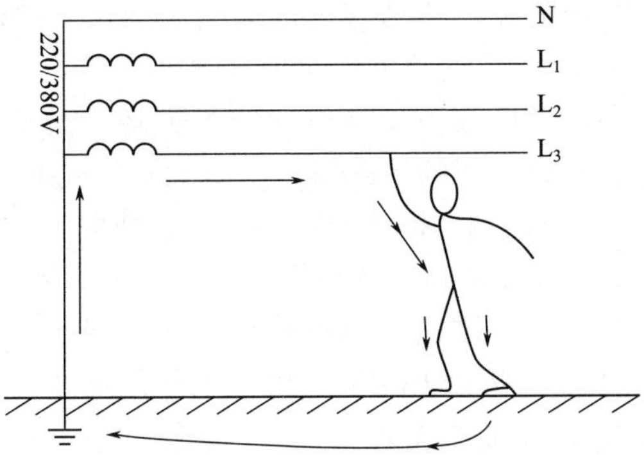

图 1-8 单相触电方式

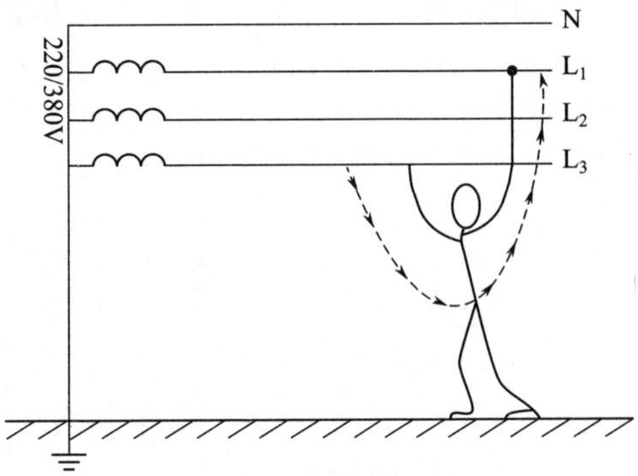

图 1-9 两相触电方法

3. 跨步电压触电

在高压输电线断线落地时，有强大的电流流入大地，在接地点周围产生电压降，如图 1-10 所示。当人体接近接地点时，两脚之间承受跨步电压而触电。

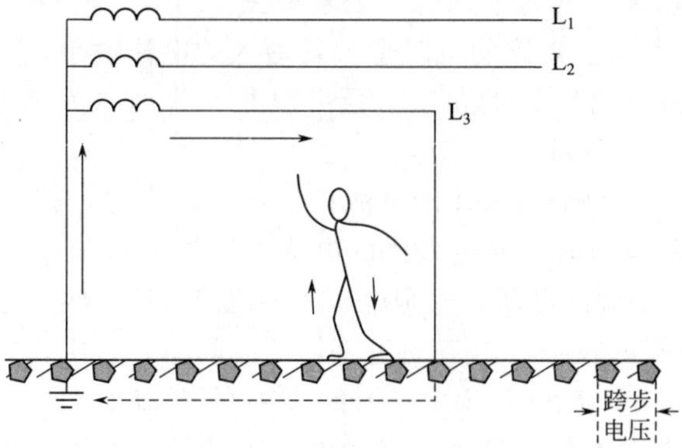

图 1-10 跨步电压触电方式

跨步电压的大小与人和接地点距离，两脚之间的跨距，接地电流大小，空气介质的温度、湿度、压强等因素有关。

（三）接地和接零

为了人身安全和电力系统工作的需要，要求电气设备采取接地措施。按接地目的的不同，主要分为工作接地、保护接地和保护接零。

1. 工作接地

在低压配电系统中，电源（变压器）中性点有接地和不接地两种。接地的目的出于电力系统运行和安全的需要，这种接地称为工作接地，例如三相四线制电源中性点的接地。在低压配电系统电源中性点不接地的情况下采用保护接地，而在中性点接地的情况下则采用保护接零。

2. 保护接地

保护接地主要用于中性点不接地的低压系统中，就是将电气设备的金属外壳（正常情况下是不带电的）接地。如图 1-11 所示的是电动机的保护接地。

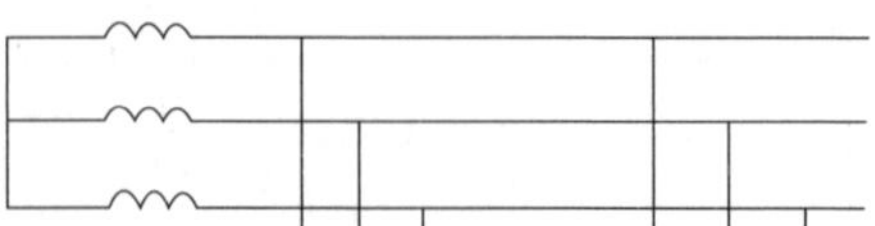

图 1-11 电动机的保护接地

当电动机某一相绕组的绝缘损坏使外壳带电而外壳接地的情况下，人体触及外壳时，由于人体的电阻 R_b 和绝缘电阻 R' 并联，而通常 $R_b>R_0$，所以通过人体的电阻很小，不会有危险。这就是保护接地保证人身安全的作用。如果电动机某一相绕组的绝缘损坏使外壳带电而外壳未接地，人体触及外壳，相当于单相触电。这时电流 I_e（经过故障点流入地中的电流）的大小取决于人体的电阻 R_b 和绝缘电阻 R'。当系统的绝缘性能下降时，就有触电的危险。

3. 保护接零

保护接零就是将电气设备的金属外壳接到零线（或称中性线）上，宜用于中性点接地的低压系统中。如图 1-12 所示的是电动机的保护接零。

当电动机某一相绕组的绝缘损坏而与外壳相接时，就形成单相短路，迅速将这一相中的熔丝熔断，因而外壳便不再带电。即使在熔丝熔断前人体触及外壳时，也由于人体电阻远大于线路电阻，通过人体的电流也是极为微小的。

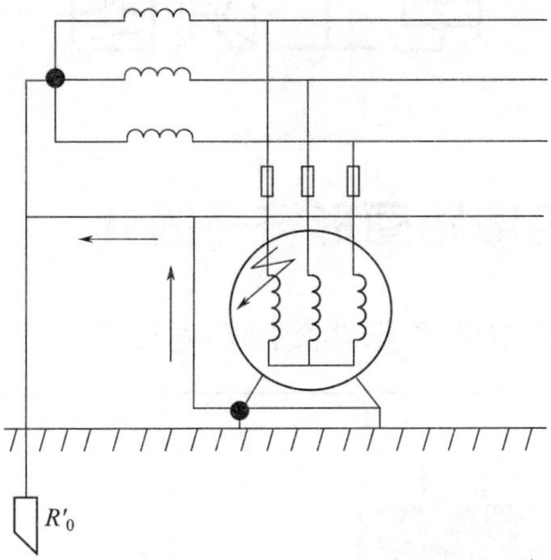

图 1-12 电动机的保护接零

课堂二

电工识图

一、电工常用电路图形符号简介

（一）配电系统常用电子元件图形符号简介

名称	实物图	图形符号	备注
变压器		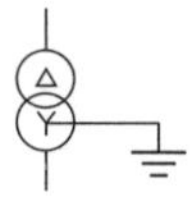	把高压电变换成低压电
真空断路器			控制和保护高压电气设备
电压互感器		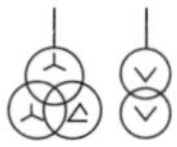	把高压电压按比例关系变换成100V或更低等级的标准二次电压，供保护、计量、仪表装置使用
电流互感器	 	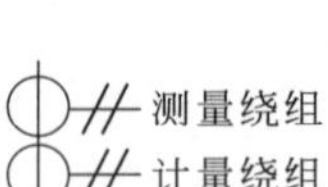 	把数值较大的一次电流通过一定的变比转换成数值较小的二次电流（5A、1A），用来进行保护、测量、计量等用途

续表

名称	实物图	图形符号	备注
接地刀开关			作为检修时保证人身安全,用于接地的一种机械接地装置
隔离开关			用于隔离电源,将高压检修设备与带电设备断开,使其间有明显可看见的断开点
避雷器	 	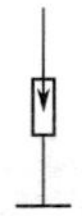	用来保护电力系统中各种电气设备免受雷电过电压、操作过电压、工频暂态过电压冲击而损坏的一种电器
电力继电器		ASJ	根据电压、电流等物理量的变化来接通或切断电路,起保护和控制作用
断路器			控制电气回路分合的开关

续表

名称	实物图	图形符号	备注
隔离刀开关			用于隔离电源，使其间有一明显可见的断开点
刀开关			用于隔离电源，使其间有一明显可看见的断开点
电力电容器			补偿电力系统感性负荷的无功功率，以提高功率因数，改善电压质量，降低线路损耗
交流接触器			利用主接点来开闭电路，用辅助接点来执行控制指令，广泛用作电力的开断和控制电路
热继电器		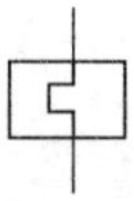	主要用于保护电动机的过载
变频器		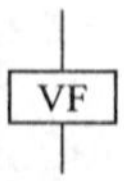	通过改变电动机工作电源频率来控制交流电动机的运行，并具有过流、过压、过载等保护功能

续表

名称	实物图	图形符号	备注
软起动器		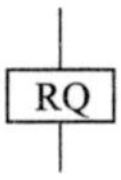	集软启动、软停车、轻载节能和多功能保护于一体的电动机控制装置
电能表	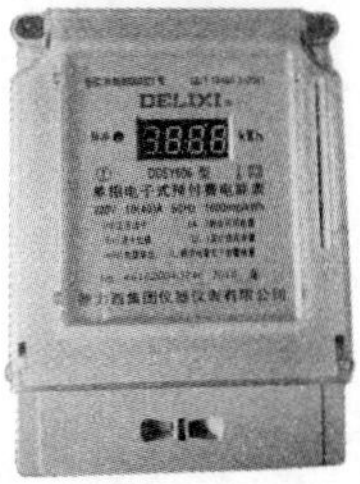	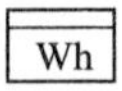	电能累积，精度高，经当地供电局认证，用于用电方电能统计

（二）电子电路常用电子元件图形符号简介

名称	图形符号	文字符号
电阻、电阻器或固定电阻器		R
电位器	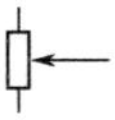	VR、RP、W
可调电阻		VR、RP、W
压敏电阻	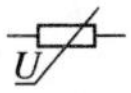	RZ、VAR
热敏电阻	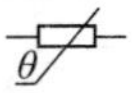	RT
光敏电阻	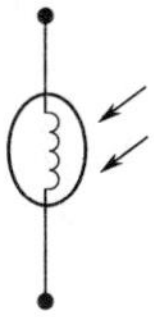	CDS
电容		C
有极性电容		C
可调电容		C
二极管		VD

续表

名称	图形符号	文字符号
双向触发二极管	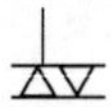	VD
稳压二极管		VZ、V
整流二极管		VD
肖特基二极管		VD
发光二极管		LED
NPN 型三极管	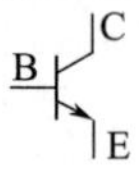	VT
PNP 型三极管	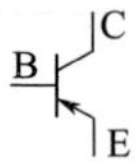	VT
N 沟道场效应管	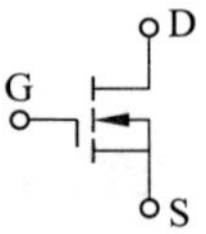	VT
P 沟道场效应管	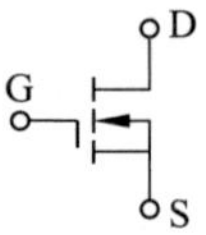	VT
光电耦合器	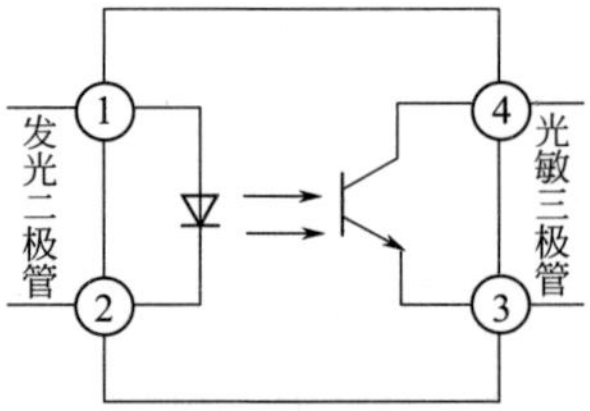	IC
单向晶闸管(晶闸管)	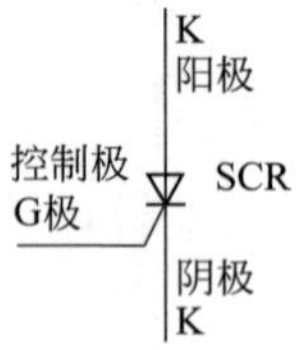	VS
双向晶闸管	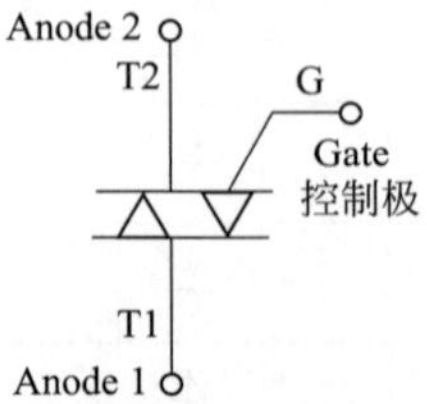	VS

续表

名称	图形符号	文字符号
晶振		X
单列集成电路	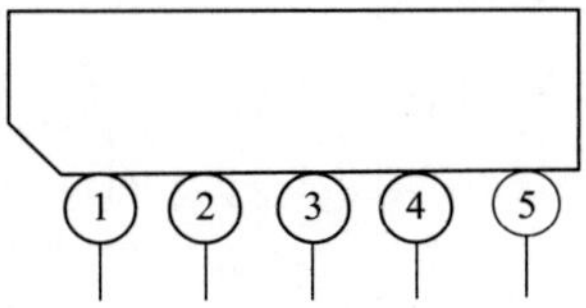	IC、U
双列集成电路	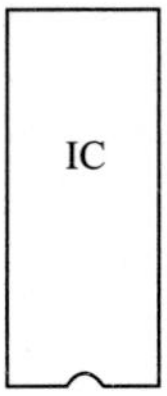	IC、U
运算放大器	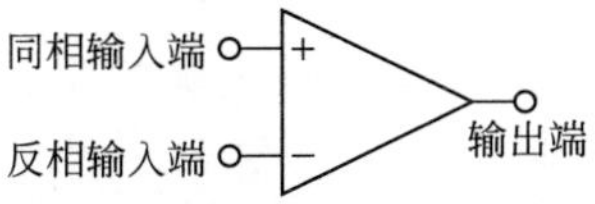	IC
与门	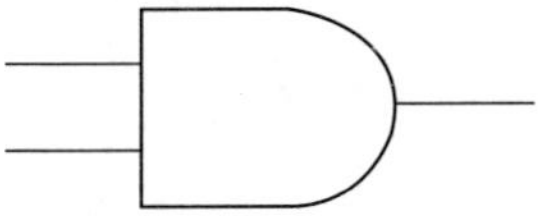	IC
或门	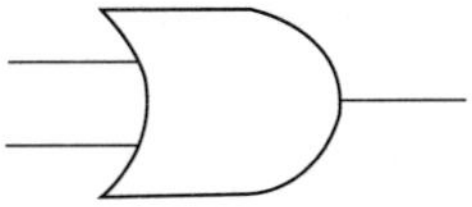	IC
保险管	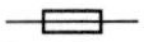	F
变压器	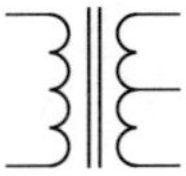	T
按键开关		S
扬声器	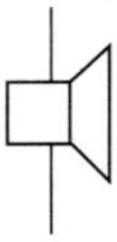	HL
电池或直流电源		GB
公共接地		E

二、电工常用电气接线图简介

（一）电流互感器接线图简介

电流互感器在三相电路中常见接线方式主要有：一相式接线、两相V形接线、两相电流差接线和三相星形接线，如图1-13～图1-16所示。

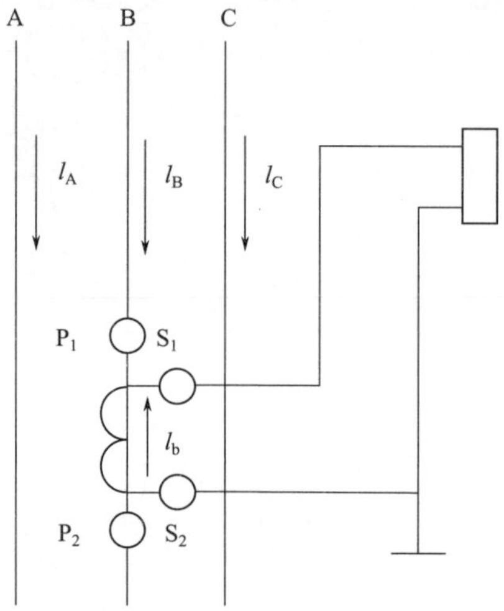

图1-13　一相式接线图

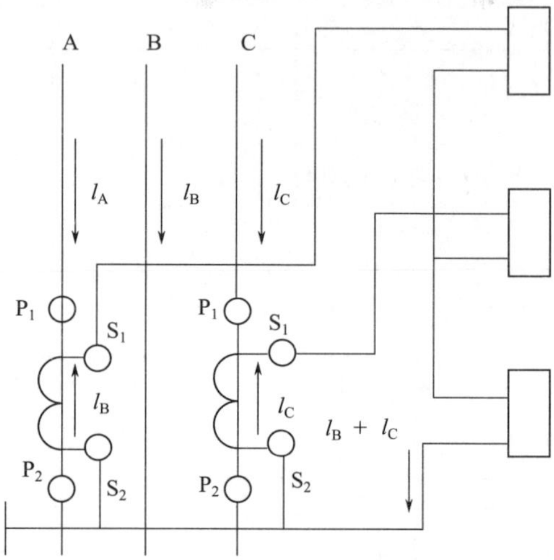

图1-14　两相V形接线图

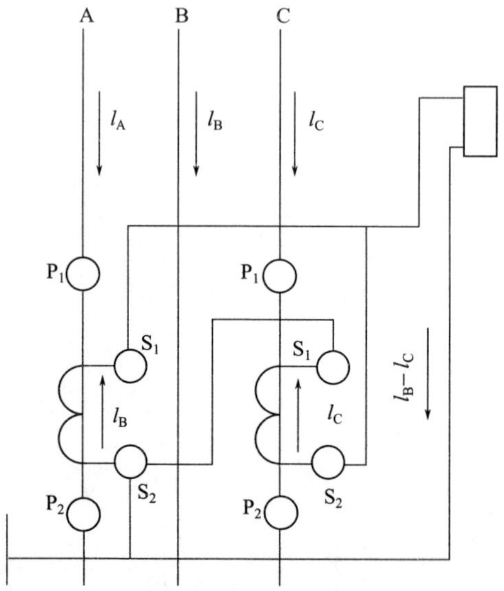

图1-15　两相电流差接线图

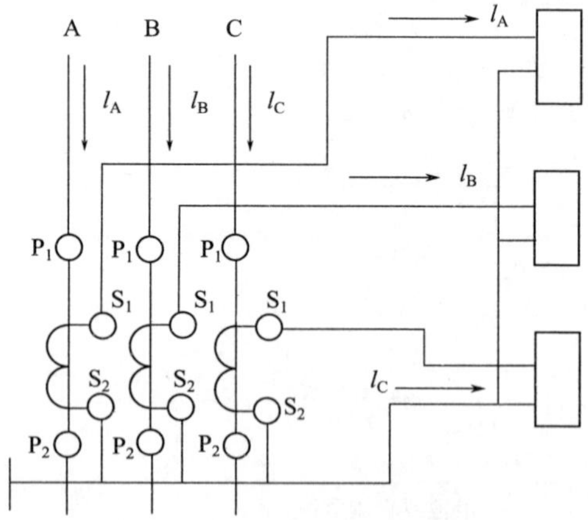

图1-16　三相星形接线图

（二）过电流继电器接线图简介

EOCR-SS是超小型定时限动作特性的过电流继电器，其典型接线图如图1-17所示。利用主回路相线穿过两个互感器（CT）取得电流感应信号。

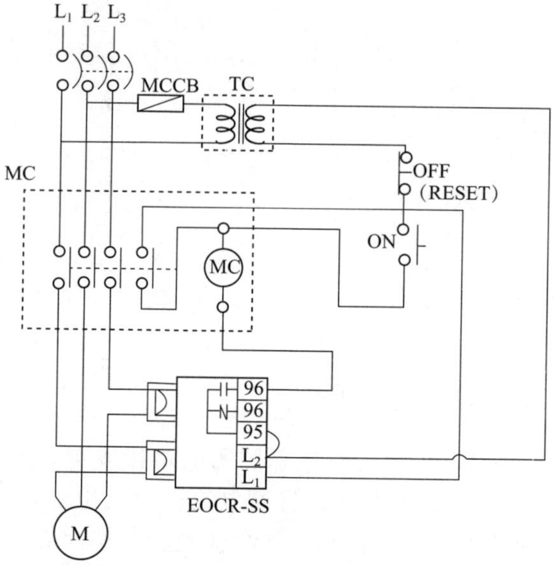

图1-17 EOCR-SS过电流继电器接线图

当负载异常时，经内部继电器动作切断控制回路电源，达到保护负载的目的。

（三）热继电器接线图简介

热继电器通常用作对电动机的短路保护，采用在电源回路中串接熔断器的方法来实施，依赖于机械结构所形成的机械动作来实现停机保护。

热继电器典型接线图如图1-18所示，热继电器FR_1串接于主电路中，FR_1的常闭触点串接于控制回路，过载故障发生时，FR_1控制触点断开，交流接触器KM_1线圈失电，KM_1常开触点断开，起到过载停机保护作用。

（四）高压钠灯接线电路图简介

高压钠灯通常适用于道路、车站、码头和广场等要求不高的大面积照明。高压钠灯的接入电路包括镇流器和产生高压脉冲的附加启动装置，其接线电路图如图1-19所示。

电路中供启动用的双金属片热控开关制造在灯的外层玻璃泡内。启动时，电流经过双金属片触点b和其加热线圈LW，加热线圈产生的热量使触点b受热打开时，镇流器L产生高压脉冲而使钠气击穿放电。启动后，借助放电管的高温使双金属片保持触点断开状态。

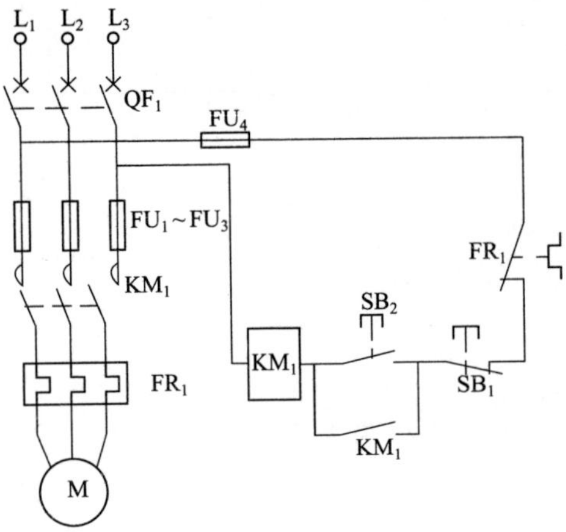

图 1-18 热继电器接线图

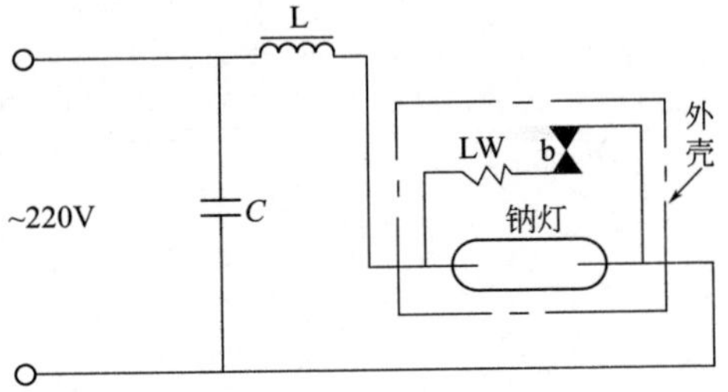

图 1-19 高压钠灯接线电路图

（五）荧光灯应急照明接线图简介

如图 1-20 所示，是自制的荧光灯应急照明电路接线图。变压器 T 的一次绕组与晶体管 VT 构成电感三点式振荡器，将蓄电池的交流电压经变压器的升压作用，在 L_3 上得到较高的交流电压，从而点亮 8W 荧光灯，作为应急灯使用。

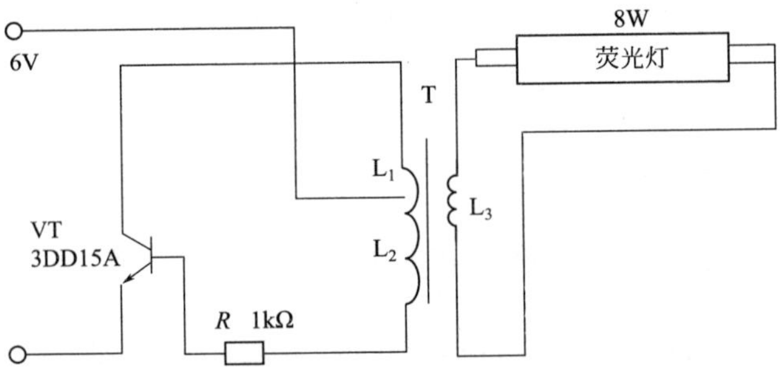

图 1-20 荧光灯应急照明接线图

适当调整晶体管 VT 的基极偏置电阻（电阻 R），可改变逆变输出功率。

（六）消防应急照明灯接线图简介

消防应急照明灯适合学校、酒店、小区楼等公共场合以备停电作应急照明之用。如图 1-21 所示，为一款消防应急照明灯接线图，该消防应急电路具有耗电小、亮度高、使用寿命长等特色。

消防应急照明系统以自带电源自力掌握型为主，正常电源接自正常的照明供电回路中，平常对应急灯蓄电池充电，当正常电源断开时，备用电源（蓄电池）主动供电。

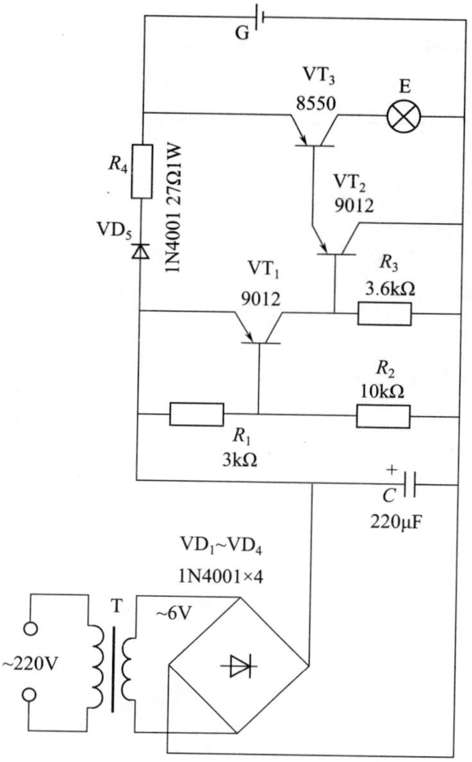

图 1-21 消防应急照明灯接线图

(七)单相电动机双电容接线图简介

220V 单相双电容电动机有一个启动电容和一个运行电容，其接线方式如图 1-22 所示。容量较大的是启动电容，容量较小的是运行电容。启动电容与离心开关串联，电动机启动后离心开关将启动电容从电路中断开。

如果缺少启动电容，电动机启动困难或无法启动（常表现为空载启动正常，加载后无法启动）；如果缺少运行电容，电动机可以启动，但输出功率变小（常表现为带负载能力降低）。

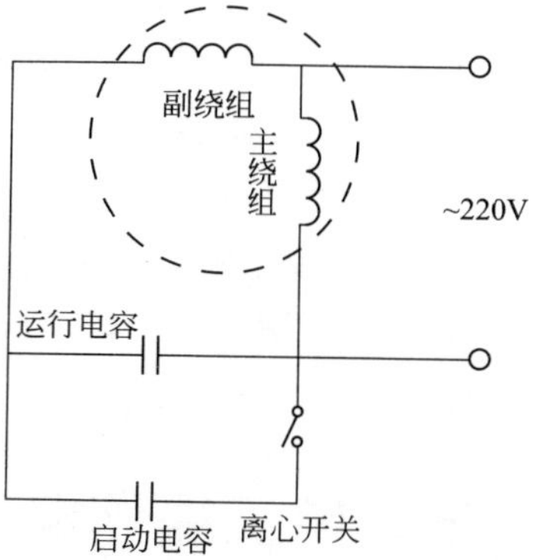

图 1-22 单相电动机双电容接线图

(八)三相异步电动机正反转控制接线图简介

三相异步电动机正反转控制电路接线图如图 1-23 所示，其正转、反转及停止控制工作过程如下所述。

1. 正转控制

按下 SB_1 开关，SB_1 常闭触点先断开（对 KM_2 实现联锁），同时 SB_1 常开触

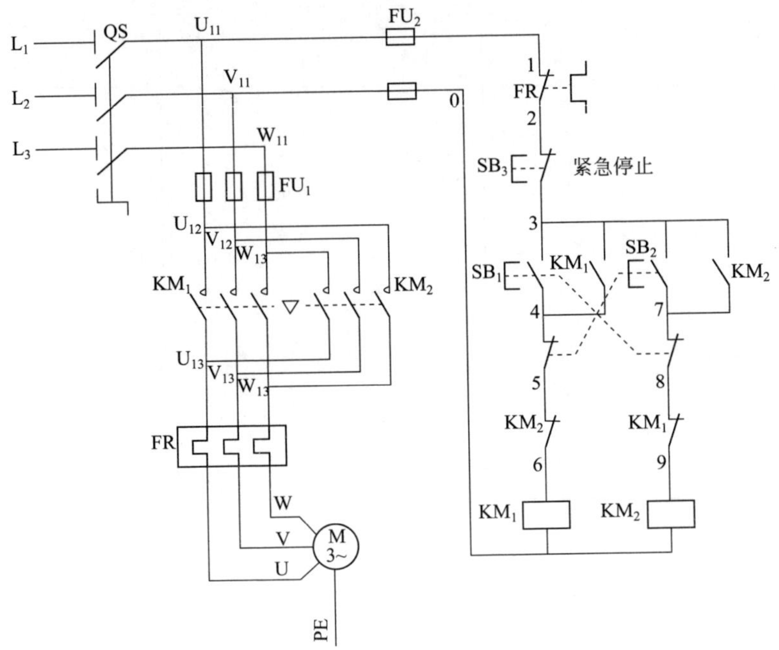

图 1-23　三相异步电动机正反转控制接线图

点闭合，KM_1 线圈得电。KM_1 自锁触点闭合（实现自锁），KM_1 主触点闭合，电动机 M 启动连接正转工作。同时 KM_1 联锁触点断开（对 KM_2 实现联锁）。

2. 反转控制

按下 SB_2，常闭触点断开→KM_1 线圈失电；同时 SB_2 常开触点闭合→KM_1 联锁触点闭合→KM_2 线圈得电；同时 KM_1 自锁触点和 KM_1 主触点断开（解除自锁）→电动机 M 失电，停止正转→KM_2 自锁触点和 KM_2 主触点闭合（实现自锁）→电动机 M 启动连续反转工作→KM_2 联锁触点断开（对 KM_1 实现联锁）。

3. 停止控制

按下 SB_3 开关，整个控制电路失电，接触器各触点复位，电动机 M 失电停转。

三、电工操作规程简介

（一）带电作业主要方式

带电作业根据人体与带电体之间的关系可分为三类：地电位作业、等电位作业和中间电位作业。

1. 地电位作业

地电位作业也称间接电位作业，是指作业人员站在地上或站在接地物体（如铁塔、杆塔横担）上，与检修设备带电部分保持规定的安全距离，利用绝缘工具对带电导体进行的作业。地电位作业的位置示意图及等效电路如图 1-24 所示。

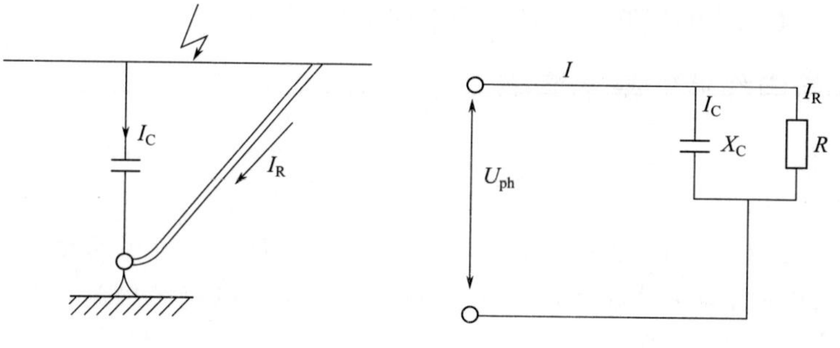

(a) 位置示意图　　(b) 等效电路

图 1-24　地电位作业的位置示意图及等效电路

2. 等电位作业

等电位作业时，人体直接接触高压带电部分。处在高压电场中的人体，会有危险电流流过，危及人身安全，因而所有进入高电场的工作人员，都应穿全套合格的屏蔽服，包括衣裤、鞋袜、帽子和手套等。全套屏蔽服的各部件之间，须保证电气连接良好，最远端之间的电阻不能大于 20Ω，使人体外表形成等电位体。等电位过程的等值电路如图 1-25 所示。

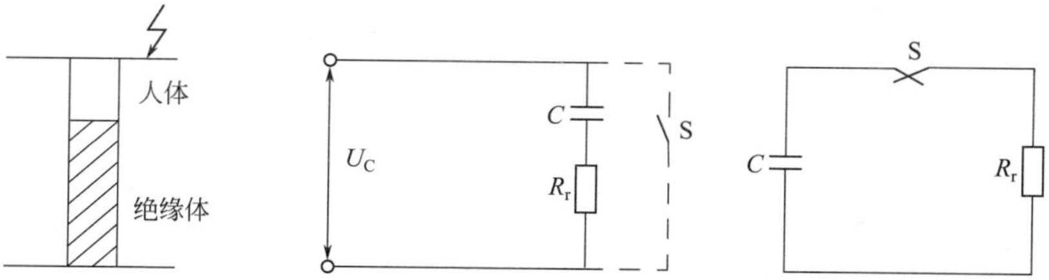

(a) 等电位作业　　(b) 进入等电位过程的电路图　　(c) 实现等电位后的电路图

图 1-25　等电位过程的等值电路

3. 中间电位作业

中间电位作业的位置示意图及等效电路如图 1-26 所示。作业人员站在绝缘梯

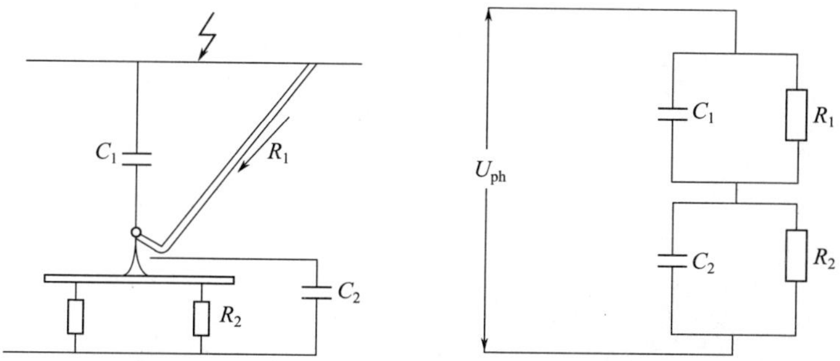

(a) 位置示意图　　(b) 等效电路

图 1-26　中间电位作业位置图及等效电路

上或绝缘平台上，用绝缘杆进行的作业即属中间电位作业，此时人体电位是低于导电体电位、高于地电位的某一悬浮的中间电位。

（二）带电作业的基本措施

① 带电作业应由经验丰富的电工进行，至少两人以上同时工作，设有专责监护人进行监护。

② 带电作业应使用合格的绝缘工具，工作时应站在干燥的绝缘物上进行。

③ 带电作业时应采取防止相间短路和三单相接地的绝缘措施，采取防止误触、误碰周围低压带电体的措施。

④ 工作时先分清火线、零线，选好工作位置。

⑤ 断开线时，先断开火线，后断开地线。

⑥ 搭接导线时与断开线路的顺序相反，人体不得同时接触两个线头。

第二讲

职业化学习课前准备

课堂一

场地选用

一、工作台的选用及注意事项

（一）维修工作台的选用及注意事项

专用的电子维修工作台应该包括维修测试模块、焊接工具模块、维修电源模块以及信号发生模块。

1. 维修测试模块的选用及注意事项

维修测试模块在维修时用来检测交、直流电路的工作电压、电流、波形信号，以及元器件的电阻值、晶体管的一般参数和放大器的增益等。通常维修测试模块是由示波器、数字万用表、指针式万用表等仪器组成的。

使用测试模块测试电子电路时应熟练掌握示波器和万用表的使用方法，严格按照仪器的相应操作规程进行检测操作。不正确的检测方法会给设备、元件和仪表造成损坏。带电测量过程中应注意防止发生短路和触电事故。

2. 焊接工具模块的选用及注意事项

焊接工具模块在检修时用来对电子电路故障元器件进行补焊、拆焊等。通常焊接工具模块是由热风枪、风枪温度表、电烙铁和电烙铁温度表组成的。

使用焊接工具时应注意以下事项：

① 选用合适的焊锡，应选用焊接电子元件用的低熔点焊锡丝。

② 助焊剂，用25％的松香溶解在75％的酒精（质量比）中作为助焊剂。

③ 焊接时间不宜过长，否则容易烫坏元件，必要时可用镊子夹住引脚帮助散热。

④ 集成电路应最后焊接，电烙铁要可靠接地，或断电后利用余热焊接，或者使用集成电路专用插座，焊好插座后再把集成电路插上去。

⑤ 焊接完成后，要用酒精把线路板上残余的助焊剂清洗干净，以防炭化后的助焊剂影响电路正常工作。

⑥ 电烙铁不能随意放置，应放在烙铁架上。

3. 维修电源模块的选用及注意事项

一般的维修电源应该包括交流调压器、直流调压器和直流高压等多种电压输出。

① 交流调压器。交流调压器主要供给各种电子设备交流电源维修时使用，电源变压器次级有 3V、6V、10V、20V、36V、85V、120V、180V、220V、250V、270V。例如，180～270V 交流输出端可供检修与电源电压有关的软故障，同时亦可检修彩电对交流电压的适应范围。又例如，36V/50Hz 交流电源可并接电话机输入线代替程控机输出的交流振铃信号，供检修响铃电路。再例如，变压器次级的 220V，可检修彩电，此时变压器 T_1 变比为 1∶1，起隔离作用。

② 直流调压器。直流调压器能提供 1.5～30V 可调直流电压，可用于检修手机、液晶电视、黑白电视机等设备，也可作为直流 30V 以下各种电子仪器的电源。例如提供电压可调的双电源，可用于一切具有双电源的电子仪器检修时使用。再例如，提供 90～120V 可调的直流电压，可作为各种彩电的维修电源。

③ 直流高压。直流高压可提供直流 3000V 以上的电压，用以检测电容器的耐压及其性能好坏，例如检修电磁炉等设备。

需要注意的是，如果以上功能都是使用一个变压器，接地点不一样，则不能同时使用于一个电路，用了隔离交流就不能在同一电路中同时再使用直流稳压，双电源也不能与直流稳压同时使用。还有就是实际维修操作中，应按待修设备的额定电压接入相应的维修电源，严禁将“高压”接入直流低压设备，例如将维修电源的“高压”接入手机设备，这样的话会造成严重烧坏设备的后果。

4. 信号发生模块的选用及注意事项

信号发生模块一般可分为低频信号发生器、高频信号发生器、函数发生器、脉冲信号发生器、频率合成式信号发生器等。

① 低频信号发生器。包括音频（200～20000Hz）和视频（1Hz～10MHz）范围的正弦波发生器。主振级一般用 RC 式振荡器，也可用差频振荡器。为便于测试系统的频率特性，要求输出幅频特性平和波形失真小。

② 高频信号发生器。频率为 100kHz～30MHz 的高频、30～300MHz 的甚高频信号发生器，300MHz 以上超高信号源。一般采用 LC 调谐式振荡器，频率可由调谐电容器的度盘刻度读出。主要用途是测量各种接收机的技术指标。

③ 函数发生器：又称波形发生器。它能产生某些特定的周期性时间函数波形（主要是正弦波、方波、三角波、锯齿波和脉冲波等）信号。频率范围可从几毫赫甚至几微赫的超低频直到几十兆赫。除供通信、仪表和自动控制系统测试用外，还广泛用于其他非电测量领域。

④ 脉冲信号发生器。产生宽度、幅度和重复频率可调的矩形脉冲的发生器，可用以测试线性系统的瞬态响应，或用模拟信号来测试雷达、多路通信和其他脉冲数字系统的性能。

⑤ 频率合成式信号发生器。这种发生器的信号不是由振荡器直接产生的，而是以高稳定度石英振荡器作为标准频率源，利用频率合成技术形成所需之任意频率的信号，具有与标准频率源相同的频率准确度和稳定度。输出信号频率通常可

按十进位数字选择，最高能达11位数字的极高分辨力。频率除用手动选择外还可程控和远控，也可进行步级式扫频，适用于自动测试系统。

使用信号发生器时应注意：信号发生器的负载不能存在高压、强辐射、强脉冲信号，以防止功率回输造成仪器的永久损坏。功率输出负载不可短路，以防止功放电路过载。

（二）防静电工作台的选用及注意事项

人体是最为常见的静电源，人在活动中都会产生静电，人在干燥环境中活动所产生的静电可达几千伏到几万伏，而大部分电子器件所能承受的静电破坏电压都在几百至几千伏，例如：肖特基二极管静电破坏电压为300～3000V；双极性晶体管静电破坏电压为380～7000V；石英压电晶体<10000V。因此，对人体的静电防护是最为重要的。

最有效的防静电措施是让人体与大地相“连接”，保持同电位。具体的解决办法有戴防静电手腕环或脚腕环、穿防静电鞋、防静电服、敷设专用的防静电线路，有条件的在地上敷设防静电地板等。广大的电工维修工作者受条件的限制，无法参照大公司大厂家规范的做法，下面介绍一种简单可行的防静电工作台的选用及注意事项。

1. 防静电工作台的组成

防静电工作台是由防静电台垫、接地扣、L型接地插座、防静电手环和接地线、防静电手套和带接地线电烙铁等组成，如图2-1所示。

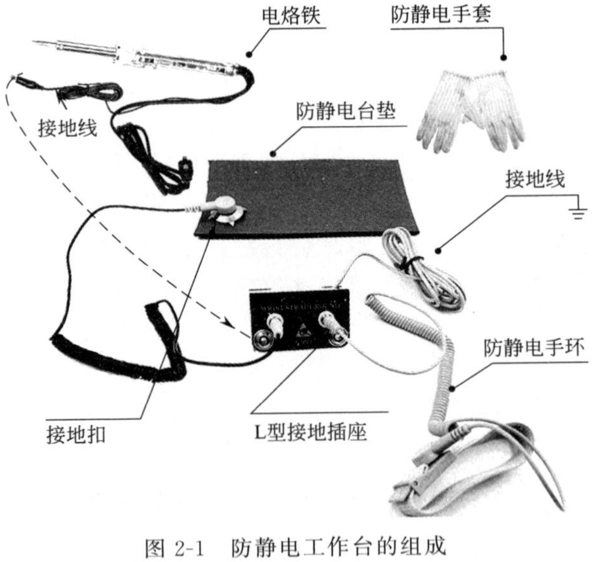

图2-1 防静电工作台的组成

（1）防静电台垫

又称绝缘胶板，主要用导静电材料、静电耗散材料及合成橡胶等通过多种工艺制作而成。产品一般为二层结构，表面层为静电耗散层，底层为导电层。防静电台垫可以释放人体静电，使人体与台面上的ESD（静电释放）镊子、工具、器具、仪表等达到均一的电位，使静电敏感器件（SSD）不受静电放电现象产生的干扰，从而达到静电防护的效果。

（2）接地扣

防静电接地线采用PVC及PU原料制成，弹性好，配有爪钉（接地扣），方便直接安装于台垫上，安装方法如图2-2所示。

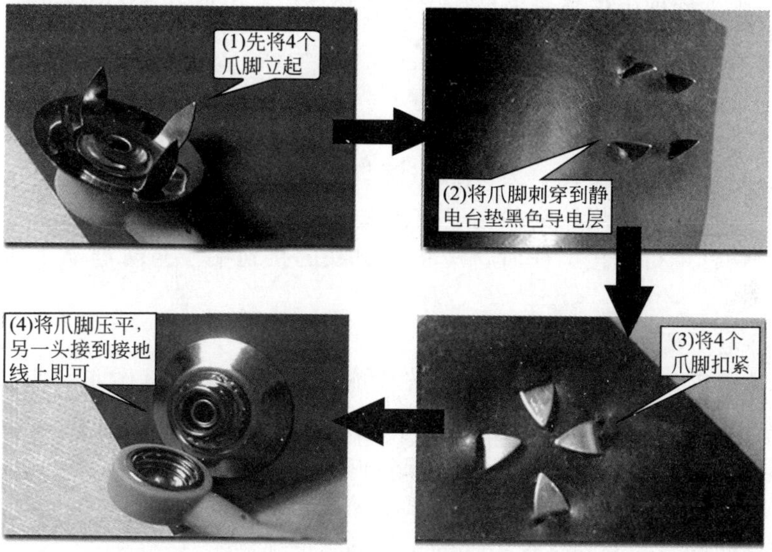

图2-2 接地扣安装方法

接地线另一端配有香蕉头和鳄鱼夹，方便插入接地插座和直接夹住接地线。

（3）L型接地插座

接地插座与手腕带/接地扣等配合使用，手腕带与接地扣的拔掉一端的鳄鱼夹突出的端子插入孔内有效接地。接地插座可安装在工作台及方便接地处。

（4）防静电手环

防静电手环是一种佩戴于人体手腕上，泄放人体聚积静电电荷的器件。它分为有线型、无线型，有金属环和橡胶导电丝混编环。使用防静电手环可有效保护零阻件，免于受静电之干扰，用以泄放人体的静电。它由防静电松紧带、活动按扣、弹簧软线、保护电阻及夹头组成。松紧带的内层用防静电纱线编织，外层用普通纱线编织。

防静电有线手环的原理是通过腕带及接地线将人体的静电导到大地。使用时腕带与皮肤接触，并确保接地线直接接地，这样才能发挥最大功效。戴上防静电腕带，它可以在0.1s时间内安全地除去人体内产生的静电，接地手腕带是防静电装备中最基本的，也是最为普遍使用的。

（5）接地线

接地线的一端接L型接地插座，一端与大地相连，一般用截面积大于16cm^2的金属，埋于湿地1m以下，并引出接线端作地端。

（6）防静电手套

防静电手套通常采用防滑、抗ESD材料制成，它具有减少静电电荷产生、积累的特性。防静电手套的主要作用是在电器的拆装或元件的检测过程中，防止人体产生的静电对电子元器件可能造成的损害，另外还可防止金属部件对维修操作人员手的伤害。修理中用手拿半导体零件尤其是集成电路和MOS管时，一定要戴上手套。

（7）带接地线电烙铁

大多数维修人员所用电烙铁的电源线插头均为二芯插头，无接地线，这样很不安全，容易损坏集成电路、发光二极管等元件。改正措施是，应将电烙铁金属头部用导线接地，以防烙铁头漏电，损伤电子元件。

使用电烙铁进行焊接工作时，应将电烙铁的接地端子与防静电工作台的L型接地插座相连。

2. 防静电工具使用注意事项

① 防静电手套不具有耐高温、绝缘性能，不得用于高温作业场所，绝对不允许作为绝缘手套使用。

② 防静电手套一旦被割破，会影响防护效果，请勿使用。

③ 防静电手套在储存时应保持通风干燥，防止受潮、发霉。

④ 使用防静电手套的过程中，禁止接触腐蚀性物质。

⑤ 使用防静电手腕带应注意，必须与皮肤直接接触，并确保接地线有效接地，或必须与台垫连接好，这样才能发挥最大功效。

⑥ 防静电台垫最好不要直接接触高温，电烙铁不用时应置于烙铁支架上，避免温度过高烫坏台垫。

⑦ 对于三芯电源线插头的电烙铁，也应检查电源插座内是否有可靠的接地线，以防接地线虚设。

⑧ 接地线应将电源线分开，禁止将市电电源地线直接与防静电工作台面地线连接。

⑨ 备件应放入防静电袋中。

二、场地的清理及注意事项

（一）线路维修场地的清理及注意事项

线路的检修分小修、大修、升级改造和抢修等，其中大修是指对现有运行线路进行修复或使线路保持原有力学性能或电气性能并延长其使用寿命的检修工程，其主要任务有更换同型号的导线、金具、金属构件或防腐处理等。对线路进行大修，要对场地的清理、现场的准备、施工中的安全防范措施等进行严格要求，以保证工程的顺利完成。

下面以35kV线路检修为例，介绍线路检修场地的清理及注意事项。

1. 维修场地的清理与准备

① 了解线路周围道路情况，选择最佳行走路线。

② 确定检修线路的总距离，铁塔、水泥杆座数等。

③ 根据地理位置确定好临时施工场地。

④ 督促有关单位清除影响安全运行的建筑物、障碍物、树木等。对杆塔基础培土，开挖排水沟。

⑤ 提前准备好检修材料、工具和器件，并用车辆装运到施工现场。

⑥ 特殊地理位置更换绝缘子包括河流、水面上更换需要使用船只时应穿戴好救生衣，应提前准备好。

⑦ 检验工具和器件的可靠性、绝缘性等是否符合要求，对检出不合格的工具或器件不能带入施工现场。

⑧ 作业前明确停电线路名称和范围，以及相邻有电线路名称。

⑨ 作业前，在重要线路分支处挂接地线，挂接地线时必须用相应电压等级的完好验电器逐相验电。

⑩ 应选择在良好天气下进行，雷、雨、雪、雾等天气及风力大于5级时不宜进行。

2. 安全注意事项

① 进入现场，全体工作人员必须戴安全帽，杆上工作人员必须系合格的安全带。

② 严格执行工作票制度，填写第二种工作票。

③ 上下传递物品必须使用绳索，严禁抛掷。

④ 加强现场监护，保持人、物与带电体间的安全距离不小于1m。

⑤ 焊接接地扁铁时，焊机电源必须由电工负责，严禁私接乱拉电源。焊接结束必须切断电源，检查现场确认无事故隐患后方可离开。

⑥ 严禁接触与地断开的接地线。雷雨天和大雾天，严禁测量铁塔的接地电阻。

⑦ 在人口密集区和交通路口更换绝缘子时，工作范围应设置安全围栏，杆塔上作业应防止掉东西。

（二）变压器维修场地的清理及注意事项

配电变压器的检修分为大修和小修两类，无论是对变压器进行大修或小修，都需要对场地的清理、现场的准备、施工中的安全防范措施等进行严格要求，以保证变压器维修工作的顺利完成。变压器大修就是指将变压器解体，吊罩检修，包括对变压器芯体、附件等内外部分项目进行检查与修理。变压器的大修分为内部故障大修和定期大修两种。

下面以220V变压器定期大修为例，介绍变压器维修场地的清理及注意事项。

1. 场地的清理与准备

① 维修变压器应选在无尘飞扬及其他无污染的晴天进行。维修期间要时刻注意天气情况，随时做好防雨措施。

② 工作现场保持清洁，严禁烟火并备好消防器材。

③ 检修前，清理施工现场周围积煤、可燃杂物，施工完毕，施工负责人要确认现场无火灾隐患后，方可撤离。

④ 检修前，由检修车间准备好现场需要使用的材料；准备好检修所用工具，检查完好，并运至施工现场。起重机、枕木切割机、钳工桌等大型设备送到现场后应按照定置图摆放整齐，方便使用，随时保持现场清洁、卫生。

2. 安全注意事项

① 进入施工现场，施工人员必须穿戴好合格的劳动保护用品，班中禁止喝酒。

② 施工前对工具、材料、配件进行清点，对各种安全用品进行检查，保障安全完好。现场使用的绝缘手套、绝缘靴、验电笔、接地线检查确认合格后方可使用。

③ 现场使用的起重工具（手拉葫芦、吊装带等）、起重点，必须经检修负责人认真检查，确认合格方可使用，不合格的禁止使用。

④ 检修人员在使用高脚架或梯子登高作业时，要派专人稳扶监护。登高两米以上必须佩戴安全带，安全带要做到高挂低用，挂点必须牢固且能受力。

⑤ 搬、抬物件，施工人员要抓牢拿稳，同起同落，防止滑脱伤人，禁止抛扔造成误伤。

⑥ 检修负责人、安全监护人、盯岗人员一起对现场安全设施、停送电设备、施工设备区域进行检查核对，确认无误后，检修小组派专人通知调度室，将相关设备停电上锁；检修现场，检修前进行验电，确认无误后，检修负责人下达开始命令，方可施工。

⑦ 修前摸底试验时，要设试验围栏。绕组直流电阻试验时要对绕组进行充分放电。试验时要设专人监护。

⑧ 在有感应电压的场所工作时，应在工作地点加设临时接地线。

⑨ 检修前后的绝缘试验项目完成后，立即将被试设备对地放电。

⑩ 拉开有载调压装置和冷却系统的电源刀闸，并在刀闸操作把手上挂“禁止合闸，有人工作”标示牌，取下熔断器。

⑪ 二次回路接线拆前做好标记，接线端头随拆即采取绝缘包扎措施。

⑫ 变压器整体排油前，对气候环境湿度进行监测，确保器身在空气中的暴露时间符合规程规定：空气相对湿度小于65%不超过16h。空气相对湿度小于75%，不超过12h（计算时间为放油开始至注油为止）。

⑬ 起吊作业必须得到指挥人的许可，并确保与带电体的安全距离不小于 4m。

⑭ 大修后的试验要设试验围栏。绕组直流电阻试验时要对绕组进行充分放电。试验时要设专人监护。主变工频交流耐压时，现场要保持安静。

⑮ 大修工作结束后，清理现场，清点人员、工具，确认无安全隐患后，再联系调度室对停电上锁设备进行送电，派停电人去解锁送电，人员撤离。

（三）电动机维修场地的清理及注意事项

对大型电动机包括机组油压装置油泵电动机、循环冷却水水泵电动机、高压顶转子油泵电动机、轴承润滑油泵电动机等设备进行大修，需要对场地的清理、现场的准备、施工中的安全防范措施等进行严格要求，以保证电动机维修工作的顺利完成。

下面以 10kV 主泵电动机大修为例介绍电动机维修场地的清理及注意事项。

1. 场地的清理与准备

① 检修设备前必须熟悉图纸，了解设备结构、性能、主要技术要求及其作用，查阅上次检修总结报告等资料，了解设备运行情况和存在的问题，分析设备现状。熟知设备结构、性能、现状，确定设备重点检修项目。

② 阴雨天或周围的环境湿度大时，要防止绝缘受潮，工作间断时，定转子要用帆布盖好。室外长期存放，除用帆布盖好外，轴头及无漆部位要涂油防生锈。

③ 检修前，班长和材料员检查并落实检修所需的工器具、材料、备品备件及劳动防护用品等是否齐全合格。

④ 检修前，班组技术员根据作业任务，明确检修项目，编制检修作业施工安全措施。根据工作内容办理合格的工作票，且安全措施和现场必须相符。

⑤ 工作前，对作业人员交代作业中防火措施和安全注意事项，作业现场应准备有充足的消防器材。

⑥ 工作现场应及时清理油污和其他杂物，保持现场清洁，严禁吸烟。

⑦ 工作现场应做好防护围栏，焊接作业时应设专人监护，与现场易燃易爆物有可靠的隔离措施。

⑧ 检修场地的工器具、设备、材料应妥善放置、摆放整齐。每日收工后及时清理现场。

⑨ 全部工作完毕，拆除所有的检修防护设施。恢复所有的安全设施，严格按现场安全技术措施中所做的安全技术措施进行恢复，恢复至开工前状态。恢复后应经双方工作人员及验收人员核对无误。

⑩ 全体工作班人员清扫、整理现场，清点工具及回收材料。

⑪ 工作负责人周密检查施工现场是否遗留工具、材料。

⑫ 工作负责人在检修记录上详细记录本次工作所修项目、发现的问题、试验结果和存在的问题等。

2. 安全注意事项

① 进入工作现场必须戴好安全帽、穿好工作服，严格执行《电业安全工作规程》。

② 作业人员应穿防滑工作鞋，登电动机前清除鞋底油污，作业过程中及时清理设备油污，保持工作面干燥整洁。

③ 传递工器具、材料要使用传递绳，严禁抛掷。

④ 高空作业时要系好安全带。

⑤ 每个工作小组的工作人员至少有两个人一起工作，其中一人应为有经验的人员且担任工作负责人和监护人。

⑥ 工作时必须设有专门的监护人员，工作前工作负责人要向工作班成员详尽交代其合作内容及注意事项，开工前和工作完结后，工作负责人应对设备进行认真检查。

⑦ 作业前告知工作人员现场带电部位和防范措施。

⑧ 将电源开关断开并拉至过道，接地刀闸可靠投入。

⑨ 断路器侧装设接地线适当，不得随意移动或拆下接地线。

⑩ 在相邻运行中的设备间隔挂“止步，高压危险”标示牌。

⑪ 拆、接引线时要确认无电压，防止发生人身触电。

⑫ 使用电气工器具时其外壳要可靠接地；施工电源绝缘良好，按规定串接漏电保护装置。

⑬ 使用电气设备接取电源时应两人进行，电源线接头处必须用绝缘胶布包好。

⑭ 对较大、较长物件应由两人或几人放倒搬运，搬运物件时不得穿越设备区，要走指定路线。

⑮ 搬运物件时要与前、后、左、右带电设备保持足够的安全距离：10kV 大于 0.7m。

⑯ 监护人应认真监护，防止走错间隔发生触电。

⑰ 起吊作业时，必须由专人进行指挥，并事先明确旗语、手势和信号，桥机司机必须与起重指挥协调一致。

⑱ 在电动机起吊、移位、拆装时严防发生人身及设备损伤。

⑲ 设备起吊时要注意重心，正确地使用绳索和绳扣，合理地绑扎部件，吊运时应缓慢小心，严禁吊件碰撞和剧烈摆动。

⑳ 吊转子时要四面设专人监视，注意观察电动机的空气间隙，严防定子、转子碰撞。

㉑ 起吊设备时，任何人不准在起吊物下停留或行走，防止物件高空坠落伤人及损坏设备。

㉒ 起吊设备的钢丝绳之夹角不得大于 30°。

㉓ 电动机组装就位时防止工器具遗留在设备内。

三、电工安全常识

（一）电工防触电安全操作原则

为了防止电工在进行低压带电检修时发生触电事故，必须同时严格贯彻以下三点安全操作原则。

1. 单线操作原则

在检修工作时，人体在任何时间都不可分别触及两个线头，或两个接线端子，或两个触点，必须一个线头一个线头加工。凡有可能因不慎而触及的邻近带电裸导线，必须预先加以遮护。

2. 与大地隔绝

电工在检修时，电工必须严格按照安全工作规程穿着电工绝缘鞋、防护工作服和用带有绝缘手柄的工具，以及采用竹或木结构的干燥梯子登高。人体各部分必须与大地（包括与大地有连通的可导电的建筑物及管道）有可靠的绝缘隔离。同时，在操作时人体不可触及建筑物。此外，在接收未与大地隔离人员递交的工具或零件时，检修者必须停止操作，双手必须脱离检修点。这样，才能避免形成线地间的触电回路。

3. 分断电流回路

电工在检修用电器具的个别回路时，应首先杜绝电路可能形成的闭合回路。例如在配电板上更换整个熔断器时，必须先拔去移动电具的电源插头，这样，即使双手同时触及上下两个连接线头也不会因人体介入而形成闭合回路。又如在检修电灯开关时，必须先卸下灯泡，这样，即使人体同时分别触及开关的两个接线端子，也不会因人体介入而形成闭合回路。

此外，在检修灯头或挂线盒时，必须把电灯开关分断，这样可以避免同时触及两个接线端子时而形成的触电回路（也属于介入触电，这时人体代替了用电器具，在电路中人体变成了负载）。

加强安全防范措施：

① 尽可能停电作业，工作之前要验电，要防止突然来电，如果万不得已而带电工作时，以上三种避免形成各种触电的安全措施，必须同时采用。

② 如果只采用其中一种或两种，仍然会发生触电事故。例如：如果没有采取与大地隔绝这一安全措施，即使严格采取了单线操作和分断电路回路两项措施，仍会形成线地间的触电回路。

③ 如果只采取与大地隔离的措施，那么，其他两种触电回路也就无法避免。因此，以上三种措施必须同时采用，才能确保电工的安全操作。

④ 采用漏电保护器作为防止触电的安全措施。主要采用电流动作型漏电保护器，如图 2-3 所示，在正常情况下，主电路三相电流的相量和等于零，因此零序电

流互感器的次级绕组没有电压输出。但当有漏电或发生触电时，主电路三相电流的相量和就不等于零，此时互感器有电压输出，经 F 放大后加在脱扣装置的动作线圈上，脱扣装置动作，将主开关断开，切除故障电路。经试验，按钮 QA 按下测试，全过程一般在 0.1s 内，故可有效地起到保护作用。

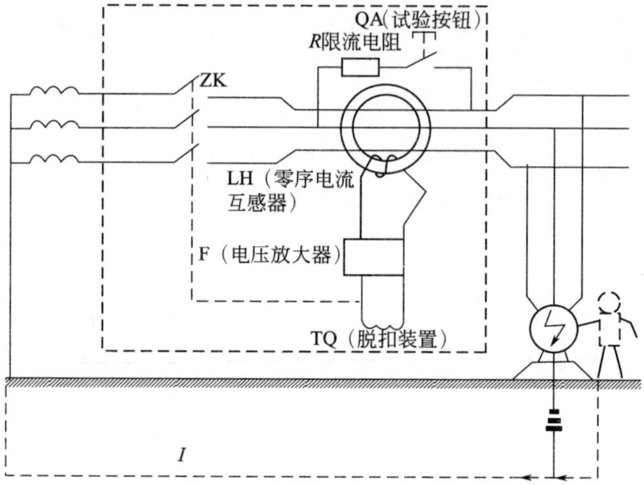

图 2-3　漏电保护器工作原理

（二）电工防火安全措施

电路火灾最基本的原因是：短路、超负荷、接触电阻过大、电火花和电弧。防止电路发生火灾关键在预防上下功夫，对于室内布线、电气设备、配电线路和架空线路等要严格按照防火要求执行，具体如下所述。

1. 室内布线的防火措施

室内布线应按照导线耐压等级、防范措施要求施工，具体规范如下所述。

① 室内布线所使用导线的耐压等级应高于线路的工作电压；其绝缘层应符合线路安装方式和敷设环境条件，截面的安全电流应大于用电过负荷电流和机械强度的需求。

② 根据使用环境选择导线的类型。具体如下：

a. 一般场所可采用一般绝缘导线，特殊场所应采用特殊绝缘导线。如干燥无尘的场所可采用一般绝缘导线。

b. 潮湿场所应采用有保护层的绝缘导线。

c. 或在钢管内或塑料管内敷设普通绝缘线。

d. 在有可燃粉尘和可燃纤维较多的场所，应采用有保护层的绝缘导线。

e. 有腐蚀性气体的场所，可采用铅包线、管子线（钢管涂耐酸漆）、硬塑料管线。

f. 高温场所应采用以石棉、瓷管、云母等作为绝缘层的阻燃线。

g. 经常移动的电气设备，应采用软线或软电缆。

③ 由于三、四级耐火等级建筑物的闷顶内可燃建筑构件较多，有的还有易燃的保温材料，发生火灾时火势会迅速蔓延扩大。平时对闷顶内的线路进行维护管理不方便，所以在闷顶内布线时要用金属管保护。

④ 应尽量避免沿温度较高的管道或设备的表面敷设绝缘导线。如在这些物体的表面敷设导线时，宜采用耐热线。在用可燃材料装修的场所内布线时，应穿金属管或阻燃塑料管，安装有困难时，可采用有金属保护层的绝缘导线。

2. 电气设备的防火措施

电气火灾通常是因为电气设备的绝缘老化、接头松动、过载或短路等因素导致过热而引起的。尤其是在易燃易爆场所，为防止电气火灾事故的发生，必须采取防火措施。

① 经常检查电气设备的运行情况，检查接头是否松动，有无电火花发生，电气设备的过载、短路保护装置性能是否可靠，设备绝缘是否良好。

② 有易燃易爆物品的场所，安装使用电气设备时，应选用防爆电器，绝缘导线必须密封敷设于钢管内。应按爆炸危险场所等级选用、安装电气设备。

③ 保持必要的安全间距是电气防火的重要措施之一。为防止电气火花和危险高温引起火灾，凡能产生火花和危险高温的电气设备周围不应堆放易燃易爆物品。

④ 保持电气设备正常运行。电气设备运行中产生的火花和危险高温是引起电气火灾的重要原因。为控制过大的工作火花和危险高温，保证电气设备的正常运行，应由经培训考核合格的人员操作使用和维护保养。

⑤ 在易燃易爆危险场所运行的电气设备，应有良好的通风，以降低爆炸性混合物的浓度，其通风系统应符合有关要求。

⑥ 在易燃易爆危险场所的接地比一般场所要求高。不论其电压高低，正常不带电装置均应按有关规定可靠接地。

⑦ 荧光灯起火主要是镇流器，如果散热条件不好或与灯管配套不合理，其内部温度逐渐增高，线圈绝缘强度遭到破坏，造成匝间短路，产生高温或因接触不良产生火花，造成周围可燃物燃烧起火。

⑧ 电视机放木箱（柜）内或用布罩围着收看，其热量散发不出去，时间过长，温度逐渐升高而起火。

⑨ 停车场内严禁停放易燃、易爆车辆。发现停放车辆着火及时用干粉灭火器、泡沫灭火器或石棉毯将着火车辆火源扑灭。

3. 配电线路的防火措施

配电系统和电气设备由于绝缘老化、损坏或其他原因，可能发生各种故障和不正常的工作状态。其中最常见的是短路故障（包括接地故障）及线路的长期过载。为避免火灾事故的发生，配电线路中应按规范要求安装过载保护和短路保护器件。

（1）过负荷保护器件的作用

电气线路短路时会造成过载，如果用电设备启动时间不长，没有超过母线槽、电缆、电线的允许温升，将不会对线路造成损害。但是，如果过负荷时间较长，即使轻微的过负荷，也将损害线路的绝缘、接头及端子，这是因为导体的绝缘长期过负荷，允许温升长时间被超过，绝缘将会加速老化，缩短绝缘导体的使用寿命。负载如果严重被超过，将使绝缘材料在短时间内软化变形，介质损耗增大，降低耐压水平，导致电气线路短路，引发火灾。

（2）短路保护器的作用

熔断器或低压断路器等保护电器按规定应安装在线路的电源侧，这是为了在线路短路的时候将线路电源迅速切断，从而避免火灾的发生。配电线路无论是在运行情况还是在发生故障时的非正常运行状态都需要考虑，尤其是其中的短路故障。短路发生在配电线路上时，如果不在短路电流对导体和连接件产生的热作用和机械作用造成危害之前切断短路电流，则它会迅速使电气线路绝缘软化甚至燃烧。

因此将上、下级保护电器应用在配电线路上时，还要使电气线路的导线和电缆与保护电器相匹配，如果保护电器与之不匹配，比如整定值选得过大，则即使线路燃烧，保护电器仍不会发生相应的动作。

当配电线路发生故障时，必须迅速切除故障部分，缩小故障的时间和范围，以降低电气线路火灾概率。

4. 架空线路的防火措施

电杆和电线是架空线路中的主要部件，是在空中输送电能的。电杆倒折、电线断落或弧垂过大，易发生线路的短路故障，出现电火花、电弧。如果故障点周围或下面有可燃物，则可能引起火灾事故。因此，对架空线路有如下要求。

① 架空线路不得跨越易燃易爆物品仓库、有爆炸危险的场所、可燃助燃气体储罐和易燃材料堆场等。

② 当架空配电线路与这些有爆炸燃烧危险的设施距离较近时，必须保持不小于电杆高的1.5倍间距。35kV以上的电力线应不小于40m，以防止发生倒杆断线事故时，导线松弛，风吹摇摆相碰而产生的电弧熔融物，落到可燃易燃物上，引起燃烧和火灾。

电气设备发生火灾，首先要马上切断电源，然后进行灭火，并及时报警。若无法切断电源，应立即采取带电灭火的方法，选用二氧化碳、1211、干粉灭火剂等不导电的灭火剂灭火。

（三）电工防雷安全措施

1. 配电线路防雷措施

在低压配电网中，由于配电网绝缘水平相对较低，线间距离小，一旦遭受直击雷，就很容易跳闸。为了提高供电可靠性，必须加强配电网的防雷保护。配电线路防雷，应采取的基本技术措施如下所述。

① 直击雷的防范措施。为提高配电网防直击雷水平，要从提高线路的耐雷水

平入手，采用瓷横担或高一级的绝缘子。因配电线路点多、面宽、线长，采用避雷线或避雷针做直击保护是不经济的。而配电线路由于采用中性点不接地系统，档距也很小，因而导线容易形成三角形排列，此时，最上面的导线可起到避雷线的作用。所以，最好的办法是在最上方导线的绝缘子上，每隔一定距离装设一个接地的保护间隙。

② 感应雷的防范措施。针对配电线路的绝缘弱点，如个别金属杆塔、特别高的杆塔、个别铁横担、带拉线的杆塔和终端杆，应装设避雷器进行保护。

③ 配电设备防雷措施。对配电线路上的所有电气设备，如配电变压器、断路器和隔离开关等，应根据其重要性分别采用不同的保护设备，如避雷器或保护间隙，力求做到台台设备有防雷保护，不存在遗漏点。

2. 高层建筑防雷措施

建筑物防雷系统由避雷针、避雷网（带）或混合组成的接闪器，主体结构的柱、梁、板钢筋或外接引下线组成的引下装置，及利用基础自然接地体（桩基、地梁、承台或底板钢筋）或人工接地体组成的接地装置合成，整个建筑形成一个法拉第笼，将雷电流引入大地。

（1）接地装置

高层建筑防雷接地装置的接地体，一般利用高层建筑的钢筋混凝土基础作接地体，同时把建筑物内的工作接地、保护接地、防雷接地与基础钢筋连接在一起，形成共用接地体。考虑到大部分高层建筑的基础均做了防水处理，致使接地电阻增大，应尽量在建筑物周边做圈式接地。周圈式接地可避开防水处理层，同时由于接地体埋在基础的外边，也具有均衡电位的效果，提高了安全性。在大地土壤电阻率高的地区，当一般做法的联合接地体的接地电阻值难以满足要求时，可以采用向外延伸接地体、改良土壤（换土、采用降阻剂）、深埋电极以及外引等方式。

防雷接地线一般安装在易于检查的地方，有防止机械损伤及防止化学腐蚀的保护措施，从接地干线敷设到用电设备的接地支线的距离要越短越好，接地线与电缆或其他电线交叉时接地线应加保护钢管；在穿过建筑伸缩缝时，接地线要略加弯曲，有一定的伸缩余地，避免断裂。

（2）接闪器

接闪器有避雷针、避雷带（网）、避雷线等几种，采用何种方式应根据建筑物的造型及避雷效果而定。目前一般高层建筑较多采用避雷针、明装避雷带和暗装避雷网相结合的方式。大多数情况下，外部防雷装置附着于被保护建筑物上，其布置取决于被保护建筑物的形状、所需的保护要求及所采用的几何设计方法，在设计时，应根据被保护对象的用途、高度、长宽比进行选择。接闪器的布置应符合下面的要求。

防雷装置的设计通常采用滚球法（适合于形状复杂的建筑群）和网格法（适用于平面的保护）。采用避雷带时，屋面上所有金属构件，如金属旗杆、广告牌、钢爬梯、风帽、透气管、灯具金属外壳、金属护栏、水管、设备等必须与就近的避雷带、避雷网焊接；装在建筑屋顶上的服务型设备，如通风机、电梯机房、擦窗机导轨、天线杆或飞机警告灯，通常为它们装置单独的接闪器，并把这些接闪装置连接到柱子或墙壁的钢筋上去；屋面所有现浇板内的纵横钢筋也应相互连接，以形成屋顶屏蔽层，作为后备接闪器，防止有比所规定的雷电流小的电流穿越接闪器而绕击至屋顶；不在保护范围内的金属物应与建筑物屋面的接闪器作电气连接。

(3) 引下线及均压环

高层建筑柱主筋和梁板钢筋可直接利用作为引下线和均压环，但应注意引下线、接地装置、均压环和接闪器间必须牢固可靠地连接。当建筑物高度超过 30m 时，每三层沿建筑物四周设置均压环，30m 以上外墙栏杆、金属门窗等较大金属物通过预埋件与均压环或引下线相连；建筑物内的各种竖向金属管道每三层要与均压环连接一次，平行或交叉的管道间也应跨接。

高层建筑室外玻璃幕墙、大型复合金属板及不锈钢金属面材的应用增强了建筑的艺术效果，但同时也对防雷提出了要求。由于幕墙的面板是装在金属龙骨架由支座固定在主体结构预埋件上的，支座是与预埋件焊接的，所以只需将该处的圈梁或柱与支座预埋件、引下线可靠连接即可满足要求。

3. 家用电器防雷措施

从供电系统看，民用建筑的用电电压为：380/220V 低压系统，所采用的输电线路为 10kV 架空线路引入配电变压器，再从变压器低压侧，经低压线路进入各民用建筑内。当变压器高压侧的架空线遭受直击雷或感应雷时，雷电波通过变压器高压侧侵入到低压侧再到用户，家用电器因此遭受雷击而损坏。为预防家用电器遭雷击，可采取如下所述措施：

① 在低压相线与零线之间装一只 FYS-0.22kV 金属氧化物无间隙避雷器，如图 2-4 所示，这不仅可以有效防雷，还可防止由于三相四线进户零线断线引起中性点位移而产生的过电压危及人身和家用电器安全。目前，市场上还有加装避雷器的家用电器，如电器插头、电话机、视频接收器等，是将体积甚小的金属氧化物避雷器，埋在家用电器的插头里，使每一件家用电器都通过低压避雷器有可靠接地。

图 2-4 FYS-0.22kV 金属氧化物无间隙避雷器

② 在低压线进入室内前的第一个电杆上，将支持绝缘子铁脚可靠接地，起放电间隙作用，降低侵入室内雷电过电压幅值。

③ 在低压线路进入室内前安装一组无间隙避雷器，室内再装防雷插座，构成三道保护。

④ 室外天线的馈线临近避雷针或避雷针引下线时，馈线应穿金属管线或采用屏蔽线，并将金属管或屏蔽接地。如馈线未穿金属管，又不是屏蔽线，则应在馈

线上装避雷器或放电间隙。

⑤ 时刻具有防雷安全观念，雷雨前，尽可能将家用电器的插头拔下，不看电视，不听收音机，不打电话，有室外天线的，在雷前就应拔下天线插头。

（四）应急求助方法及注意事项

1. 高压触电脱离电源的方法

对于高压触电事故，立即通知有关部门停电。要说明地点，高压线杆（塔）的编号。

在来不及断电的情况下，正常操作方法是戴上绝缘手套，穿上绝缘鞋，使用相应电压等级的绝缘工具，拉开高压跌开式熔断器或高压断路器。抛掷裸金属软导线，使线路短路，迫使继电保护装置动作，切断电源，但应保证抛掷的导线不触及触电者和其他人。

2. 脱离低压电源的方法及注意事项

脱离低压电源的方法及注意事项如下所述：

① 拉开触电地点附近的电源开关。但应注意，普通的电灯开关只能断开一根导线，有时由于安装不符合标准，可能只断开零线，而不能断开电源，人身触及的导线仍然带电，不能认为已切断电源。

② 如果距开关较远，或者断开电源有困难，可用带有绝缘柄的电工钳，或有干燥木柄的斧头、铁锹等利器将电源线截断，但要注意防止带电导线断落触及其他人。

③ 当导线搭落在触电者身上或压在身下时，可用干燥的木棒、竹竿等挑开导线，或用干燥的绝缘绳索套拉导线或触电者，使其能脱离电源。

④ 如触电者由于肌肉痉挛，手指紧握导线不放松或导线缠绕在身上时，应先用干燥的木板或绝缘塑料板塞进触电者身下，使其与地绝缘后，再采取其他办法切断电源。

⑤ 救护人可用几层干燥的衣服将手裹住，或者站在干燥的木板、木桌椅或绝缘橡胶垫等绝缘物上，用一只手拉触电者的衣服，使其脱离电源。千万不要赤手直接去拉触电人，以防造成群伤触电事故。

⑥ 触电者的衣服如果是干燥的，又没有紧缠在身上，不至于使救护人直接触及触电者的身体时，救护人才可以用一只手抓住触电者的衣服，将其拉脱电源。

⑦ 应防止触电者脱离电源后可能出现的摔伤事故。当触电者站立时，要注意触电者倒下的方向，防止摔伤，当触电者位于高处时，应采取措施防止其脱离电源后坠落摔伤。

⑧ 未采取任何绝缘措施，救护人不得直接接触触电者的皮肤和潮湿衣服。

⑨ 救护人不得使用金属和其他潮湿的物品作为救护工具。

⑩ 在使触电者脱离电源的过程中，救护人最好用一只手操作，以防救护人触电。

⑪ 夜间发生触电事故时，应解决临时照明问题，以便在切断电源后进行救护，

同时应防止出现其他事故。

3. 现场急救方法及注意事项

触电者脱离电源后，应立即就近移至干燥通风的场所，再根据情况迅速进行现场救护，同时应通知医务人员到现场，并做好送往医院的准备工作。现场救护方法有人工呼吸法和胸外心脏挤压法。

(1) 人工呼吸法

人工呼吸法又称口吹法，具体操作方法及注意事项如下：

① 将触电者脱离电源后，迅速清理掉他嘴里的东西，解开他的领口和衣服，使头尽量后仰，让鼻孔朝天，如图 2-5 所示。这样，舌头根部就不会阻塞气道。

② 救护人在触电者的头部左边或右边，用一只手捏紧他的鼻孔，另一只手的拇指和食指掰开嘴巴，如图 2-6 所示。如果掰不开嘴巴，可用口对鼻的人工呼吸法，捏紧触电者嘴巴紧贴鼻孔吹气。

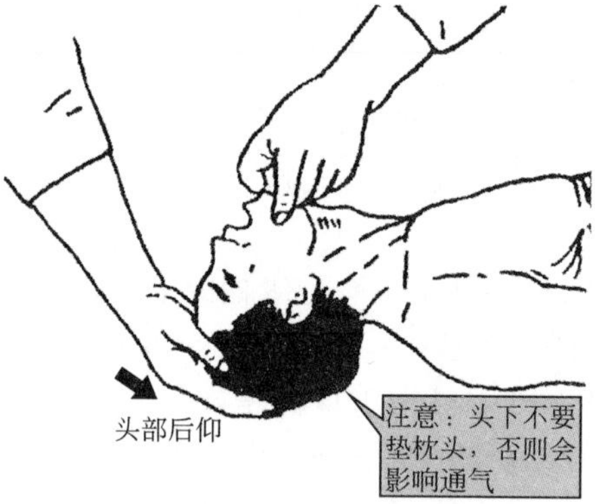

图 2-5 头部后仰

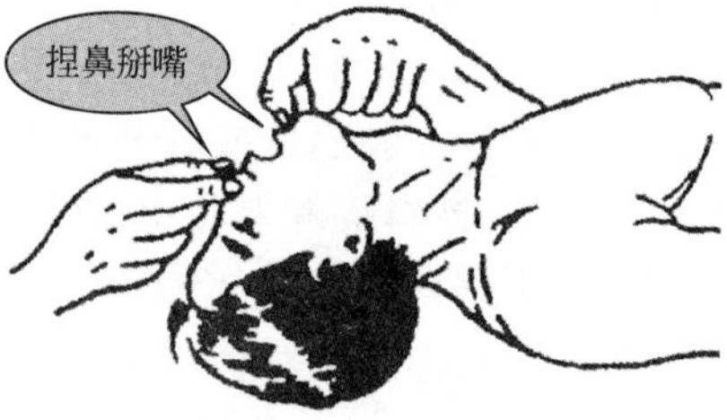

图 2-6 捏鼻掰嘴

③ 施救者深吸气后，掰开触电者的嘴巴，嘴对嘴紧贴吹气，如图 2-7 所示，也可隔一层布吹。吹气时要使触电者的胸部膨胀，每 5s 吹一次，吹 2s 放松 3s。如果被施救者是小孩，由于肺小，只能小口吹气。

④ 施救者换气时，放松触电者的嘴和鼻，让他自动呼气，如图 2-8 所示。

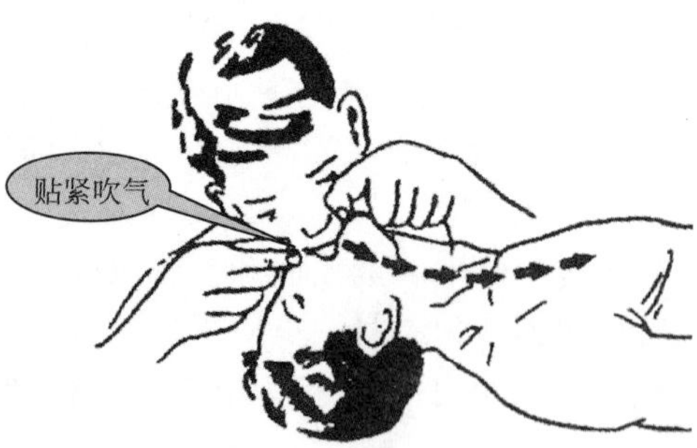

图 2-7 紧贴吹气

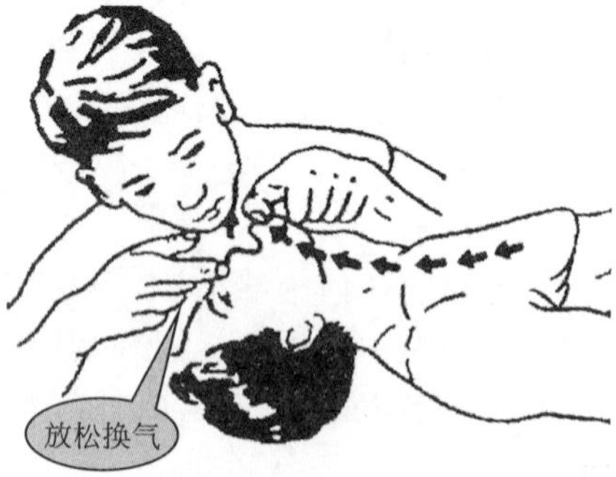

图 2-8 放松换气

（2）胸外心脏挤压法

胸外心脏挤压法的操作步骤如下：

① 先将触电者衣服解开，让他仰卧在地上或硬板上，找到正确的挤压点，如图 2-9 所示。注意不可让触电者躺在软的地方。

② 施救者跨跪在触电人的腰部（如果触电者是儿童，则用一只手），将手掌根部放在触电者心口窝稍高一点的地方，掌根放在胸骨下 1/3 的部位，如图 2-10 所示。

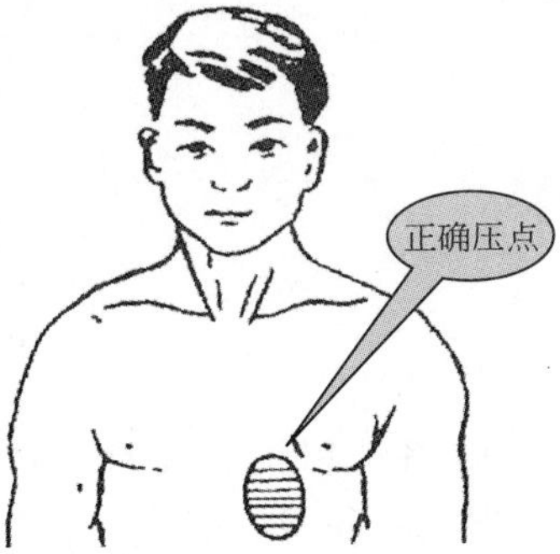

图 2-9 正确压点

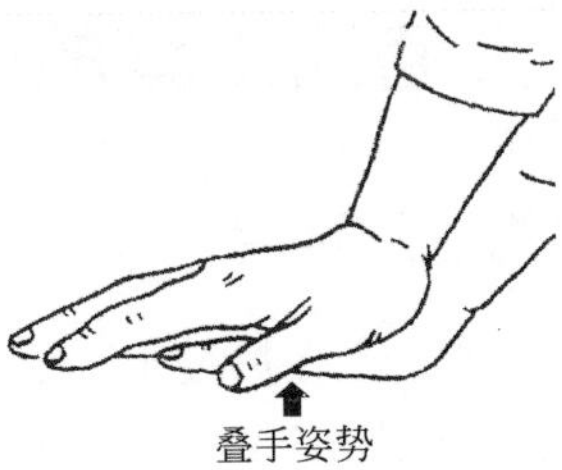

图 2-10 叠手姿势

③ 施救者将掌根用力向下面，即向脊背的方向挤压，压出触电者心脏里面的血液，如图 2-11 所示。成人压陷 3～5cm，每秒钟挤压一次，太快了效果不好，如果触电者为儿童，则用力要轻一些，而对成人太轻则不好。

④ 施救者按上述方法挤压后，掌根应尽快全部放松，让触电人胸廓自动复原，血又充满心脏，如图 2-12 所示。

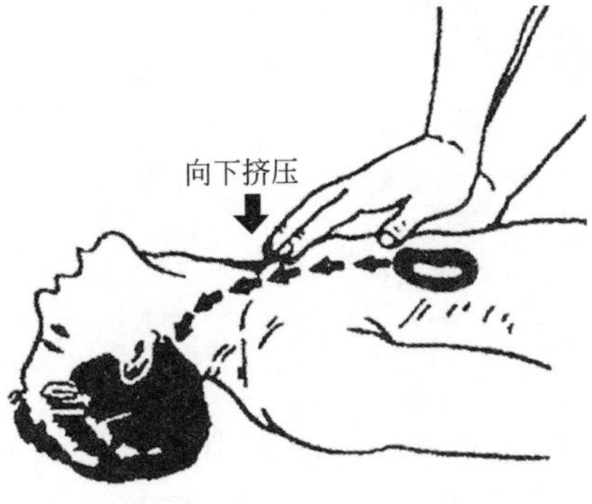

图 2-11 向下挤压

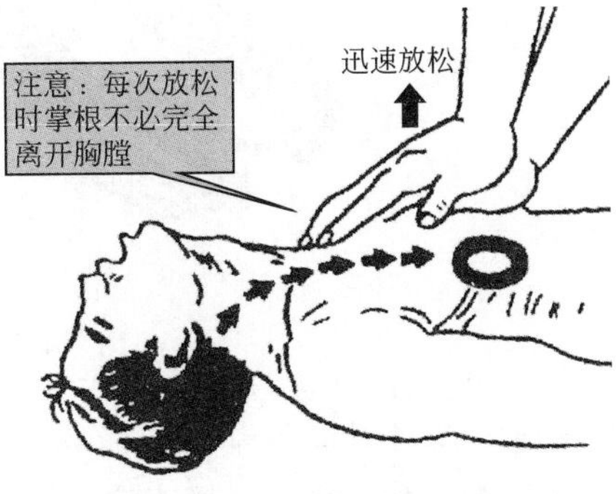

图 2-12 迅速放松

施行上述两种急救方法时，如果施救者只有一人，又需同时采用两种方法，可以轮番进行，做胸外心脏挤压 15 次以后，吹气 2 次（15∶2）。如果施救者为 2 人（双人抢救），每做胸外心脏挤压 5 次后轮换另一个人吹气 1 次（5∶1），反复轮换施行。

课堂二

工具材料准备

一、电工通用工具的选用

（一）电烙铁的选用

电烙铁的主要用途是焊接元件及导线。电烙铁焊接导线时，必须使用焊料和焊剂，焊料一般为丝状焊锡或纯锡，常见的焊剂有松香，焊膏等，如图 2-13 所示。

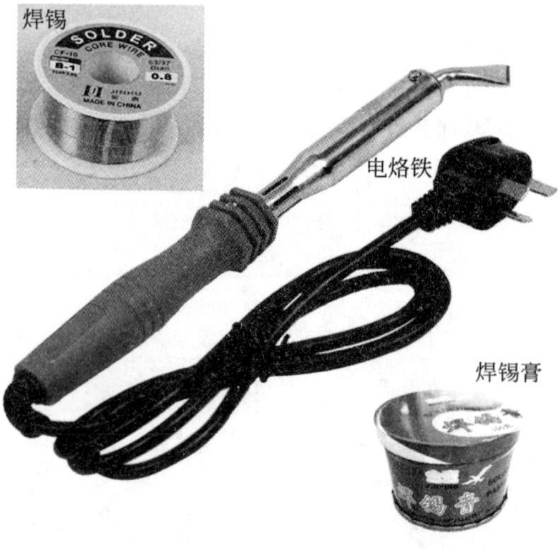

图 2-13　电烙铁、焊料和焊剂

使用电烙铁对焊接的基本要求是：焊点必须牢固，锡液必须充分渗透，焊点表面光滑有泽。不合格的焊接主要表现为“虚焊”和“夹生焊”。产生“虚焊”的原因是焊件表面未清除干净或焊剂太少，使得焊锡不能充分流动，造成焊件表面挂锡太少，焊件之间未能充分固定；造成“夹生焊”的原因是烙铁温度低或焊接时烙铁停留时间太短，焊锡未能充分熔化。

电烙铁要用 220V 交流电源，使用时要特别注意安全。应认真做到以下几点：

① 电烙铁使用前应检查使用电压是否与电烙铁标称电压相符。

② 电烙铁应该接地。

③ 使用前，应认真检查电源插头、电源线有无损坏，并检查烙铁头是否松动。

④ 电烙铁使用中，不能用力敲击。要防止跌落。烙铁头上焊锡过多时，可用布擦掉。不可乱甩，以防烫伤他人。

⑤ 当焊头因氧化而不“吃锡”时，不可硬烧。

⑥ 焊接过程中，烙铁不能到处乱放。不焊时，应放在烙铁架上。注意电源线不可搭在烙铁头上，以防烫坏绝缘层而发生事故。

⑦ 焊接较小元件时，时间不宜过长，以免因热损坏元件或绝缘。

⑧ 焊接完毕，应拔去电源插头，将电烙铁置于金属支架上，防止烫伤或火灾的发生。

选购建议：初学电工维修学员可以配置 2 把外热式电烙铁，一把 100～500W 扁头和一把 40W 尖头，大功率的用来焊接导线的“线鼻子”“线头”等，小功率的用来焊接电路板上的电子元件。

（二）剥线钳的选用

剥线钳是专用于剥削较细小导线绝缘层的工具，如图 2-14 所示。它的手柄是绝缘的，耐压为 500V，但剥线钳不能用于带电作业。

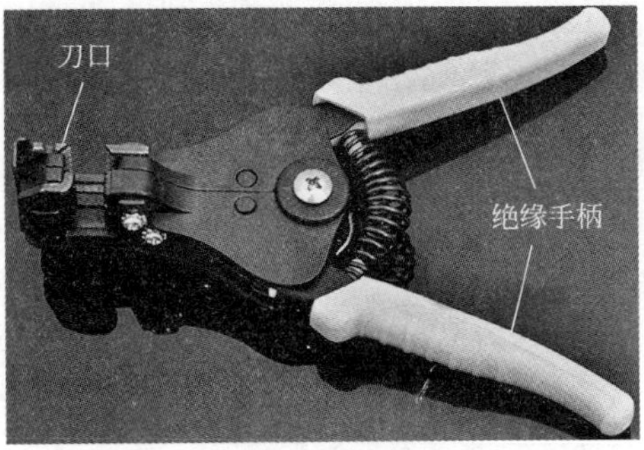

图 2-14 剥线钳

剥线钳的使用方法如图 2-15 所示。具体操作步骤如下：

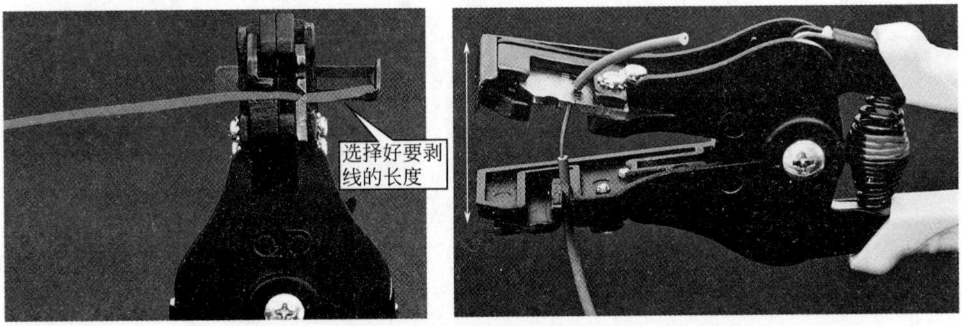

图 2-15 剥线钳的使用方法

① 根据电缆线的粗细型号，选择相应的剥线刀口。

② 将准备好的电缆放在剥线工具的刀刃中间，选择好要剥线的长度。

③ 握住剥线工具手柄，将电缆夹住，缓缓用力使电缆外表皮慢慢剥落。

④ 松开工具手柄，取出电缆线，这时电缆金属整齐露出外面，其余绝缘塑料完好无损。

选购建议： 初学电工维修学员应配置一把多功能剥线钳，可以剥制直径为0.8～3.2mm的导线。

（三）管子台虎钳的选用

管子台虎钳又称重型压力钳，如图2-16所示，安装在钳工工作台上，用来夹紧以便锯切管子或对管子套制螺纹等。

管子台虎钳的使用方法如下：

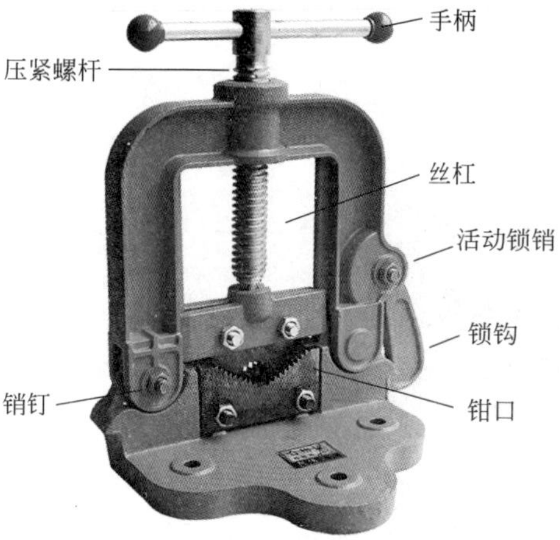

图 2-16 管子台虎钳

① 首先松开手柄，拔出活动锁销，扳起锁钩，打开钳架。

② 将被加工件放入压力钳内，合口后挂牢活动锁销。

③ 顺时针用力紧手柄。

④ 待工件夹牢固，就可以进行具体操作了。

使用管子台虎钳时，台虎钳在钳工工作台上必须装置牢固，工件必须卡紧，虎口使用行程不超过其最大行程的三分之二。装夹脆性或软性工件时，应用布、铜皮等包裹工件夹持部分，且不能夹得过紧。

选购建议： 管子台虎钳规格有1号、2号、3号、4号、5号和6号，选购时应选择与加工件相符的管子台虎钳。

二、电工专用工具的选用

（一）手电钻的选用

手电钻的作用是在工件上钻孔、拆装螺钉等。手电钻分为普通电钻和锂电钻两种，主要由电动机、钻夹头、钻头、手柄等组成，如图2-17所示。

手电钻的功能很多，通过安装不同的钻头，可以在不同材质的工件上钻孔。各类钻头使用方法和技巧如表2-1所示。

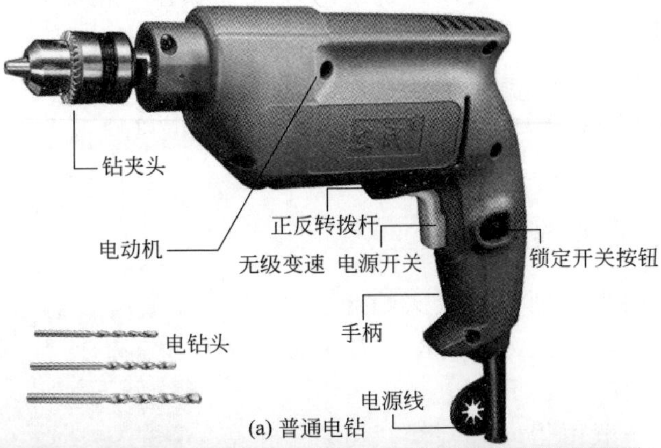

(a) 普通电钻

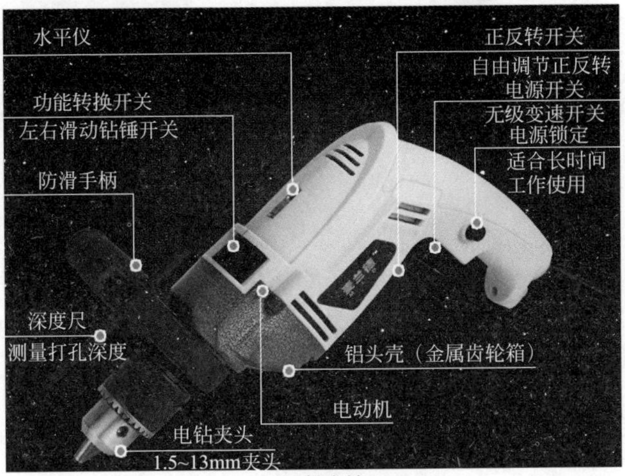

(b) 锂电钻

图 2-17 两种电钻实物

表 2-1 各类钻头使用方法和技巧

钻头名称	主要用途	使用方法和技巧
螺钉批头	用于拆装螺钉	把电钻速度调至最低，这样可以防止拧坏螺钉，延长螺钉及批头的使用寿命（注意：螺钉拧到底了及时松开，切莫强拧）
木头开孔器	用于给木质材料开孔	安装在电钻上使用，务必夹紧，速度由慢到快
玻璃开孔器（玻璃钻头）	用于给玻璃及瓷砖开孔	使用平钻模式用低速匀速进行开孔，需加水冷却，在开始的时候斜着以 45°角先开个槽，再慢慢垂直，不然孔的位置难以定位
麻花钻头	用于钻木头，钻铁和塑料（不能用于钻墙）	务必把钻头安装牢固，用力夹紧，以免打滑。注意安装端正，否则会因同心不好造成钻头损坏，转速由慢到快
冲击钻头	用于钻墙、石头、水泥、砖头等	钻头带有钨钢合金头，安装在电钻上使用，具有冲击功能，注意钻头发热，需要加水冷却

注意不要在易燃液体、气体、粉尘的环境下操作手电钻，电动工具产生的火花会点燃粉尘或气体，造成事故。

选购建议：初学电工维修学员应根据自己工作的环境选购手电钻，一般情况下购买一把普通220V手电钻就够了。如果经常外出维修，无工作电源的情况下，最好是购买一把锂电钻。

（二）电工刀的选用

电工刀主要用来剖削电线线头绝缘皮、切削木台缺口和削薄木枕等。普通电工刀主要由刀身、刀柄组成，如图2-18所示。

使用电工刀一般由里向外削线，刀口一般朝外，应采用平削，不宜采用立削（以免割伤导线），握线的手宜放在刀口背后，以免自伤。

电工刀的刀柄无绝缘保护，不能在带电导线或器材上剖削，以免触电。使用后，电工刀要擦拭干净，并将刀身折进刀柄。

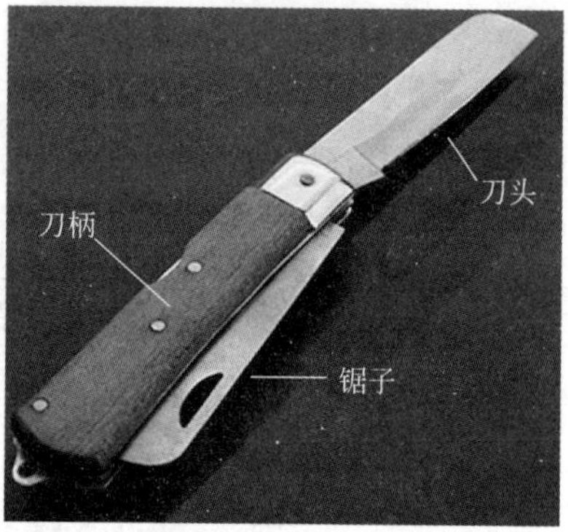

图2-18 电工刀

选购建议：初学电工维修学员可以选购一把多功能电工刀。多功能电工刀除了刀片以外，有的还带有尺子、锯子、剪子、扳手等工具，使用时甚至只需一把电工刀便可完成连接导线的各项操作。

（三）手摇绕线机的选用

图2-19 手摇绕线机

手摇绕线机适用于电器维修行业绕制各种规格粗线径变压器、电动机定子线圈等，如图2-19所示。

手摇电动计数绕线机由摇手柄主动齿轮传动主轴，通过主动齿轮末头齿轮传动使计数器计数，主轴与计数器轴速比为10∶1，当主轴转1圈时，计数器轴为1/10转，即计数器字母数为1转。

使用方法：将手摇绕线机的底座用螺钉固定在台面板为木质的工作台上。使用时用左手扳动计数器复位柄复位为00000，要求计数器复位柄扳两次，使计数齿轮全部合入复位状态（否则会造成齿轮打滑使计数不准）才能开始操作，操作完毕可复零，严禁在运转时复零。

电动机的绕组大多采用圆铜（或铝）导线，由于绕组尺寸不大且导线较细，一般可直接在手摇绕线机上进行绕制，但在使用时要注意用手将导线拉紧、拉直，使绕制的线圈层次平整。

选购建议：手摇绕线机有多种型号，应根据不同的工作用途选择不同规格型号的绕线机。初学电工维修学员应选购一款粗线径手摇绕线机，例如宁波飞跃牌NZ-7 型手摇绕线机。

（四）喷灯的选用

图 2-20　喷灯

喷灯如图 2-20 所示，是利用喷射火焰对工件进行局部加热的工具，常用于电缆封端、导线局部热处理、拆联轴器或旧线圈等热处理。喷灯的火焰温度可达 900℃以上。

喷灯有煤油喷灯和汽油喷灯两种，要选用喷灯所规定的燃料油。使用时，先要检查喷灯是否漏气、漏油，油量不得超过油桶的 3/4。丝堵必须拧好，加油时要远离明火。喷灯点火时，喷嘴前严禁站人。

选购建议：喷灯从容量上分 0.5～3.5L 多种规格。初学电工维修学员应根据自身的工作量，使用喷灯的频率选购适合自己使用的喷灯即可。

（五）压接钳的选用

压接钳是一种用冷压的方法来连接铜、铝导线的电工机械工具，特别是在铝绞线敷设施工中常要用到它。压接钳大致可分为手压和液压两类，液压钳又分为分体（搭配电动泵）和手动式两种。导线截面积为 35mm^2 及以下用手压钳，35mm^2 以上用齿轮压钳或液压钳。如图 2-21 所示，为手动液压压接钳。

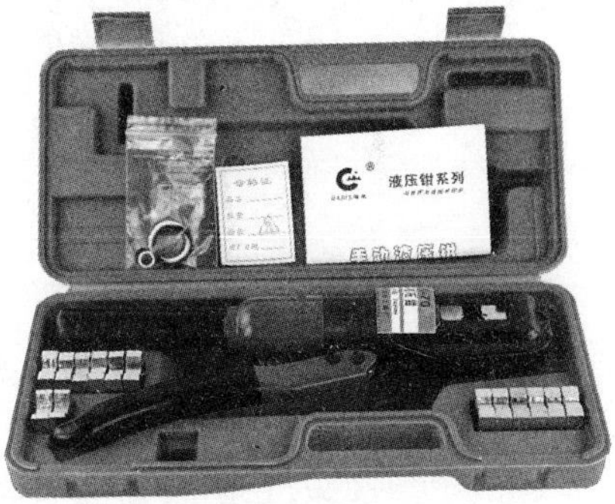

图 2-21　压接钳

压接钳使用方法及制作要求如下所述：

① 首先选择使用机械式或液压钳。

② 配好与连接导线适合的压模，以 YQK-70 手动液压压接钳为例，压模的更换方法如图 2-22 所示。

③ 检查压接管导线穿入方向是否正确。

④ 将导线压接管放入压模内进行压接操作。

⑤ 钢芯铝绞线连接管的压接应从中间开始，依次向一端上下交替钳压完成后，再从中间向另一端上下交替钳压。每模压到位后应停留 30s 后才能松模。

⑥ 注意禁止跳压。

⑦ 压接完毕后，用木槌将压接管敲直，注意防止损伤压接管。

⑧ 压接后的导线实物如图 2-23 所示。

压接钳制作导线要求如下所述：

① 压接前用汽油将压接管内壁、压接条清洗干净。

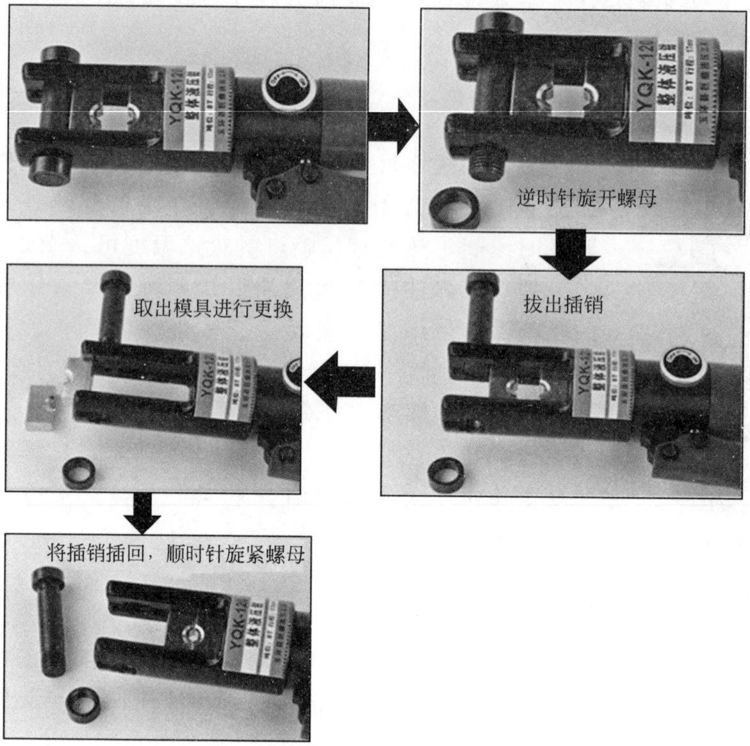

图 2-22　压模的更换方法

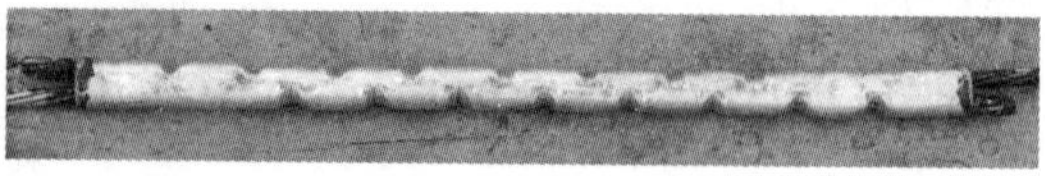

图 2-23　导线压接实物

② 选择接续管型号与导线的规格要配套。不同金属、不同规格、不同绞向的导线，严禁在同一档距内接续。新建线路在同一档距中，每根导线只允许有一个接头。

③ 导线接头处应保证有良好的接触，接头处的电阻应不大于等长导线的电阻。

④ 压接后导线端头露出长度不应小于 20mm。接续管弯曲度不应大于管长的 2%，有明显弯曲时应用木锤校直。

⑤ 校直后的接续管不应有裂纹。

⑥ 压接后接续管两端出口处、外露部分，应涂刷中性凡士林或防锈漆。

⑦ 压接后接续管两端附近的导线不应有灯笼、散股等现象。

选购建议： 初学电工维修学员配备一把手动液压压接钳一般就能满足工作需要，购买时要注意压接钳模具尺寸一定要配齐。

（六）拉轴器的选用

拉轴器又称拉拔器，简称拉马，是用来拆卸电动机轴或轴承的工具。它一般用球墨铁浇铸或中碳钢锻压而成，主要有两脚拉轴器、三脚拉轴器及液压拉轴器三种，如图 2-24 所示。

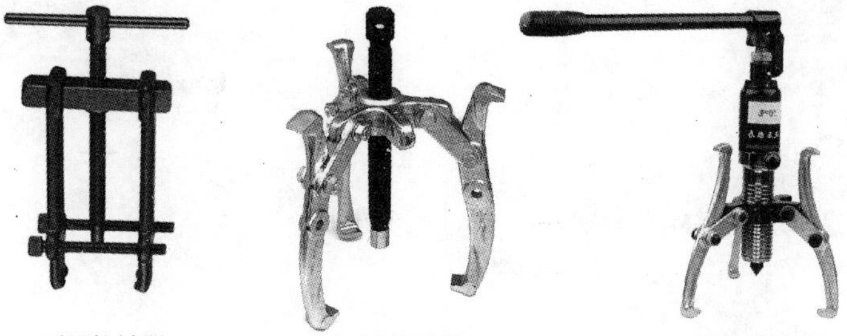

两脚拉轴器　　三脚拉轴器　　液压拉轴器

图 2-24　几种拉轴器

使用拉具拆卸电动机轴承时，应将拉具摆正，拉具的脚钩应紧扣住轴承的内圈，丝杆对准轴承的中心，扳动丝杆时要均匀用力。

选购建议： 初学电工维修学员应选用大小适宜的拉具，建议选购锻压三爪式组合拉马，型号有 3～25in❶，多大规格的拉具拆卸多大直径的轴承。

三、电工常用仪表的选用

（一）万用表的选用

万用表是一种多用途的电工仪表，分指针式和数字式两种，如图 2-25 所示。万用表一般可以测量交、直流电压，直流电流和电阻，有的万用表还可以测电感、电容、交流电流等。

下面以 MF47 系列万用表为例介绍万用表的使用方法及注意事项。

在使用前应检查指针是否在机械零位上，如不在零位，可旋转表盖上的调零器使指针指示在表的零位上。然后将测试棒红黑插头分别插入“＋”“－”插孔中，如测量交直流 2500V/10A 时，红插头则应分别插到标有“2500V”或“10A”的插座中。

1. 直流电流测量

测量 0.05～500mA 时，转动开关至所需的电流挡。测量 10A 时，应将红插头“＋”插入 10A 插孔内，转动开关可放在 500mA 直流电流量限上，而后将测试棒串接于被测电路中。

---

❶　1in＝0.0254m。

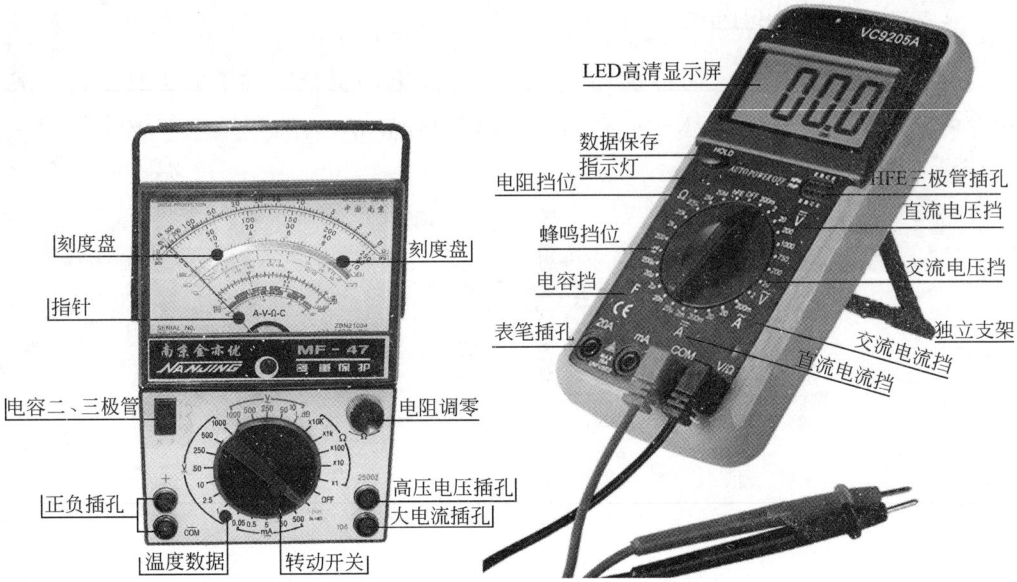

(a) 指针式万用表　　(b) 数字式万用表

图 2-25　指针式和数字式万用表

2. 交直流电压测量

测量交流 10～1000V 或直流 0.25～1000V 时，转动开关至所需电压挡。测量交直流 2500V 时，开关应分别旋转至交直流 1000V 位置上，而后将测试棒跨接于被测电路两端。若配以高压探头，可测量电视机≤25kV 的高压。测量时，开关应放在 50μA 位置上，高压探头的红黑插头分别插入“+”“−”插座中，接地夹与电视机金属底板连接，而后握住探头进行测量。测量交流 10V 电压时，读数请看交流 10V 专用刻度（红色）。

3. 直流电阻测量

装上电池（R14 型 2# 1.5V 及 6F22 型 9V 各一个），转动开关至所需测量的电阻挡，将测试棒两端短接，调整欧姆旋钮，使指针对准欧姆“0”位上，然后分开测试棒进行测量。测量电路中的电阻时，应先切断电源，如电路中有电容应先行放电。当检查有极性电解电容漏电电阻时，可转动开关至 $R\times1$k 挡，测试棒红杆必须接电容器负极，黑杆接电容器正极。注意：当 $R\times1$ 挡不能调至零位或蜂鸣器不能正常工作时，应更换 2#（1.5V）电池。当 $R\times10$k 挡位不能调至零位时，或者红外线检测当发光管亮度不足时，应更换 6F22 型（9V）层叠电池。

4. 通路蜂鸣器检测

首先同欧姆挡一样将仪器调零，此时蜂鸣器工作发出约 1kHz 长鸣叫声，此时不必观察表盘即可了解电路的通断情况。音量与被测线路电阻成反比例关系，此时表盘表示值约 $R\times3$（参考值）。

5．红外遥控器发射信号检测

该挡是为判断红外线遥控发射器工作是否正常而设置的。旋转至该挡时，将红外线发射器的发射头垂直对准表盘左下方接收窗口（偏差不大于±15°），按下需检测功能按钮。如红色发光管闪亮，表示该发射器工作正常。在一定距离内（1～30cm）移动发射器，还可以判断发射器输出功率状态。使用该挡时应当注意以下几点：

① 发射头必须垂直于接收窗口±15°内检测。

② 当有强烈光线直射接收窗口时，红色指示灯会点亮，并随入射光线强度不同而变化（此时可做光强度计参考使用），所以检测红外遥控器时应将万用表表盘面避开直射阳光。

6．音频电平测量

在一定负荷阻抗上，用来测量放大器的增益和线路输送的损耗，测量单位以分贝表示，音频电平以交流10V为基准刻度，如指示值大于+22dB时，可在50V挡位以上各量限测量，按表上对应的各量限的增加值进行修正。测量方法与交流电压基本相似，转动开关至相应的交流电压挡，并使指针有较大的偏转。如被测电流中带有直流电压成分，可在“+”插座中串接一个0.1μF的隔直流电容器。

7．电容测量

首先将开关旋转至被测电容容量大约范围的挡位上（见表2-2），用0Ω调零电位器校准调零。被测电容接在表棒两端，表针摆动的最大指示值即为该电容电量。随后表针将逐步退回，表针停止位置即为该电容的品质因数（损耗电阻）值。

表2-2 电容容量测量范围 μF

电容挡位 C	$C\times0.1$	$C\times1$	$C\times100$	$C\times1k$	$C\times10k$
测量范围	1000pF～1	0.01～10	1～100	10～1000	100～100000

电容测量应注意以下事项：

① 每次测量后应将电容彻底放电后再进行测量，否则测量误差将增大。

② 有极性电容应按正确极性接入，否则测量误差及损耗电阻将增大。

8．晶体管放大倍数测量

转动开关至$R\times10$hFE处，同欧姆挡方法调零后将NPN或PNP型晶体管对应插入晶体管N或P孔内，表针指示值即为该管直流放大倍数。如指针偏转指示大于1000说明晶体管损坏或检查是否插错引脚。

9．电池电量测量

使用BATT刻度线，该挡位可供测量1.2～3.6V的各类电池（不包括纽扣电池）电量用。负载电阻$R_L=8\sim12\Omega$。测量时将电池按正确极性搭在两根表棒上，观察表盘上BATT对应刻度，分别为1.2V、1.5V、2V、3V、3.6V刻度。绿色区域表示电池电力充足，“红绿”区域表示电池尚能使用，红色区域表示电池电力不足。测量纽扣电池及小容量电池时，可用直流2.5V电压挡（$R_L=50k\Omega$）进行测量。

10. 负载电压 LV（V）（稳压）、负载电流 LI（mA）参数测量

该挡主要测量在不同电流下非线性器件电压降性能参数和反向电压降（稳压）性能参数，如发光二极管、整流二极管、稳压二极管及三极管等，在不同电流下的曲线，或稳压二极管性能。测量方法同欧姆挡。其中 0～1.5V 刻度供 $R\times1$～$R\times1k$ 用，0～10.5V 供 $R\times10k$ 挡用（可测量 10V 以内稳压管）。各挡测量幅度如表 2-3 所示。

表 2-3 负载电压 LV、负载电流 LI 各挡测量幅度

开关位置欧姆挡	$R\times1$	$R\times10$	$R\times100$	$R\times1k$	$R\times10k$	$R\times100k$
满度电流 LI	100mA	10mA	1mA	100μA	70μA	7μA
测量范围 LV	0～1.5V				0～10.5V	

11. 标准电阻箱应用（Ω）

在一些特殊情况下，可利用本仪表直流电压挡或电流挡作为标准电阻使用，当该表位于直流电压挡时，如 1V 挡相当于 20kΩ 标准电阻（1.0V×20kΩ=20kΩ），其余各挡以此类推。当该表位于直流电流挡时，如 5mA 挡相当于 50Ω 标准电阻（0.25V÷0.005A=50Ω），其余各挡可根据技术规范类推（注意：使用该项功能时，应避免表头过载而出现故障）。

12. 220V～火线判别（测电笔功能）

将仪表旋转至 220V～火线判别挡位，首先将正负表棒插入 220V～插孔内，此时红色指示灯应发亮，将其中任一根表棒拔出红色指示灯继续点亮的一段即为火线段。使用此挡时如果发光管亮度不足应及时更换 9V 层叠电池以免发生误判断。

需要注意的是，使用万用表测量未知的电压或电流，应选择最高量程，待第一次读取数值后，方可逐渐转至适当位置以取得校准读数并避免烧坏电路。避免烧坏开关，应在切断电源情况下，变换量限。另外，使用万用表测量高压时，要站在干燥绝缘板上，并一手操作，防止意外事故。

选购建议： *初学电工维修学员，考虑到操作技术还不够熟练，建议购买一块 FM-47 型指针式万用表。*

（二）绝缘电阻表的选用

绝缘电阻表又称摇表、兆欧表，是专门用来测量绝缘电阻的便携式仪表，在电气安装、检修和试验中得到了广泛应用。兆欧表的刻度是以兆欧（MΩ）为单位的，如图 2-26 所示，为 3131A 兆欧表外部结构。

下面以 3131A 兆欧表为例，介绍兆欧表的使用方法及注意事项。

1. 被测回路电源的检测与断开

可在任何位置使用量程选择开关进行电压检测，如图 2-27 所示，检测方法及注意事项如下。

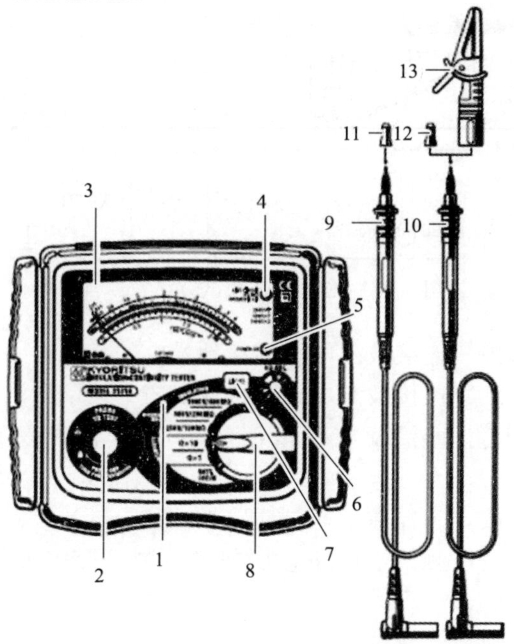

图 2-26 3131A 兆欧表外部结构

1—零调整螺钉；2—测试按钮；3—刻度盘；4—通电回路警告 LED；5—通电状态 LED；6—导通零调整；7—灯开关；8—量程选择开关；9—测试探棒（红）LINE 测试线；10—测试探棒（黑）接地测试线；11—测试探棒盖（红）；12—测试探棒盖（黑）；13—鳄口夹（黑）

① 首先将接地探棒（黑）与被测回路的接地端相连，测试探棒（红）接在 LINE 端。

② 确认通电回路警告 LED 未点亮或警告器未鸣叫。若 LED 点亮且蜂鸣警告发出，勿按测试键否则可能损坏回路。回路中存在 AC 电压，再次确认被测回路的断路器为 OFF。

③ 为避免触电事故请勿在通电回路中测试。

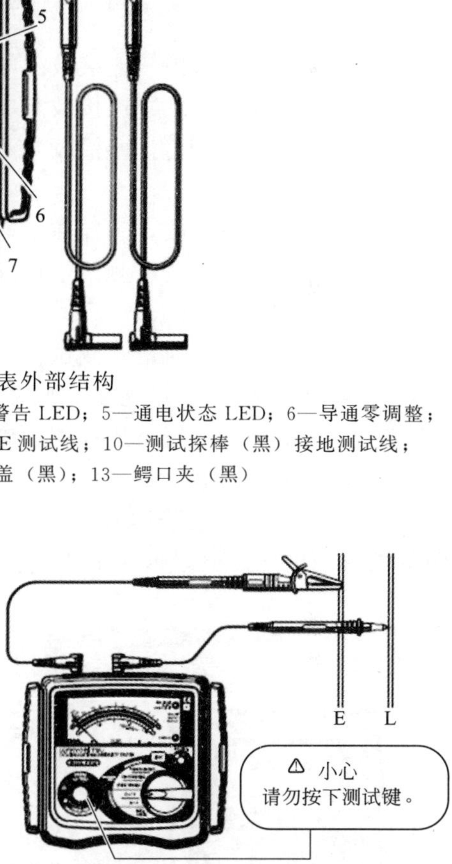

图 2-27 被测回路电源的检测与断开

④ 勿在电池盖打开时进行测量。

2. 绝缘电阻测试

绝缘电阻测试方法及原理如图 2-28 所示，施加一个高压于被测电阻（绝缘电阻）并测试流动的电流后可获得电阻值。电阻值＝电压/电流。

绝缘电阻测试的具体操作方法及注意事项如下：

① 测试前检测回路或设备确保未通电。

② 检查被测电路电压不超量程输入后，量程开关选择需要的输出电压量程。

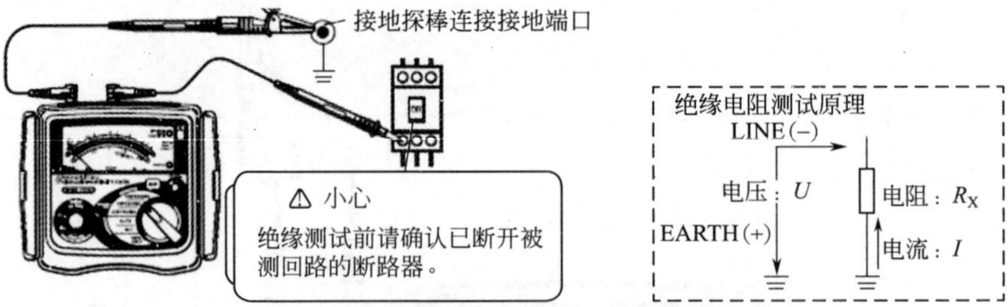

图 2-28 绝缘电阻测试方法及原理

③ 将接地探棒（黑）连接被测电路的接地端。

④ 将测试探棒（红）连接被测电路，按测试键。

⑤ 500V 量程刻度上直接读取测量值，250V 量程乘以 0.5，1000V 量程乘以 2。

⑥ 为避免触电事故，确保在未通电回路上测试。

⑦ 绝缘测试中，按下测试键后注意切勿触摸测试探棒头部及被测回路，因存在的高压可能导致触电。

⑧ 在取下电池盖时严禁测试。

⑨ 通电警告 LED 点亮或蜂鸣警告时严禁按测试键，否则可能损坏回路。

⑩ 测试前应先进行电压检测，确认被测回路不通电。

3. 导通测试（电阻测试）

导通测试方法及原理如图 2-29 所示，施加一个电流于被测电阻，测试被测电阻的两端的电压。电阻值＝电压/电流，即 $R_X=U/I$。

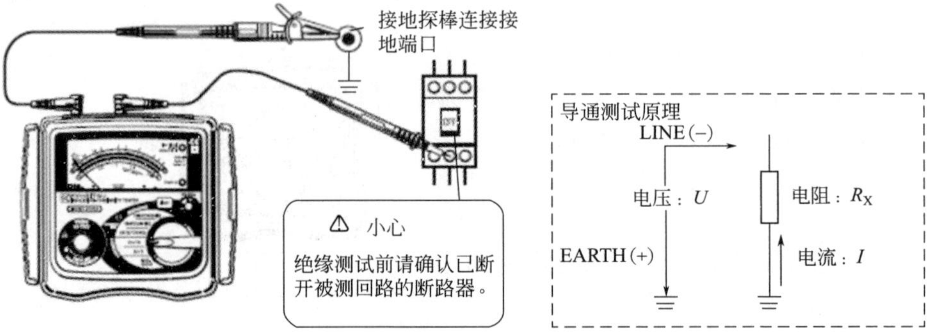

图 2-29 导通测试方法及原理

导通测试的具体操作方法及注意事项如下：

① 测试前必须先检测回路或设备确保未通电。

② 将量程开关选择×Ω 或×10Ω。

③ 将 LINE 探棒（黑）与接地探棒（红）短路，进行欧姆零调整。

④ 将测试探棒连接被测电路，按测试键。

⑤ ×Ω 量程刻度上直接读取测量值，×10Ω 量程乘以 10。

⑥ 为避免触电事故，请确保在未通电回路上测试。

⑦ 绝缘测试中，按下测试键后注意切勿触摸测试探棒头部及被测回路，因存在的高压可能导致触电。

⑧ 在取下电池盖时请勿测试。

⑨ 通电警告 LED 点亮或蜂鸣警告时请勿按测试键，否则可能损坏回路。

⑩ 若被测回路上并联连接了额外的工作回路，由于并联连接的回路电阻或瞬时电流的影响可能导致测试错误。

选购建议：兆欧表按其输出电压分类，常用的规格有 250V、500V、1000V、2500V、5000V 等多种。初学电工维修学员应根据被测对象的额定工作电压来选择相对应的兆欧表。当被测对象工作电压较低时，可选择 250V 兆欧表。我国交流供电大多为三相 380V（单相 220V），因此一般选用 500V 兆欧表，这是广大电工及电气设备维修人员必备的测量仪表。而 1000V、2500V、5000V 主要用于工作电压较高的电气线路上，供专业电气测试人员使用。

（三）钳形表的选用

钳形表是一种可以在电路不断电的情况下测量电流的专用工具。钳形电流表主要由一个电流互感器和一块电磁式电流表组成，如图 2-30 所示，是优利德 UT250/UT206 型钳形电流表外部结构。

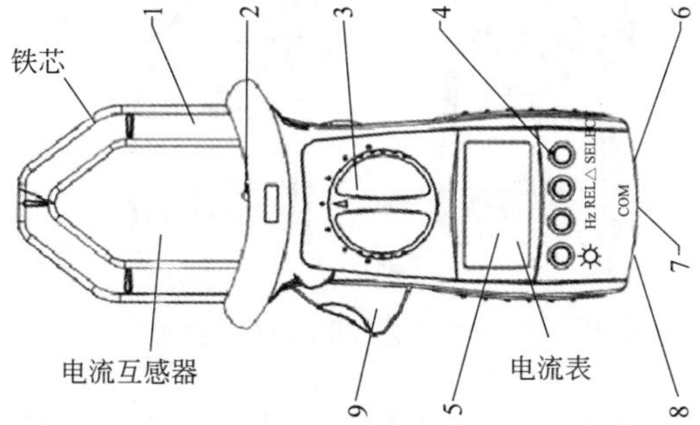

1—交流电流钳头：用于检测交流电流; 2—钳口照明灯; 3—功能量程开关：用于选择各种功能和量程; 4—按键开关：用于选择各种功能; 5—LCD显示器; 6—V插孔：测量电压时的正极输入端，插入红表笔; 7—COM插孔：负极输入端，插入黑表笔; 8—⊣⊢·))) ⊣▷⊢ Hz Ω 插孔：测量电阻、二极管、电路能断、电容、温度或频率/占空比时的正极输入端, 插入红表笔; 9—扳机：按下扳机，钳头张开，同时钳口照明灯自动点亮；松开扳机，钳头合拢，照明灯熄灭

图 2-30 钳形电流表

钳形表的检测原理是：电流互感器的铁芯在捏紧扳手时可以张开；被测电流所通过的导线可以不必切断就可穿过铁芯张开的缺口，当放开扳手后铁芯闭合。穿过铁芯的导线就成为了电流互感器的一次线圈，其中通过电流便在二次线圈中感应出电流，与二次线圈相连接的电流表便有指示或数显，从而测出被测线路的

电流。

钳形电流表不仅可以测交/直流电流，还能测量交/直流电压、电阻等。下面以优利德 UT250/UT206 型钳形电流表为例介绍钳形表的使用方法及注意事项。

1. 交流电流测量

① 首先将功能量程开关置于 1000A～交流电流测量挡。

② 按下扳机，张开钳头把导线夹住（夹住两根或以上的不同电流流向导线将得不到正确的测量结果）。

③ 从显示器上读取测量结果，为正弦波有效值（平均值响应）。

④ 为避免触电，在测量电流前，要断开表笔与被测电路的连接，并从仪表输入端拿掉表笔。

⑤ 为保证测量精确度，被测导线应垂直穿过钳头的中心位置，如图 2-31 所示。

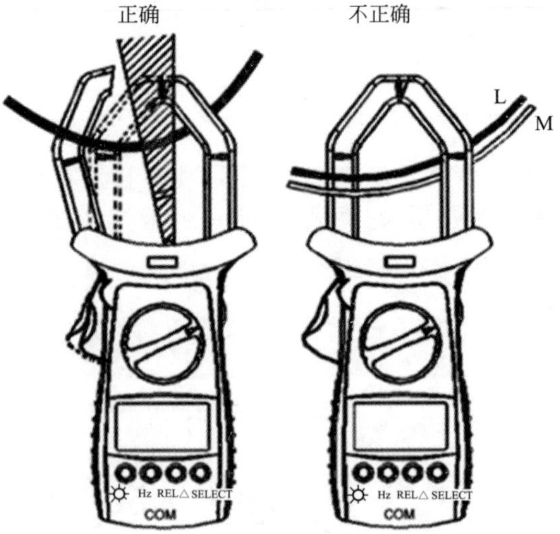

图 2-31 测量交流电流操作说明

⑥ 在完成所有的测量操作后，要将钳头离开被测导线。

2. 直流电压测量

① 首先将红表笔插入“V”插孔，黑表笔插入“COM”插孔，如图 2-32 所示。

② 将功能量程开关置于直流电压测量挡，并将表笔并联到待测电源或负载上。

③ 从显示器上读取测量结果。

④ 不要输入高于 1000V 或 600Vrms 的电压，显示更高的电压是可能的，但有损坏仪表的危险。

⑤ 在测量高电压时，要特别注意避免触电。

⑥ 在完成所有的测量操作后，要断开表笔与被测电路的连接，并从仪表输入端拿掉表笔。

3. 交流电压测量

① 首先将红表笔插入“V”插孔，黑表笔插入“COM”插孔，如图 2-33 所示。

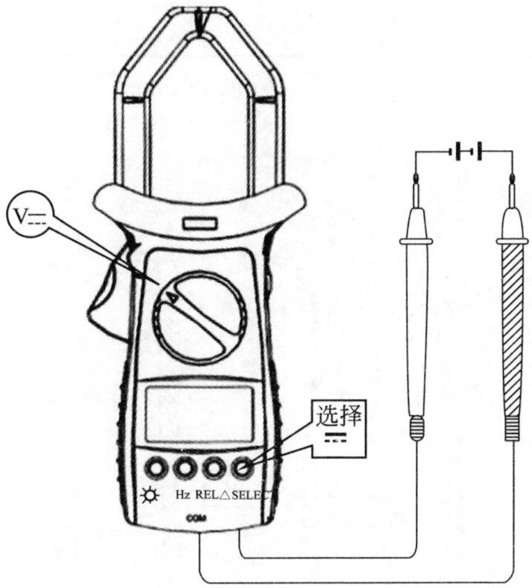

图 2-32 测量直流电压操作说明

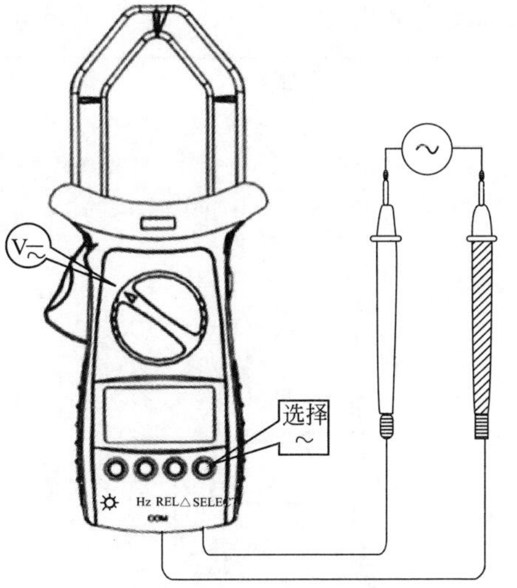

图 2-33 测量交流电压操作说明

② 将功能量程开关置于交流电压测量挡，并将表笔并联到待测电源或负载上。

③ 从显示器上读取测量结果，为正弦波有效值（平均值响应）。

④ 不要输入高于 1000V 或 600Vrms 电压，显示更高的电压是可能的，但有损坏仪表的危险。

⑤ 在测量高电压时，要特别注意避免触电。

⑥ 在完成所有的测量操作后，要断开表笔与被测电路的连接，并从仪表输入端拿掉表笔。

4. 电阻测量

① 首先将红表笔插入“⊣⊢•))) ─▷├”HzΩ 插孔，黑表笔插入“COM”插孔，如图 2-34 所示。

② 将功能量程开关置于“Ω”挡（电阻测量功能为默认值），并将表笔并联到被测电阻上。

③ 从显示器上读取测量结果。

④ 如果被测电阻开路或阻值超过仪表最大量程，显示器将显示“OL”。

⑤ 当检查在线电阻时，在测量前必须先将实测线路内所有电源断开，并将所有电容器充分放电。

⑥ 在测量电阻时，表笔会带来 0.1～0.2Ω 电阻的测量误差。在进行低阻测量时（400.0Ω 挡），为获得精确读数，应首先将表笔短接，然后按 REL△键使显示器置“0”，利用相对测量功能在测量结果中会自动减去表笔的附加电阻。

5. 二极管测试

① 首先将红表笔插入"⊣⊢·))) —▷|— HzΩ"插孔，黑表笔插入"COM"插孔，红表笔极性为"+"，黑表笔极性为"−"，如图 2-35 所示。

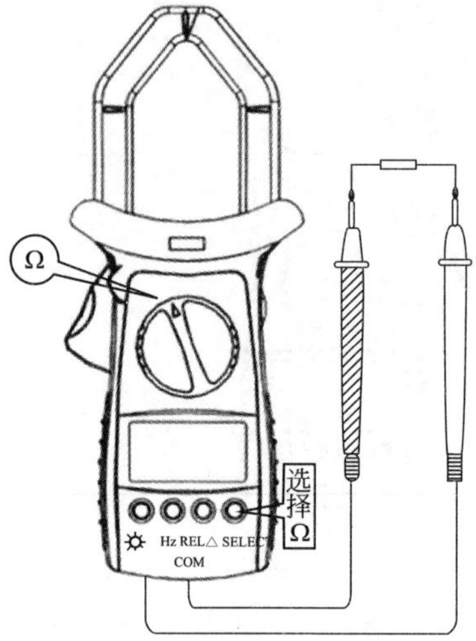

图 2-34　测量电阻操作说明

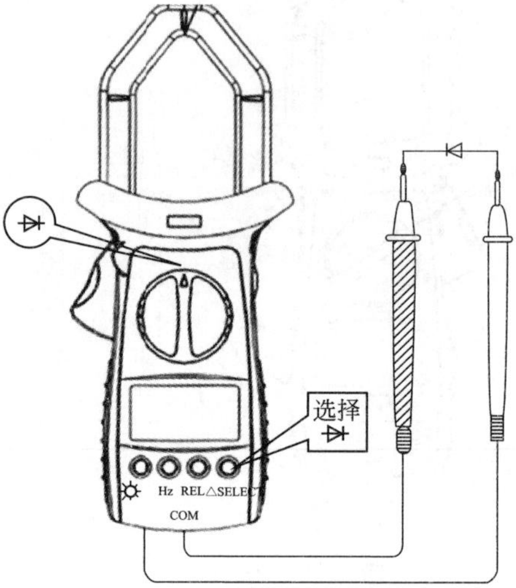

图 2-35　测试二极管操作说明

② 将功能量程开关置于"—▷|—"测量挡，再按 SELECT 键选择进入二极管测试功能，红表笔接到被测二极管的正极，黑表笔接到二极管的负极。

③ 从显示器上读取被测二极管的近似正向压降值，一般为 0.5～0.8V。

④ 如果被测二极管开路或极性反接，显示器将显示"OL"。

⑤ 当检查在线二极管时，在测量前必须先将实测线路内所有电源关断，并将所有电容器充分放电。

⑥ 不要输入高于直流 60V 或交流 30V 以上的电压，避免伤害人身安全。

⑦ 在完成所有的测量操作后，要断开表笔与实测电路的连接，并从仪表输入端拿掉表笔。

6. 电路通断测试

① 首先将红表笔插入"⊣⊢·))) —▷|— HzΩ"插孔，黑表笔插入"COM"插孔，如图 2-36 所示。

② 将功能量程开关置于"·))))"挡，再按 SELECT 键选择进入电路通断测试功能，并将表笔并联到被测电路两端。

③ 如果该两端之间的电阻低于 70Ω，内置蜂鸣器将会发出响声表示被测电路为导通状态。

④ 如果被测电路处于开路状态，显示器将显示"OL"。

⑤ 当检查电路通断情况时，在测量前必须先将被测线路内所有电源关断并将

所有电容器充分放电。

⑥ 不要输入高于直流 60V 或交流 30V 以上的电压，避免伤害人身安全。

⑦ 在完成所有的测量操作后，要断开表笔与被测电路的连接，并从仪表输入端拿掉表笔。

7. 电容测量

① 首先将红表笔插入“⊣⊢•))) ─▷├ HzΩ”插孔，黑表笔插入“COM”插孔。

② 将功能量程开关置于“⊣⊢”测量挡，再按 SELECT 键进入电容测量功能，并将表笔并联到被测电容上，如图 2-37 所示。

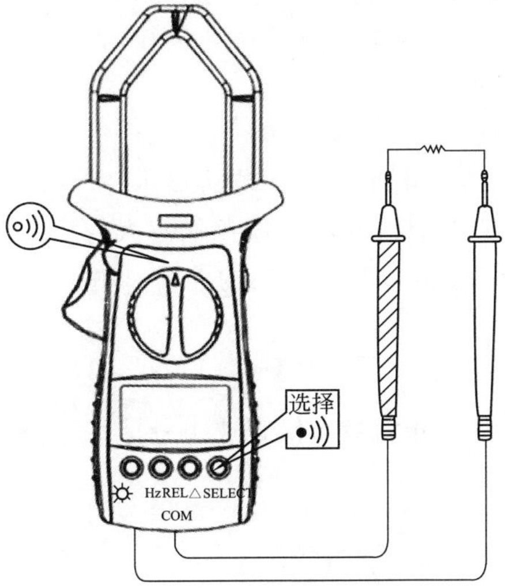

图 2-36 测试线路通断操作说明

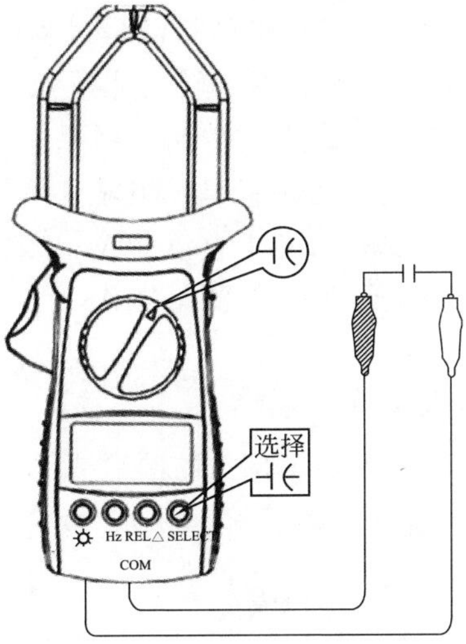

图 2-37 测量电容操作说明

③ 从显示器上读取测量结果。

④ 如果被测电容短路或容值超过仪表的最大量程，显示器将显示“OL”。

⑤ 所有的电容在测试前必须全部充分放电。

⑥ 如果被测试的电容为有极性电容，应将红色带夹短测试线接电容的正极，黑色带夹短测试线接负极。

⑦ 测量大容值的电容时需要较长的测量时间，在 200μF 量程挡约 30s。

⑧ 对于电容测量的表笔线应尽可能短，以减少表笔线分布电容的影响。小电容测量的准确度可以按 REL△键使显示器置“0”而得到改善，利用相对测量功能在测量结果中自动减去测试导线的分布电容。

⑨ 电容器的残余电压、绝缘阻抗、电介质吸收等都可能引起测量误差。

⑩ 不要输入高于直流 60V 或交流 30V 以上的电压，避免伤害人身安全。

⑪ 在完成所有的测量操作后，要断开表笔与被测电路的连接，并从仪表输入端拿掉表笔。

8. 频率/占空比测量

① 首先将红表笔插入“$\dashv\vdash$•)))→⊢ HzΩ”插孔，黑表笔插入“COM”插孔。

② 将功能量程开关置于频率测量挡，并将表笔并联到待信号源上，如图 2-38 所示。

③ 在进行频率测量时，按一次 Hz 键可选择进入占空比测量功能，再按一次 Hz 键则返回频率测量功能。

④ 在进行电压或电流测量时，按一次 Hz 键即进入频率测量功能，再按一次 Hz 键即进入占空比测量，第三次按 Hz 键则返回原测量功能。

⑤ 在使用 Hz 键转换测量过程中，仪表会自动将现时自动量程切至手动量程。要恢复自动量程往返旋转功能量程开关即可。

⑥ 从显示器上读取测量结果。

⑦ 在占空比测量时，当输入信号为高或低电平时显示器将显示“000.0%”。

⑧ 不要输入高于直流 60V 或交流 30V 以上的电压，避免伤害人身安全。

⑨ 在完成所有的测量操作后，要断开表笔与被测电路的连接，并从仪表输入端拿掉表笔。

9. 温度测量

① 首先将温度探头的输出端（正、负极）分别接入仪表“$\dashv\vdash$•)))→⊢ HzΩ”“COM”输入插孔，如图 2-39 所示。

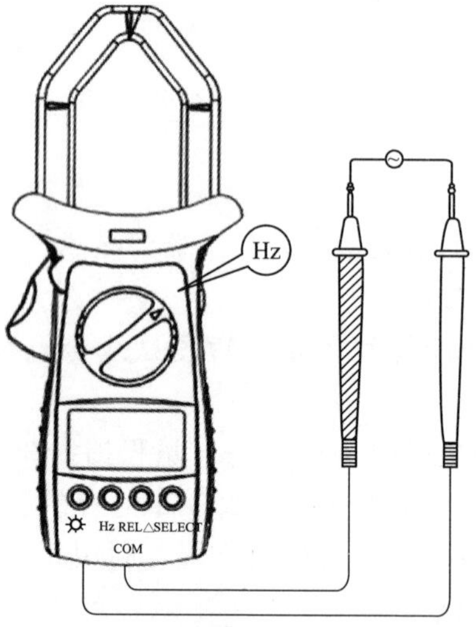

图 2-38 测量频率/占空比操作说明

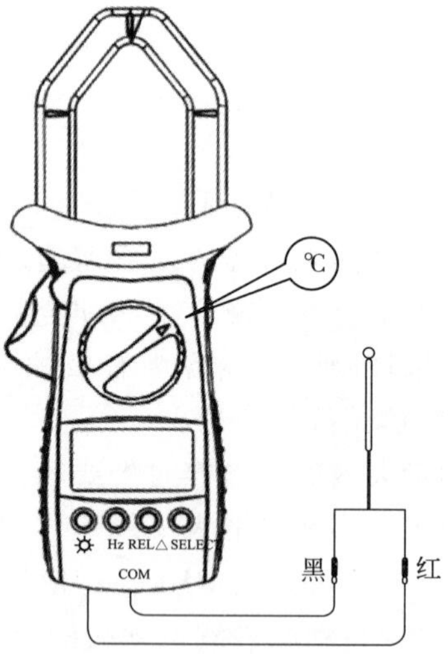

图 2-39 测量温度操作说明

② 将功能量程开关置于℃温度测量挡，将温度探头的测温端置于待测物面上或内部。

③ 从显示器上读取测量结果。

④ 无温度探头信号输入时，显示器自动显示仪表内部温度值。

⑤ 不要输入高于直流 60V 或交流 30V 以上的电压，避免伤害人身安全。

选购建议：根据测试电流类型可将钳形表分为交流钳形表、直流钳形表和交直流钳形表，初学电工维修学员可根据不同测试需求选择合适的钳形电流表。

四、电工工具包的选用

（一）低压验电笔的选用

低压验电笔是用来检测低压导体和电气设备外壳是否带电的常用工具，检测电压的范围通常为 60～500V。低压验电笔通常有普通接触式和多功能数显感应式两种，两种验电笔（测电笔或试电笔）的实物结构如图 2-40 所示。

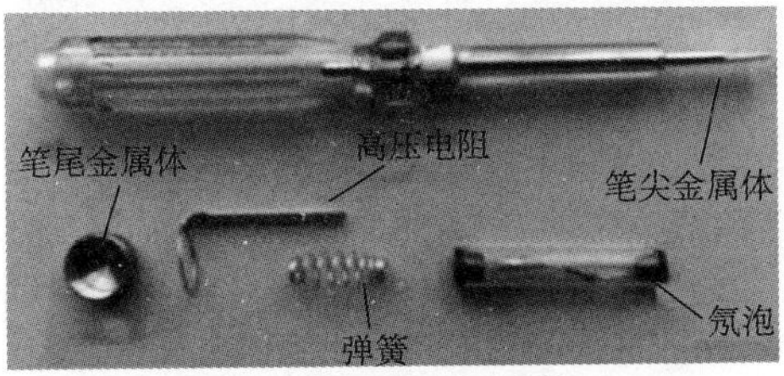

(a) 普通接触式验电笔

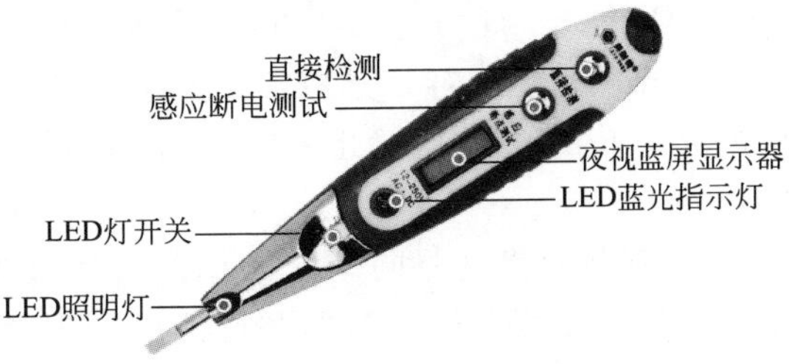

(b) 多功能数显感应式验电笔

图 2-40 两种验电笔实物结构

1. 普通验电笔使用方法

使用普通低压验电笔的操作方法非常简单，以中指和拇指持验电笔笔身，食指接触笔尾金属体或笔挂，操作时使氖管小窗背光朝自己。当用低压验电笔测带电体时，电流经带电体、低压验电笔、人体、大地形成回路，只要被测带电体与大地之间的电位差超过 60V，低压验电笔中的氖泡就会启辉发光。

2. 数显验电笔使用方法

数显验电笔笔体带 LED 显示屏，可以直观读取测试电压数字。下面以德力西 DHCHT8005 多功能数显感应式低压验电笔为例，介绍该类验电笔的使用方法。

① 按钮说明。德力西 DHCHT8005 多功能数显感应式低压验电笔可测试 12V、24V、36V、110V 及 220V 的电压，一般按测试笔上方的直接检测电极测试键是测电压的，以最高显示为当时测试电压值；下方的是感应断点测试键，用来检测绝缘体线路断路情况。

直接检测测试键，也就是用笔头直接去接触线路时，按此按钮。感应断点测试键，也就是用笔头感应线路时，按此按钮。

② 直接检测方法。验电测试时按住直接检测测试键，将笔头直接接触带电

体，数显验电笔的LED显示屏上将分段显示电压，最后显示数字为所测电路电压等级。

③ 间接检测方法。验电检测时按住感应断点测试键，将笔头靠近电源线，如果电源线带电的话，数显验电笔的显示器上将显示高压符号。可用于隔着绝缘层分辨零/相线、确定电路断点位置。

④ 断点检测方法。验电测试时按住感应断点测试键，沿电线纵向移动时，显示窗内无显示处即为断点处。

3. 低压验电笔其他测量技巧

只要掌握验电笔的原理，结合熟知的电工原理，灵活运用技巧还有很多。下面介绍低压验电笔的其他一些测量技巧。

① 判断感应电。用一般低压验电笔测量较长的三相线路时，即使三相交流电源缺一相，也很难判断出哪一根电源导线缺相（原因是线路较长，并行的线与线之间有线间电容存在，使得缺相的某根导线产生感应电，致使低压验电笔氖管发亮）。此时，可在低压验电笔的氖管上并接一个耐压大于250V，容量为1500pF的小电容，这样在测带电线路时，低压验电笔可照常发光；如果测得的是感应电，低压验电笔就不亮或微亮，据此可判断出所测的电源是否为感应电。

② 判断交流电源同相或异相。具体方法是：站在一个与大地绝缘的物体上，双手各执一支测电笔，然后在待测的两根导线上进行测试，如果两支测电笔发出很亮的光，则这两根导线为异相；反之，则为同相，它是利用测电笔中氖泡两极间电压差值与其发光强弱成正比的原理来进行判别的。

③ 判别交流电和直流电。在用测电笔进行测试时，如果测电笔氖泡中的两个极都发光，就是交流电；如果两个极中只有一个极发光，则是直流电。

④ 判断直流电的正、负极。将测电笔接在直流电路中测试，氖泡发亮的那一极就是负极，不发亮的一极是正极。

⑤ 判断直流系统是否发生接地。在对地绝缘的直流系统中，可站在地上用测电笔接触直流系统中的正极或负极，如果测电笔氖泡不亮，则没有接地现象。如果氖泡发亮，则说明有接地现象，其发亮如在笔尖端，则说明为正极接地；如发亮在手指端，则为负极接地。但是必须指出的是在带有接地监察继电器的直流系统中，不可采用此方法判断直流系统是否发生接地。

⑥ 判断物体是否产生静电。手持低压验电笔在某物体周围寻测，如氖管发亮，证明该物体上已带有静电。

⑦ 判断电气接触是否良好。若氖管光源闪烁，表明为某线头松动、接触不良或电压不稳定。

⑧ 判断相线碰壳。用低压验电笔触及电动机、变压器等电气设备外壳，若氖管发亮，说明该设备相线有碰壳现象。

4. 低压验电笔使用注意事项

① 使用试电笔之前，首先要检查试电笔的适用电压是否高于欲测试的带电体的电压，试电笔里有无安全电阻，再直观检查试电笔是否有损坏，有无受潮或进水，是否有破裂，检查合格后才能使用。

② 使用试电笔时，绝不能用手触及试电笔前端的金属探头，否则，会造成人身触电事故。

③ 使用试电笔时，一定要用手触及试电笔尾端的金属部分。否则，因带电体、试电笔、人体与大地没有形成回路，试电笔中的氖泡不会发光。这会造成误判，以为带电体不带电，这是十分危险的。

④ 在测量电气设备是否带电之前，先要找一个已知电源试测，检查试电笔的氖泡是否正常发光。能正常发光，才能使用。

⑤ 在明亮的光线下测试带电体时，应特别注意氖泡是否真的发光（或不发光），必要时，可用另一只手遮挡光线仔细判别。千万不要造成误判，将氖泡发光判为不发光，将有电误判为无电。

⑥ 使用数显感应式低压验电笔时，按键不需用力按压。

⑦ 使用数显感应式低压验电笔测试时，不能同时接触两个测试键，否则会影响灵敏度和测试结果。

⑧ 使用数显感应式低压验电笔的带感应电功能测试时，必须接地或接零。

⑨ 使用数显感应式低压验电笔不可测量 380V 电压，更不能当螺丝刀（螺钉旋具）使用。

选购建议：低压验电笔其结构小巧，“能力”却不可小视，可随身携带，是电工常用的一种辅助安全工具。建议初学电工维修学员将普通接触式和多功能数显感应式验电笔都配齐。

（二）螺丝刀的选用

螺丝刀是一种紧固或拆卸螺钉的专用工具，根据螺钉的不同，螺丝刀有不同规格和形式，通常有一字形、十字形、六角形等，如图 2-41 所示。

在使用小螺丝刀时，一般用拇指和中指加持旋具柄，食指顶住柄端。使用大旋具时，除拇指，食指和中指用力夹住旋具柄外，手掌还应顶住柄端。在操作时，要注意避免触及旋具的金属杆，通常在金属杆上加装一段绝缘套管，以避免触电或引起短路。还要注意的是，电工不能使用空心螺丝刀，以免发生触电事故。

选购建议：初学电工维修学员最好多选购几把不同规格和形式的螺丝刀，以备日常维修拆装螺钉的需要。

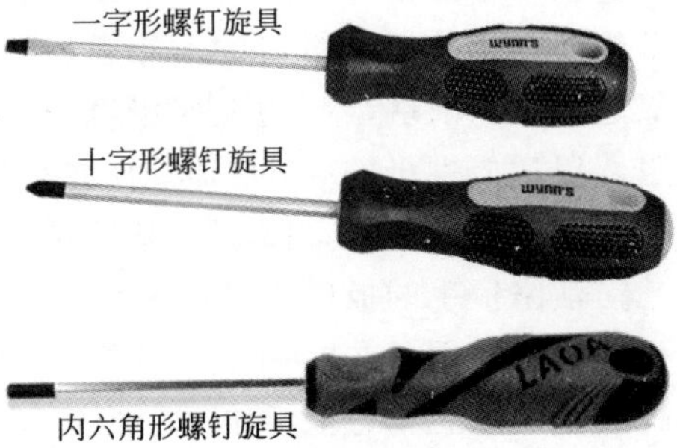

图 2-41　几种螺丝刀

（三）钳子的选用

钳子的种类很多，电工常用的有钢丝钳、尖嘴钳两种，如图 2-42 所示。

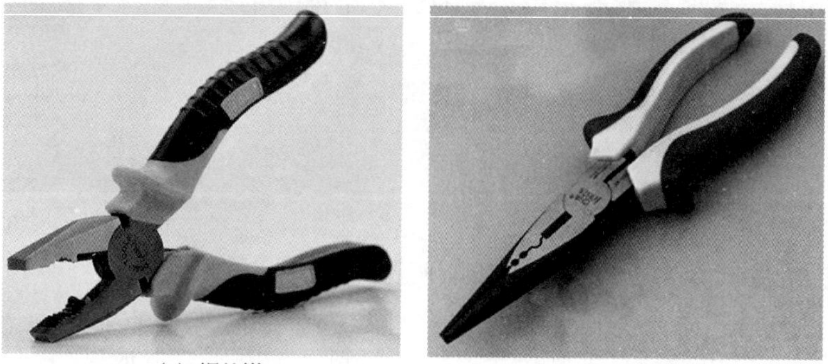

(a) 钢丝钳　　(b) 尖嘴钳

图 2-42　钢丝钳和尖嘴钳

钢丝钳又称平口钳，是用来加持和剪切金属导线等电工器材的工具。在平时使用过程中应注意，钢丝钳不能作为敲打工具。尖嘴钳是用来夹持小螺钉、小零件、电子元器件引线的工具。带有刃口的尖嘴钳还可以用来剪切金属导线。

选购建议： 钢丝钳的规格有 150mm、175mm 和 200mm 等几种，在使用时，通常选用 175mm 或 200mm 带绝缘柄的钢丝钳。尖嘴钳的规格有 160mm、180mm、200mm 等几种，电工应选用带绝缘柄的尖嘴钳。

（四）活络扳手的选用

活络扳手是用来旋紧或拧松四方头或六方头螺钉的工具。有一种电工专用活络扳手手柄上套有绝缘塑料套，可以在低压电路中带电使用（但要注意手不要接触扳手前部的金属部分），如图 2-43 所示。

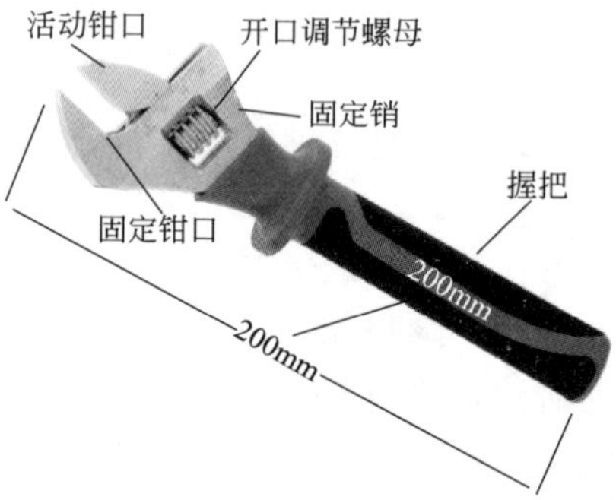

图 2-43　绝缘活络扳手

扳动小螺钉时，因需要不断地转动开口调节螺母，调节活动钳口的大小，所以手应握在靠近扳手的前端，并用大拇指调节开口调节螺母，以适应螺母的大小。扳动大螺钉时，右手握手柄，手越靠后，扳动起来越省力。

活络扳手的扳口夹持螺母时，固定钳口在上，活动钳口在下。活络扳手切不可反过来使用。在扳动生锈的螺母时，可在螺母上滴几滴煤油或机油，这样就好拧动了。注意不得把活络扳手当锤子使用。

选购建议： 电工常用的活络扳手有 200mm、250mm、300mm 三种规格，在使用时要根据螺母大小进行选择。

课堂三

元器件检测

一、通用元器件检测

（一）电阻器的检测

1. 熔断电阻器的检测

熔断电阻器的检测方法及注意事项如下：

① 在电路中，当熔断电阻器熔断开路后，可根据经验做出判断；若发现熔断电阻器表面发黑或烧焦，可断定是其负荷过重，通过它的电流超过额定值很多倍所致；如果其表面无任何痕迹而开路，则表明流过的电流刚好等于或稍大于其额定熔断值。

② 对于表面无任何痕迹的熔断电阻器好坏的判断，可借助万用表 $R\times1$ 挡来测量，为保证测量准确，应将熔断电阻器一端从电路上焊下。

③ 若测得的阻值为无穷大，则说明此熔断电阻器已失效开路；若测得的阻值与标称值相差甚远，表明电阻变值，也不宜再使用。

④ 在维修实践中发现，也有少数熔断电阻器在电路中被击穿短路的现象，检测时也应予以注意。

2. 固定电阻器的检测

固定电阻器的检测方法及注意事项如下：

① 首先将两表笔（不分正负）分别与电阻的两端引脚相接即可测出实际电阻值。

② 为了提高测量精度，应根据被测电阻标称值的大小来选择量程。

③ 测试时，特别是在测几十千欧以上阻值的电阻时，手不要触及表笔和电阻的导电部分。

④ 由于欧姆挡刻度的非线性关系，它的中间一段分度较为精细，因此应使指针指示值尽可能落到刻度的中段位置，即全刻度起始的 20％～80％弧度范围内，以使测量更准确。根据电阻误差等级不同，读数与标称阻值之间分别允许有 ±5％、±10％或 ±20％的误差。如不相符，超出误差范围，则说明该电阻值变值了。

⑤ 被检测的电阻从电路中焊下来，至少要焊开一个头，以免电路中的其他元件对测试产生影响，造成测量误差。

⑥ 色环电阻的阻值虽然能以色环标志来确定，但在使用时最好还是用万用表测试一下其实际阻值。

3. 电位器的检测

电位器就是由电阻体与转动或滑动系统组成，靠一个动触点在电阻体上移动，获得部分电压输出的一种可变电阻器。检查电位器时，首先进行直观检查，先转动旋柄，看看旋柄转动是否平滑，开关是否灵活，开关通、断时“喀哒”声是否清脆，并听一听电位器内部接触点和电阻体摩擦的声音，如有“沙沙”声，则说明质量不好。

对于不能通过直观检查出故障的电位器，可用万用表进行测试，具体操作方法如下：

① 先根据被测电位器阻值的大小，选择好万用表的合适电阻挡位。

② 用万用表的欧姆挡测电位器“1”“3”两端，如图 2-44 所示，其读数应为电位器的标称阻值，如万用表的指针不动或阻值相差很多，则表明该电位器已损坏。

③ 检测电位器的活动臂与电阻片的接触是否良好，操作方法如图 2-45 所示。用万用表的欧姆挡测“1”“2”（或“2”“3”）两端，将电位器的转轴按逆时针方向旋至接近“关”的位置，这时电阻值越小越好。再顺时针慢慢旋转轴柄，电阻值应逐渐增大，表头中的指针应平稳移动。当轴柄旋至极端位置“3”时，阻值应接近电位器的标称值。如万用表的指针在电位器的轴柄转动过程中有跳动现象，说明活动触点有接触不良的故障。

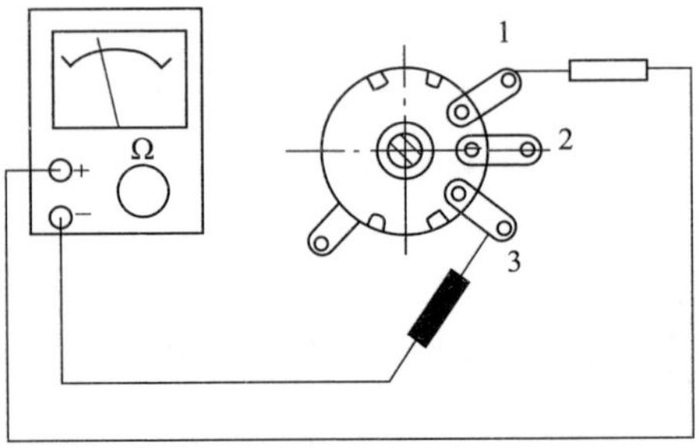

图 2-44　检测电位器的标称阻值

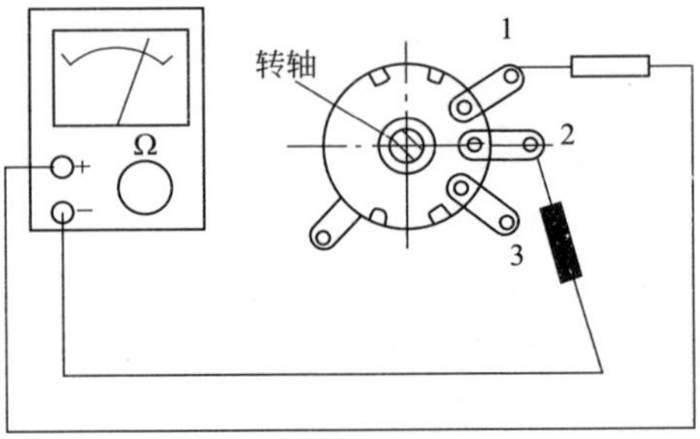

图 2-45　检测电位器的活动臂与电阻片的接触情况

4. 正温度系数热敏电阻（PTC）的检测

PTC 可用万用表 $R\times1$ 挡进行检测，分常温和加温两种检测方法，具体操作及注意事项如下。

(1) 常温检测（室内温度接近 25℃）

将万用表两表笔接触 PTC 热敏电阻的两引脚测出其实际阻值，并与标称阻值相对比，二者相差在±2Ω 内即为正常。实际阻值若与标称阻值相差过大，则说明其性能不良或已损坏。

(2) 加温检测

在常温测试正常的基础上，即可进行第二步测试，即加温检测，操作步骤如下：

① 首先将一热源（例如电烙铁）靠近 PTC 热敏电阻对其加热，同时用万用表监测其电阻值是否随温度的升高而增大。

② 电阻值随温度的升高而增大，则说明热敏电阻正常。

③ 若阻值无变化，说明其性能变劣，不能继续使用。

④ 注意不要使热源与 PTC 热敏电阻靠得过近或直接接触热敏电阻，以防止将其烫坏。

5. 负温度系数热敏电阻（NTC）的检测

(1) 测量标称电阻值 R_t

用万用表测量 NTC 热敏电阻的方法与测量普通固定电阻的方法相同，即根据 NTC 热敏电阻的标称阻值选择合适的电阻挡可直接测出 R_t 的实际值。但因 NTC 热敏电阻对温度很敏感，故测试时应注意以下几点：

① 由标称阻值 R_t 的定义可知，此值是生产厂家在环境温度为 25℃时所测得的，所以用万用表测量 R_t 时，亦应在环境温度接近 25℃时进行，以保证测试的可信度。

② 测量功率不得超过规定值，以免电流热效应引起测量误差。

③ 注意正确操作。测试时，不要用手捏住热敏电阻体，以防止人体温度对测试产生影响。

(2) 估测温度系数 α_t

① 先在室温 t_1 下测得电阻值 R_{t1}。

② 用电烙铁作热源，靠近热敏电阻。

③ 测出电阻值 R_{t2}，同时用温度计测出此时热敏电阻表面的平均温度 t_2。将所测得的结果输入下式：

$$\alpha_t \approx (R_{t2} - R_{t1}) / [R_{t1}(t_2 - t_1)]$$

NTC 热敏电阻的 $\alpha_t < 0$。

④ 操作时应注意，给热敏电阻加热时，宜用 20W 左右的小功率电烙铁，且烙铁头不要直接去接触热敏电阻或靠得太近，以防损坏热敏电阻。

6. 压敏电阻的检测

压敏电阻的检测方法如下：

① 用万用表的 $R \times 1k$ 挡测量压敏电阻两引脚之间的正、反向绝缘电阻，正常情况下，应均为无穷大，反之，说明漏电流大。

② 若所测电阻很小，则说明压敏电阻已损坏，不能使用。

7. 光敏电阻的检测

光敏电阻可用万用表的 $R \times 1k$ 挡进行检测，具体操作方法及注意事项如下。

（1）检测暗阻

检测前用一黑纸片先将光敏电阻的透光窗口遮住，如图 2-46 所示，此时万用表的指针基本保持不动，阻值接近无穷大，此值越大说明光敏电阻性能越好。若此值很小或接近为零，说明光敏电阻已烧穿损坏，不能再继续使用。

（2）检测亮阻

检测时，将光源对准光敏电阻的透光窗口，如图 2-47 所示，此时万用表的指针应有较大幅度的摆动，阻值明显减少，此值越小说明光敏电阻器的性能越好。若此值很大甚至无穷大，则表明光敏电阻器内部开路损坏，也不能再继续使用。

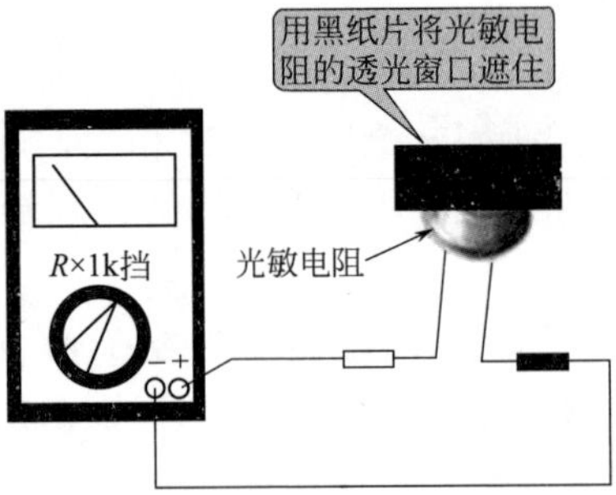

图 2-46　检测光敏电阻暗阻

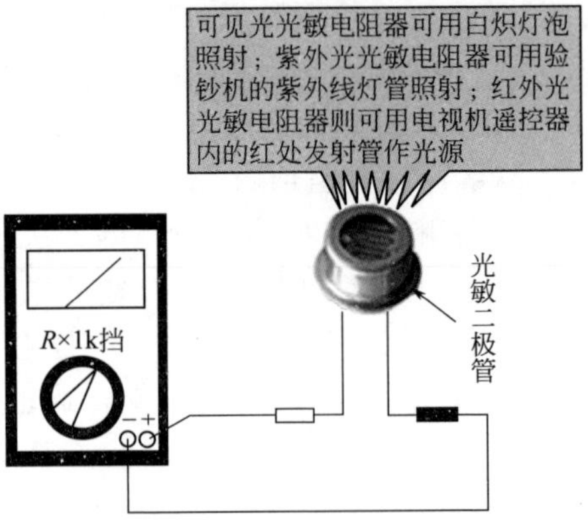

图 2-47　检测光敏电阻亮阻

（二）电容器的检测

电容器是最常见的元器件，同时也是最容易损坏的元器件，在没特殊检测仪器的情况下，可使用万用表的电阻挡检测其性能的好坏。

1. 固定电容器的检测方法

检测时首先根据电容器容量的大小，选择相应的量程（电阻挡），如图 2-48 所示。100μF 以上的电容器用 $R\times100$ 挡，1～100μF 的电容器用 $R\times1$k 挡，1μF 以下的电容器用 $R\times10$k 挡。用万用表的两表笔（不分正、负）分别与电容器的两引线相接，具体分为以下几种情况。

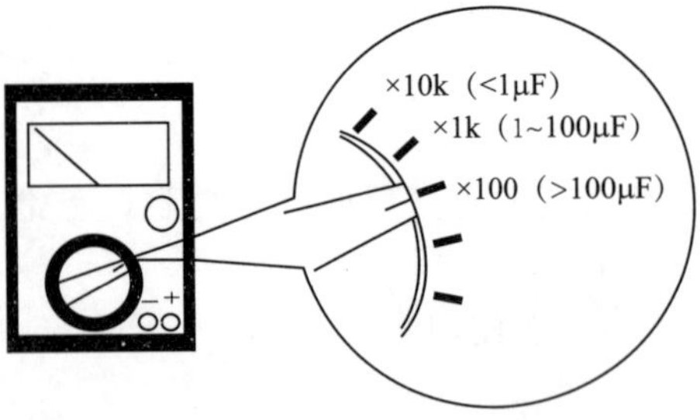

图 2-48　选择相应的量程电阻挡

① 正常情况下，在刚接触的一瞬间，表针应向右偏转，然后缓慢向左回归。对调两表笔后再测，表针应重复以上过程。电容器容量越大，表针右偏越大，向左回归也越慢，如图 2-49 所示。

② 对于容量小于 0.01μF 的电容器，由于充电电流极小，几乎看不出表针右偏，只能检测其是否短路。

③ 如果万用表表针不动，则说明该电容器已断路损坏，如图 2-50 所示。

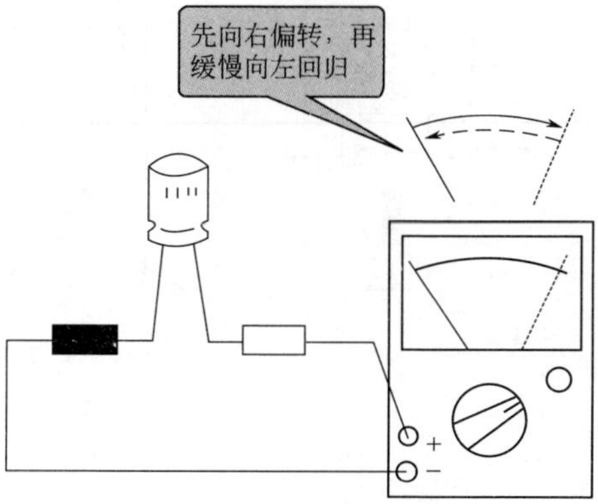

图 2-49 电容器性能正常测试图

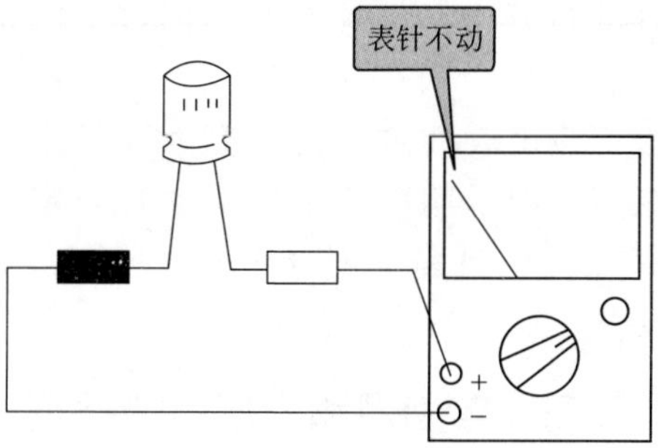

图 2-50 电容器断路损坏测试图

④ 如果表针向右偏转后不向左回归，则说明该电容器已短路损坏，如图 2-51 所示。

⑤ 如果表针向左回归稳定后，阻值指示小于 500kΩ，则说明该电容器漏电较大，如图 2-52 所示，也不宜使用。

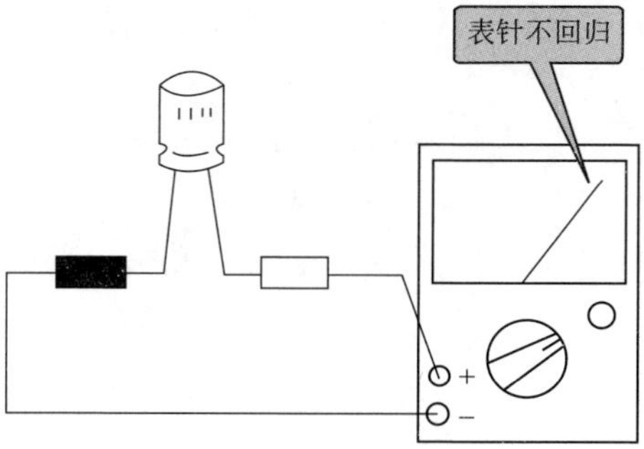

图 2-51 电容器短路损坏测试图

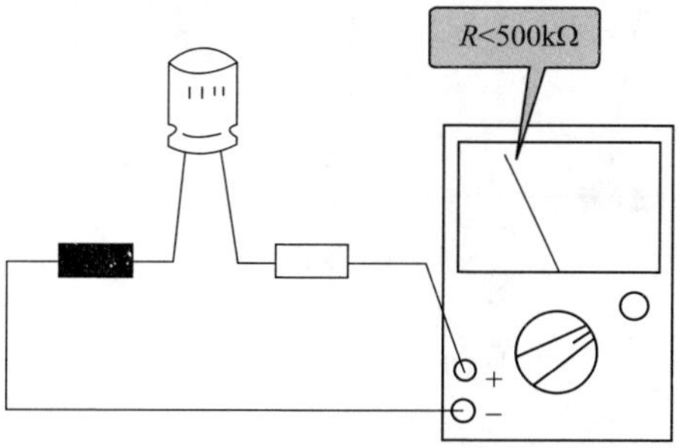

图 2-52 电容器漏电损坏测试图

2．可变电容器的检测方法

（1）外观检查

具体操作方法如下：

① 用手轻轻旋动转轴，应感觉十分平滑，不应感觉有时松时紧甚至卡滞现象。

② 将转轴向前、后、上、下、左、右等各个方向推动时，转轴不应有松动的现象。

③ 用一只手旋动转轴，另一只手轻摸动片组的外缘，不应感觉有任何松脱现象。转轴与动片之间接触不良的可变电容器，是不能再继续使用的。

（2）短路的检测

将万用表置于 $R\times10\text{k}$ 挡，一只手将两支表笔分别接可变电容器的动片和定片的引出端，另一只手将转轴缓缓旋动几个来回，如图 2-53 所示。正常情况下，万用表指针都应在无穷大位置不动；若在旋动转轴的过程中，指针有时指向零，则说明动片和定片之间存在短路点；若碰到某一角度，万用表读数不为无穷大而是出现一定阻值，则说明可变电容器动片与定片之间存在漏电现象。对于双联可变电容器，应对每一联分别进行检测。

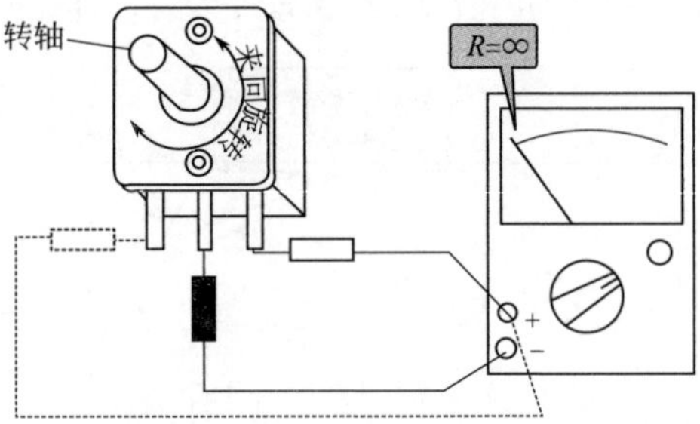

图 2-53 可变电容器短路故障的检测

（三）电感器和变压器的检测

1. 电感器的检测方法

电感器的好坏可以用万用表进行检测，方法如图 2-54 所示。具体操作步骤如下。

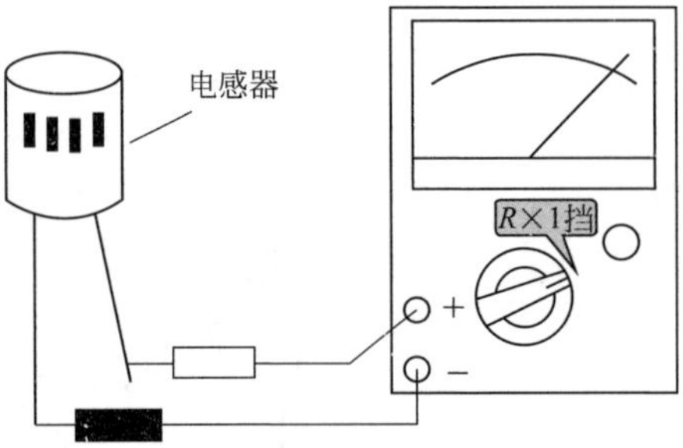

图 2-54 检测电感器

① 将万用表置于 $R\times1$ 挡，两表笔（不分正、负）与电感器的两引脚相接。

② 正常情况下，表针指示应接近为“0Ω”，电感量较大的电感器应有一定的阻值。

③ 如果表针不动，则说明该电感器内部断路。

④ 如果表针指示不稳定，说明内部接触不良。

2. 变压器的检测方法

（1）外观检查

通过观察变压器的外貌来检查其是否有明显异常现象：如线圈引线是否断裂，脱焊，绝缘材料是否有烧焦痕迹，铁芯紧固螺杆是否有松动，硅钢片有无锈蚀，绕组线圈是否有外露等。

（2）判别初、次级线圈

电源变压器初级引脚和次级引脚都是分别从两侧引出的，并且初级绕组多标有 220V 字样，次级绕组则标出额定电压值，如 15V、24V、35V 等。再根据这些标记进行识别。

（3）线圈通断的检测

将万用表置于 $R\times1$ 挡，将两表笔分别与初级或次级绕组接线端相接，如图 2-55所示。测试中，若某个绕组的电阻值为无穷大，则说明此绕组有断路性故障。

（4）绝缘性能测试

用万用表 $R\times10\text{k}$ 挡分别测量铁芯与初级、初级与各次级、铁芯与各次级、次级各绕组间的电阻值，如图 2-56 所示。正常情况下，万用表指针均应指在无穷大不动。反之，说明变压器绝缘性能不良。

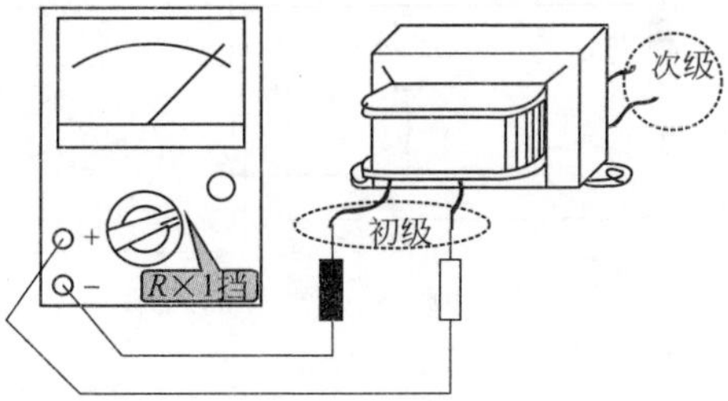

图 2-55　检测变压器线圈通断

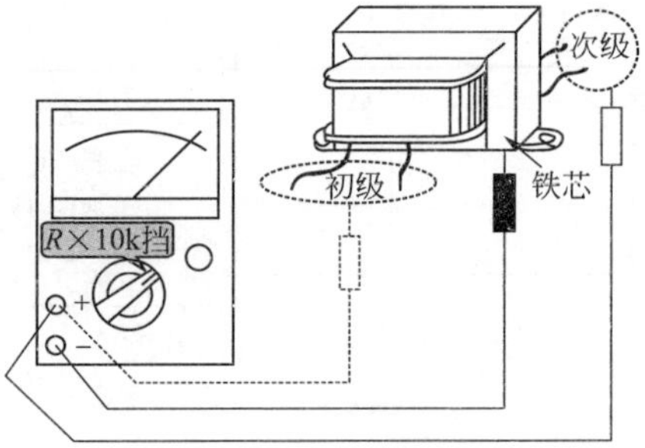

图 2-56　变压器绝缘性能测试

（四）晶体二极管的检测

晶体二极管可用万用表进行引脚识别和检测，具体检测方法如下：

① 将万用表置于 $R\times1$k 挡，两表笔分别接到二极管的两端。如果测得的电阻值较小，则为二极管的正向电阻，这时与黑表笔（即表内电池正极）相连接的是二极管正极，与红表笔（即表内电池负极）相连接的是二极管负极，如图2-57所示。

② 如果测得的电阻值很大，则为二极管的反向电阻，这时与黑表笔相接的是二极管负极，与红表笔相接的是二极管正极，如图 2-58 所示。

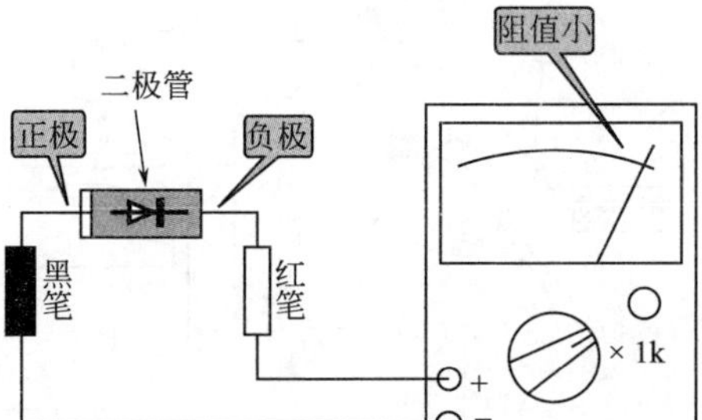

图 2-57　检测晶体二极管的正向电阻

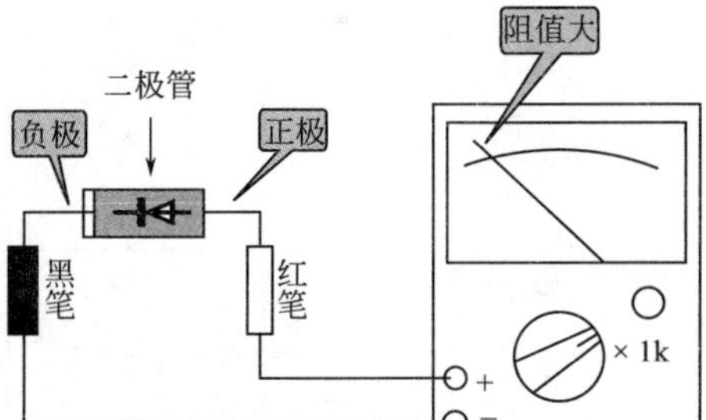

图 2-58　检测晶体二极管的反向电阻

③ 正常情况下，二极管的正、反向电阻应相差很大，且反向电阻接近于无穷大。如果某二极管正、反向电阻均为无穷大，则说明该二极管内部断路损坏。

④ 如果正、反向电阻均为 0，则说明该二极管已被击穿短路。

⑤ 如果正、反向电阻相差不大，则说明该二极管质量太差，也不宜使用。

⑥ 由于锗二极管和硅二极管的正向管压降不同，因此可以用测量二极管正向电阻的方法来区分，如图 2-59 所示。如果正向电阻小于 1kΩ，则为锗二极管。

⑦ 如果正向电阻为 1～5kΩ，则为硅二极管，如图 2-60 所示。

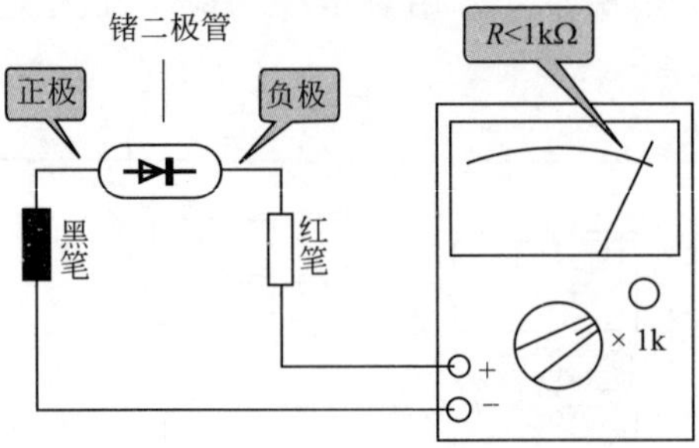

图 2-59　锗二极管的判断

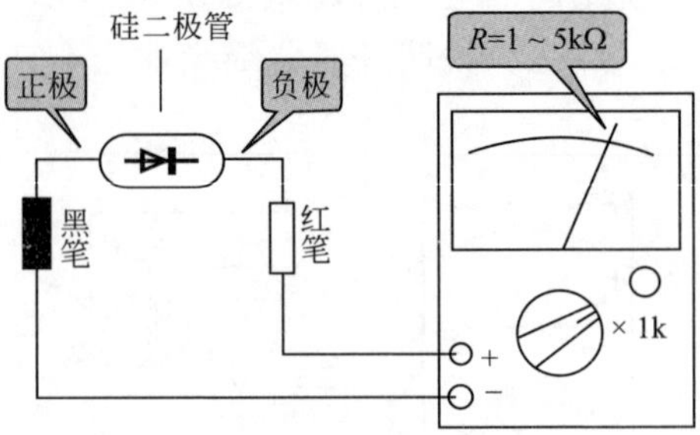

图 2-60　硅二极管的判断

（五）晶体三极管的检测

晶体三极管的检测方法如下：

① 将万用表置于 $R\times1k$ 挡。

② 先用黑表笔接某一引脚，红表笔分别接另外两引脚，测得两个电阻值。

③ 将黑表笔换接另一引脚，重复以上步骤，直至测得两个电阻值都很小（NPN 管）或都很大（PNP 管），这时黑表笔所接的是基极 b，如图 2-61 所示。

④ 对于 NPN 管，用红表笔接基极以外的一引脚，左手拇指与中指将黑表笔与基极以外的另一引脚捏在一起，同时用左手食指触摸基极，这时表针应向右摆动。将基极以外的两引脚对调后再测一次，如图 2-62 所示。

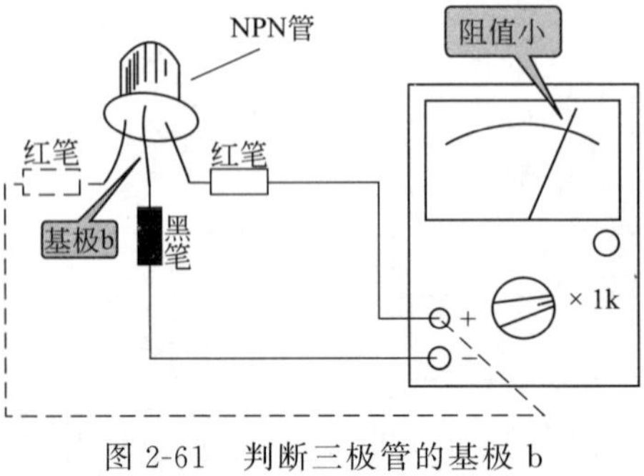

图 2-61　判断三极管的基极 b

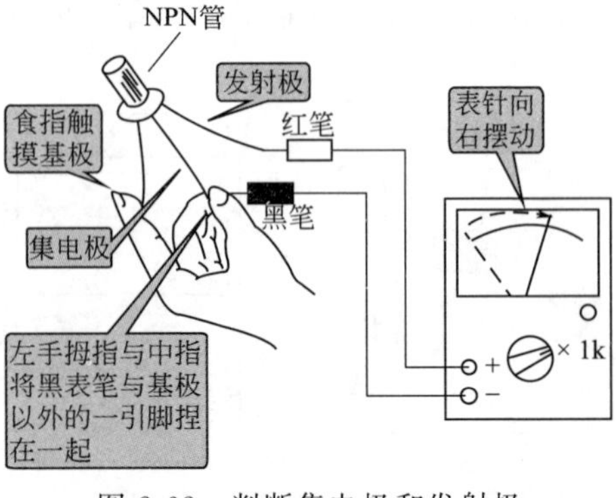

图 2-62　判断集电极和发射极

⑤ 两次测量中，表针摆动幅度较大的那一次，黑表笔所接为集电极，红表笔所接为发射极。

⑥ 表针摆动幅度越大，说明被测三极管的 β 值越大。

⑦ 对于 PNP 管则对调红、黑表笔测量。

（六）场效应管的检测

1. 结型场效应管极性的判别

以结型场效应管为例，介绍万用表对场效应管引脚的识别。具体操作方法如下：

① 首先将万用表置于 $R\times1k$ 挡，用两表笔分别测量每两个引脚间的正、反向电阻，如图 2-63 所示。

② 当某两个引脚间的正、反向电阻相等，均为数千欧时，则这两个引脚为漏极 D 和源极 S（可互换），余下的一个引脚即为栅极 G。

2. 估测结型场效应管的放大能力

用万用表估测结型场效应管的放大能力，操作方法如下：

① 将万用表置于 $R\times100$ 挡，两表笔分别接漏极 D 和源极 S，如图 2-64 所示。

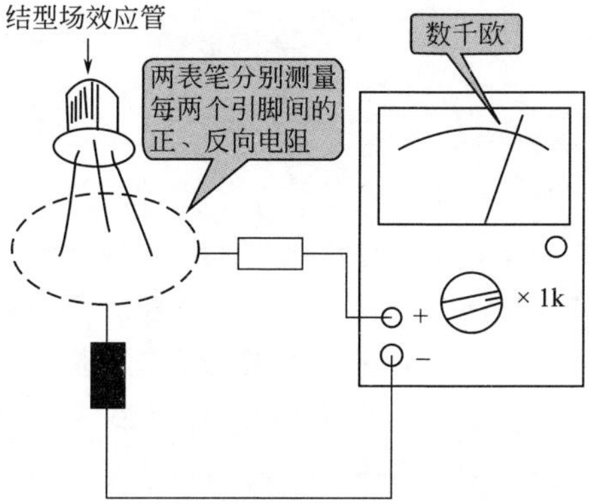

图 2-63　检测结型场效应管的正、反向电阻

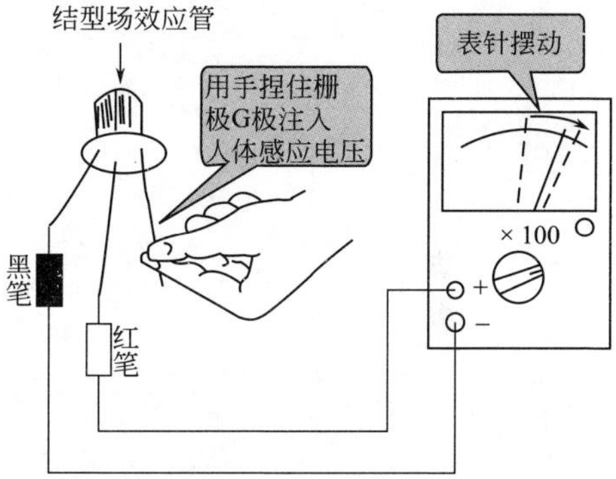

图 2-64　估测结型场效应管的放大能力

② 用手捏住栅极 G（注入人体感应电压），表针应向左或向右摆动。

③ 表针摆动幅度越大说明场效应管的放大能力越大。

④ 如果表针不动，则说明该场效应管已损坏。

（七）单结晶体管和晶闸管的检测

1. 单结晶体管的检测方法

单结晶体管又称为双基极二极管，是一种具有一个 PN 结和两个欧姆电极的负阻半导体器件，最重要的特性是具有负阻性。单结晶体管可用万用表进行检测，具体方法如下。

① 检测两基极间电阻。将万用表置于 $R\times1k$ 挡，两表笔（不分正、负）接单结晶体管除发射极 E 以外的两个引脚，如图 2-65 所示。正常情况下，读数应为 3～10kΩ。

② 检测 PN 结正向电阻。将黑表笔接发射极 E，红表笔分别接两个基极，如图 2-66 所示。正常情况下，读数均应为数千欧。对调两表笔后检测 PN 结反向电阻，正常情况下，读数均应为无穷大。如果测量结果与上述不符，则说明被测单结晶体管已损坏。

③ 测量单结晶体管的分压比 η。如图2-67所示设计一个测量电路，将万用表置于“直流 10V”挡，先测出 C_2 上的电压 U_{C2}，然后按公式 $\eta=U_{C2}/U_B$ 计算即可。

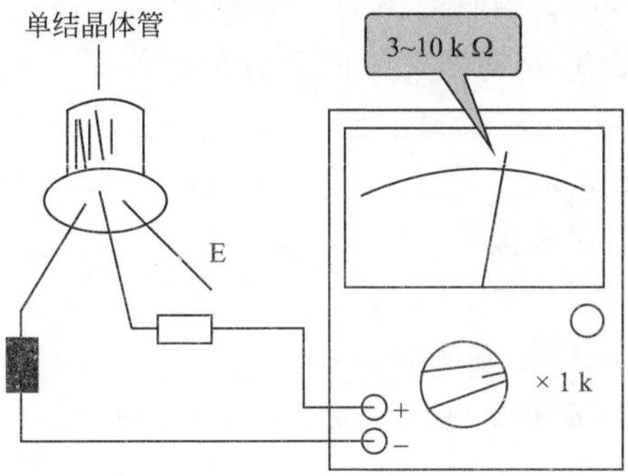

图 2-65 检测单结晶体管两基极间电阻

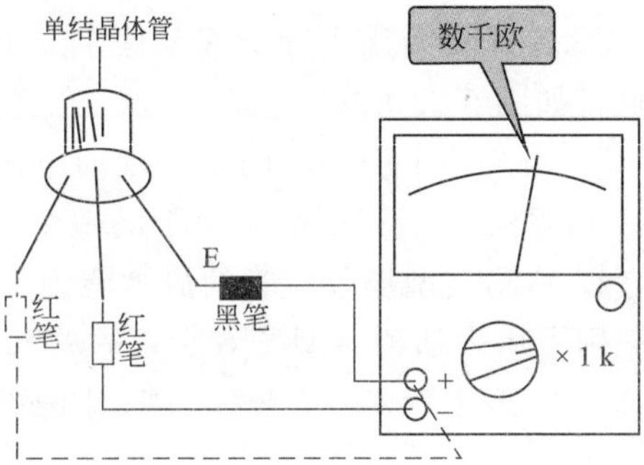

图 2-66 检测单结晶体管 PN 结正向电阻

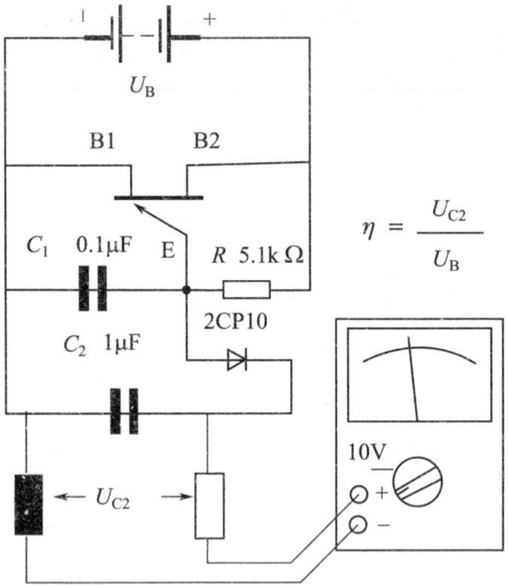

图 2-67 测量单结晶体管的分压比 η

2. 晶闸管的检测方法

① 单向晶闸管的检测方法。将万用表置于 $R\times10\Omega$ 挡，黑表笔接控制极 G，红表笔接阴极 K，测量其正向电阻，如图 2-68 所示。正常情况下，应有较小的阻值。对调两表笔测其反向电阻，应比正向电阻明显大一些。测量控制极 G 与阳极 A 之间的正、反向电阻，均应为无穷大。这是因为 G、A 间为两个 PN 结反向串联，不论正、反向均不应导通，否则说明晶闸管已损坏。

② 检测单向晶闸管导通特性。将万用表置于 $R\times1$ 挡，黑表笔接阳极 A，红表笔接阴极 K，如图 2-69 所示。正常情况下，表针指示应为无穷大。用螺丝刀等金属物将控制极 G 与阳极 A 短接一下（短接后即断开），表针应向右偏转并保持在十几欧姆处。

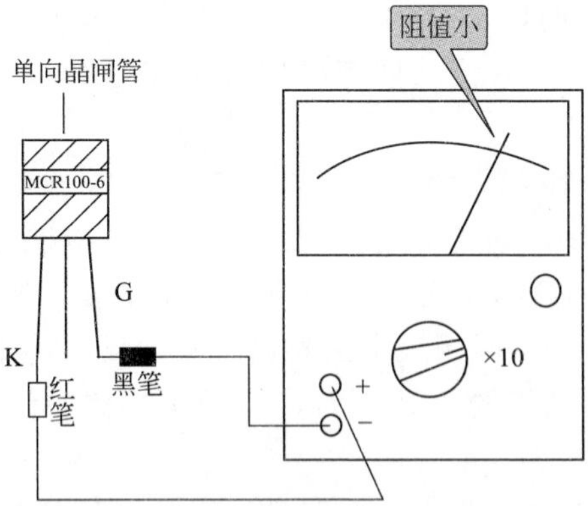

图 2-68 检测单向晶闸管正、反向电阻

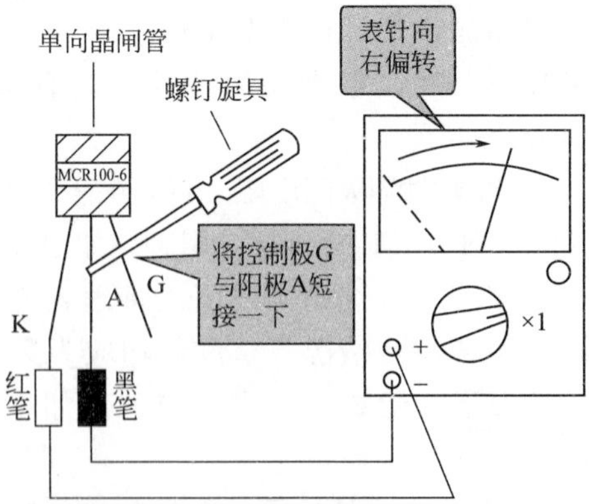

图 2-69 检测单向晶闸管导通特性

③ 双向晶闸管的检测方法。将万用表置于 $R\times1$ 挡，两表笔测量控制极 G 与主电极 T1 间的正、反向电阻，如图 2-70 所示。正常情况下，均应为较小阻值。测量控制极 G 与主电极 T2 间的正、反向电阻，均应为无穷大。

④ 检测双向晶闸管导通特性。将黑表笔接主电极 T1，红表笔接主电极 T2，如图 2-71 所示。正常情况下，表针指示应为无穷大。将控制极 G 与主电极 T2 短接一下，表针应向右偏转并保持在十几欧姆处。如不符合上述情况则说明晶闸管已损坏。

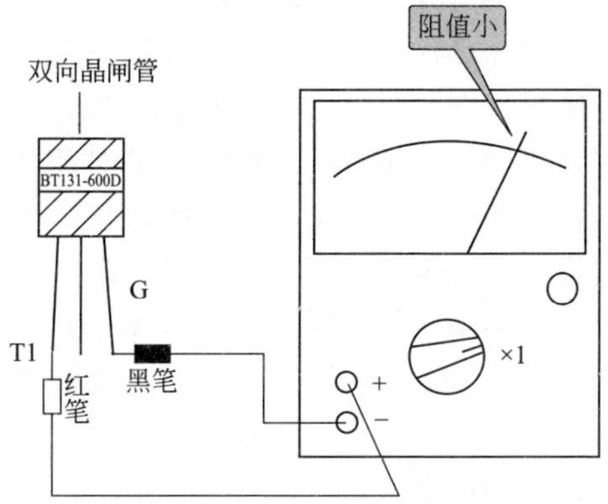

图 2-70　检测双向晶闸管正、反向电阻

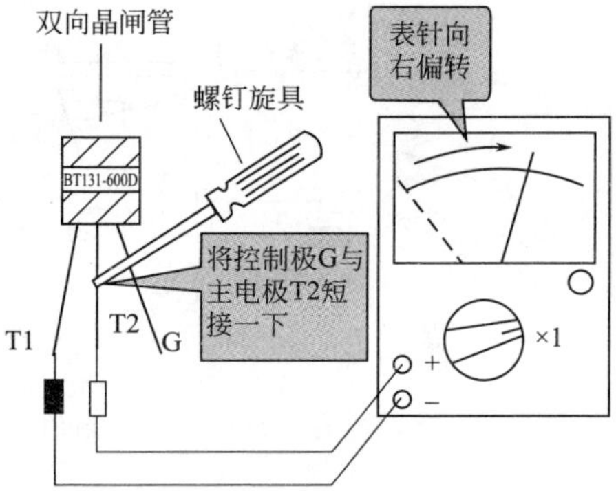

图 2-71　检测双向晶闸管导通特性

二、特殊元器件检测

（一）开关件的检测

开关件通俗地讲是能够实现电路开与关的控制元器件。电子电力电路中的开关件很多，例如：家中控制电灯熄灭的电源开关；隔离电源的刀开关；控制接触器、继电器、电磁起动器等的按钮开关；等等。

下面以按钮开关为例，介绍开关件的检测方法。

1. 外观检查

① 触点接触不良。主要检查触点是否烧损；触点表面有无尘垢；触点弹簧是否失效。

② 触点间短路。主要检查塑料是否受热变形，导致接线螺钉相碰短路；触点间有无杂物或油污导致形成通路。

2. 电阻检测法

判断开关件质量好坏，最常用的方法是测量它们的接触电阻和断开电阻是否正常，正常情况下，在线测量开关的接触电阻应小于 0.5Ω，反之，为接触不良。断开电阻一般应大于几千欧为正常。

（二）继电器的检测

继电器是一种常用的控制器件，它可以用较小的电流来控制较大的电流，用低电压来控制高电压，用直流电来控制交流电等，并且可实现控制电路与被控电路之间的隔离，在自动控制、遥控、保护电路等方面得到了广泛的应用。常见的继电器主要有电磁式继电器、干簧式继电器和固态继电器等。上述继电器都可以使用万用表对其进行检测。

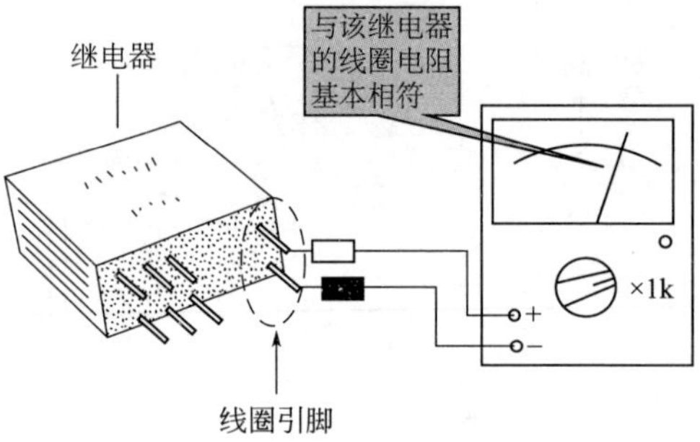

图 2-72 检测电磁式继电器线圈阻值

1. 电磁式继电器的检测方法

① 检测电磁式继电器线圈阻值。将万用表置于 $R\times100$ 或 $R\times1\text{k}$ 挡，两表笔（不分正、负）接继电器线圈的两引脚，如图 2-72 所示。正常情况下，万用表指示应与该继电器的线圈电阻基本相符。如阻值为 0，则说明两线圈引脚间短路；如阻值明显偏小，则说明线圈局部短路；如阻值为无穷大，则说明线圈已断路或引脚脱焊。

② 检测电磁式继电器接点。先给继电器线圈加上规定的工作电压，用万用表 $R\times1\text{k}$ 挡检测接点的通断情况，如图 2-73 所示。正常情况下，未加电时，常开接点不通，常闭接点导通，加电时，应能听到继电器吸合声，这时，常开接点导通，常闭接点不通，转换接点应随之转换。如与上述情况不相符，则说明该继电器损坏。对于多组接点继电器，如果部分接点损坏，其余接点动作正常则仍可使用。

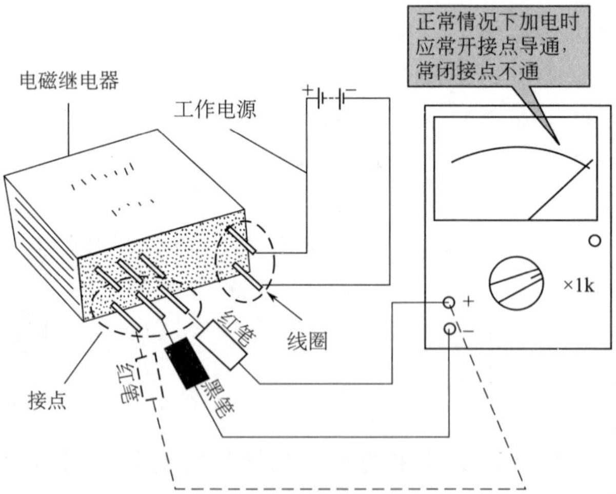

图 2-73 检测电磁式继电器接点

2. 干簧式继电器的检测方法

干簧式继电器同样可以用万用表对其线圈和接点进行检测，检测方法与电磁式继电器相同。

3. 固态继电器的检测方法

用万用表可以检测固态继电器的输入端，方法是：将万用表置于$R\times10$k 挡，黑表笔接 SSR 输入端的正极，红表笔接 SSR 输入端的负极，如图 2-74 所示。正常情况下，表针应偏转过半。将两表笔对调后再测，表针应不动。如果无论正向接入还是反向接入，表针都偏转到头或都不动，则说明该固态继电器已损坏。

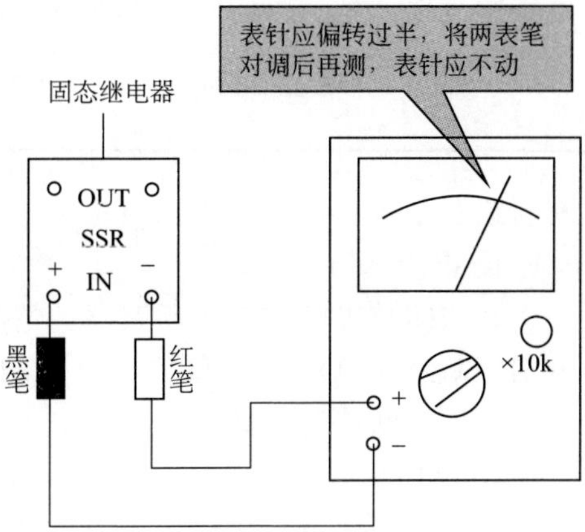

图 2-74 检测固态继电器

（三）熔断器的检测

1. 普通熔断器的检测

普通熔断器的检测方法如下：

① 首先用观察法查看其内部熔丝是否熔断、是否发黑，两端封口是否松动等。

② 若有上述情况，则表明已损坏。

③ 也可用万用表电阻挡直接测量，其两端金属封口阻值应为 0Ω，否则为损坏。

2. 变压器低压侧熔断器的检查方法

导致变压器低压侧熔断器熔体熔断的原因较多，应根据具体情况采取相应的处理措施。

① 熔体中间部位熔断。这种情况多是过载引起的，典型特征是熔体上大多没有电弧烧伤痕迹。此种情况，应查明过载的原因。

② 熔体在压接处或其他部位熔断。这种情况熔体上大多无严重烧伤痕迹，多为熔体截面积过小，安装时熔体就有隐患；熔体受污氧化，接触电阻变大；熔体压接不牢固。此种情况，只要重换新的同规格的熔体即可。

③ 熔体严重烧伤。这种情况熔断器瓷托上大多残留电弧烧伤痕迹，多是低压侧线路的中性线与相线或相线与相线之间出现了短路故障引起的。此种情况，应查找短路点并消除之。

3. 变压器高压侧熔断器的检查方法

一旦发现变压器高压侧的熔断器熔断，应先检查防雷间隙是否短路接地。若外部检查无问题，则可能为变压器内部出现了短路或异常，应仔细观察其有无冒烟或油外流现象，变压器温升是否异常变高。

如经上述检查无误后，可采用绝缘电阻表测变压器高、低压侧之间以及高、低压侧对地的绝缘电阻，一般能查找到故障所在。

（四）断路器的检测

断路器在电路中起保护作用，当电路中电流超过额定电流就会自动断开。判断断路器是否正常可采用电阻法和电压法两种方法进行检测。

1. 电阻法

在关闭总电源或卸下断路器的情况下，将断路器合闸，用万用表 $R\times1$ 电阻挡分别测断路器电源端与负载端对应的接口，正常情况下，阻值应为零，导通。反之，则说明断路器损坏。

2. 电压法

在带电情况下，用万用表电压挡先确定断路器电源进线 220V 电压正常。然后在断路器合闸状态下，用万用表两表笔测量负载侧火线与零线是否有 220V 电压。如测得无电压，则说明断路器损坏。

（五）天线的检测

天线是一个能量转换器，可将发射机馈给的高频电能转换为向空间辐射的电磁能，也可将空间传播的电磁能转换为高频电能输送到接收机，前者称为发射天线，后者称为接收天线。发射天线和接收天线的主要参数和特性相同，具有可逆性。

天线的种类很多，按工作波长分类主要有超长波天线（3～30kHz）、长波天线（30～300kHz）、中波天线（300kHz～3MHz）、短波天线（3～30MHz）、超短波天线（30～300MHz）。检测天线性能需要专业的检测仪器，例如频谱分析仪、微波信号源、网络分析仪等。下面以中波天线中的磁性天线为例，介绍使用万用表检测天线的方法。

磁性天线是一种高频变压器，它的初级、次级线圈绕在磁棒上，作用是接收空间的电磁波，对电磁波的吸收能力很强。磁性天线损坏会造成接收不到中波信号或接收到的信号变弱，原因较多是高频变压器存在故障，此时应先观察变压器的外貌来检查其是否有明显异常现象：如线圈引线是否断裂，脱焊，绝缘材料是否有烧焦痕迹，铁芯紧固螺杆是否有松动，硅钢片有无锈蚀，绕组线圈是否有外露等。

如高频变压器外观正常，则将万用表置于 $R\times1$ 挡，将两表笔分别与高频变压器初级或次级绕组接线端相接，如图 2-75 所示。测试中，若某个绕组的电阻值为无穷大，则说明此绕组有

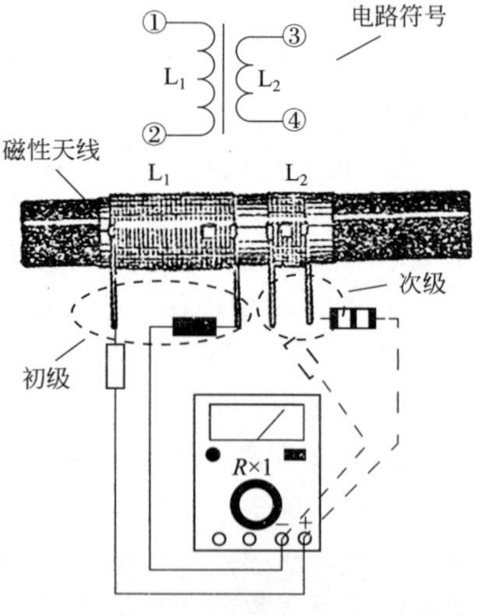

图 2-75 检测磁性天线

断路性故障。

（六）漏电保护器的检测

漏电保护器主要由直流电源部分和工作电路部分组成，这些电子电路是出现故障较多的部位。漏电保护器出现故障，既简便又迅速的检测方法，分别是：直观检查法、阻值测量法、信号注入法、电压测量法。

1. 直观检查法

对保护器进行故障检修时，首先进行直观检查，解决明显故障。直观检查包括：打开保护器外壳，检查保险管是否熔断、有无断线、线路板铜箔是否烧断、触点是否接触良好、接点是否有假性连接、元件是否烧坏等。

2. 阻值测量法

对不能直接观察到的故障，就需要借助万用表进行查找，即进行阻值测量。重点检测三极管、二极管、电容、电阻阻值是否正常。根据经验，工作电流较大的末级三极管更易出现故障，所以查找故障时，应遵循：先三极管后其他元件，从末级向前级逆向逐级检查。具体检测方法如下。

① 使用万用表电阻挡的 $R\times1\mathrm{k}$ 挡，在线路板上分别测三极管的基极（即 b 极）和发射极（即 e 极）、基极和集电极（即 c 极）、集电极和发射极之间的阻值。正常的三极管应该是基极与发射极、基极与集电极之间的正向阻值约 30Ω，反向阻值应大于 50Ω，发射极与集电极间正反向阻值大于 50Ω。如果出现基极与发射极、基极与集电极正反向阻值相近，都较小或超大；集电极与发射极之间阻值较小甚至接近 0Ω，则证明三极管损坏。这时如果三极管的 β 值小于 30 倍也不能再使用。

② 检测二极管的方法同三极管相同，只需判断一次正反向阻值即可。

③ 电容元件由于具有限直流的作用，直流阻值应很大。如果出现阻值较小，甚至接近于零，则电容元件已经击穿。

④ 检测电阻元件时，其阻值应接近其实际数值，如果出现阻值大于其所标称阻值，则电阻元件内部断路。

3. 信号注入法

使用这种方法时应注意安全，最好使用一种单独的直流电源装置供给直流电压。如果电路的工作电压高于安全电压 36V，最好不要使用该方法。具体操作方法如下：

① 首先给晶体管电路加上一个符合要求的直流工作电压，从电路的最后一级开始，逐级向前注入信号。

② 手握螺丝刀的金属部分，轻轻碰触三极管的基极，这时最后级执行电路（即保护器中的继电器）应动作。

③ 如果到哪级时，继电器不动作，则这级电路出现故障。这种情况一般是三极管损坏，如果确认三极管良好，再查找该级电路的周围元件。

4. 电压测量法

使用电压测量法时，需具备三极管各极工作电压的线路图。具体检测方法如下。

① 首先检查直流电源部分。接通电源后，检查其输出的直流电压是否符合要求。为防止后级电路故障而影响电源电压，可切断直流电源输出以后的电路。

② 如果输出电压不正常或无直流电压输出时，可参照阻值测量法，用万用表 $R\times1k$ 挡，分别对二极管及电容电阻进行检查，这时万用表的读数应为千欧级。

③ 由于降压变压器也较易烧坏，可用交流电压挡测试其是否有符合要求的交流电压输出。

④ 如果其初级有正常交流电压，而次级无交流电压输出时，则变压器烧坏，更换同样型号的变压器即可。

⑤ 接下来，检查工作电路部分。需要参阅保护器电路图，在漏电保护器所附的电路图上，都标出了每个三极管正常工作时各极的直流工作电压，可分别测定各级电路三极管的各极电压。

⑥ 如果有一极不符合线路图上的给定电压，则说明这部分电路有故障。

⑦ 先判断三极管是否损坏，三极端管确实良好时，再查找周围元件，但实际中因三极管损坏较多见。

三、电工常用材料检测

（一）电缆和导线的检测

1. 电缆断点的检测方法

当怀疑电缆断路时，可使用数字万用表交流电压挡对其进行检测，迅速查找到断点。具体操作方法如下：

① 首先把有断点的电线一端接在 220V 市电的火线上，另一端悬空。

② 将数字万用表拨至 AC2V 挡。

③ 从电线的火线接入端开始，用一只手捏住黑表笔的笔尖，另一只手将红表笔沿导线的绝缘皮慢慢移动，此时显示屏显示的电压值大约为 0.445V 左右。

④ 当红表笔移动到某处时，显示屏显示的电压突然下降到零点零几伏，从该位置向前的大约 15cm 处即是电线断点所在。

2. 导线绝缘电阻的检测

导线绝缘电阻的检测是根据导线的敷设方法来决定的。每根导线的绝缘电阻必须一根一根单独测量。具体敷设方式及检测方法如下：

① 穿塑料管敷设的导线。只需测量每根导线与其他导线之间的绝缘电阻。

② 穿钢管敷设的导线。必须测量每根导线与钢管及其他导线之间的绝缘电阻。

③ 单独敷设的导线。如果每根导线单独敷设（例如敷设在绝缘子上），则可以不测量绝缘电阻。

④ 导线的绝缘电阻应该用绝缘电阻表测量，不能用欧姆表测量，万用表欧姆挡只适用于检查导线是否短路、断路，不能作为测量绝缘电阻的工具。普通照明导线应该采用 500V 的绝缘电阻表测量。

（二）漆包线的检测

漆包线的绝缘层是漆膜，广泛应用于中小型电动机及微电动机、干式变压器和其他电工产品中，如图 2-76 所示。

图 2-76 漆包线

从外观上看，合格的漆包线铜线颜色应均匀，手感平滑，线轴无破损，边缘无刮手毛刺。

漆包线的主要故障是绝缘老化，造成匝间短路。对于电动机匝间短路，可使用绝缘电阻表进行检测判断。对有一处轻微损坏或局部成裸线，有焦痕，而线圈其他地方完好的情况，可用功率大于 500W 的电吹风机，置于强热风挡，近距离对着受损的线圈吹热风，使漆包线慢慢软化。然后用竹片做的小刀仔细地把受伤的线挑起来，与其他漆包线分开（注意不要把线挑断）并涂上绝缘清漆，使“裸线”变成绝缘漆包线，对线圈的受伤部位也涂上绝缘清漆即可。

（三）电刷的检测

电刷大多由石墨制成，为了增加导电性，还有的用含铜石墨制成，石墨有良好的导电性，质地软而且耐磨。电刷（见图 2-77）可以用于直流电动机或交流换向器电动机，比如通用电动工具上，像手电钻和角磨机上，皆用到它。它是用来和换向器配合来实现电动机电流换向的。

对电刷的检测主要包括以下方面：

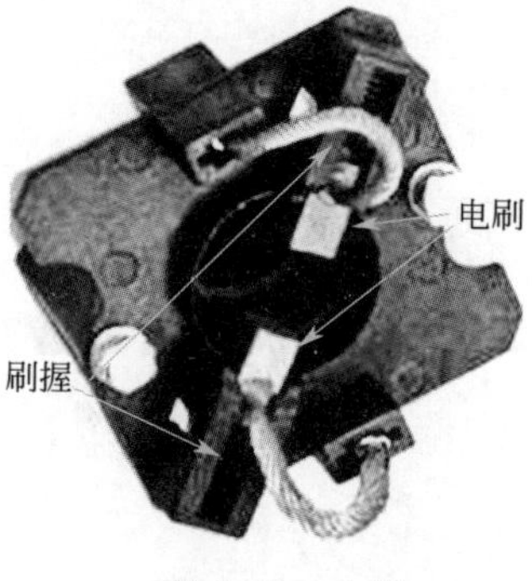

图 2-77 电刷

① 电刷位置不正确。调整刷握至正确位置。

② 附加极调整不良。采用分流方式或调整附加极气隙，或改换电刷型号。

③ 电刷磨合不佳。磨合电刷。

④ 云母突出。下刻云母或使用磨蚀性较大的电刷。

⑤ 换向器升高片连接处断开。重新焊接。

⑥ 换向器或集电环偏心。最好在额定转速下车削或重新研磨。

⑦ 换向器松动，换向片有高有低。紧固一下，车削或重新研磨。

⑧ 换向片有油污。清扫换向片和密封轴承。

⑨ 刷握的间距或排列不匀。纠正刷握的间距和排列。

⑩ 电刷黏附或滞留在刷握里。检查电刷尺寸是否正确，清扫电刷和刷握除去所有毛刺。

课堂四

接线拆装

一、电工常用配件拆装技巧

（一）平压式接线柱的安装

线头与螺钉平压式接线柱的连接是利用半圆头、圆柱头或六角头螺钉加垫圈将线头压紧完成连接的。下面介绍平压式接线柱的安装方法及工艺要求。

1. 单股芯线压接圈弯法

对载流量较小的单股芯线，先将线头弯成压接圈（俗称羊眼圈），再将单股芯线跟接线端子连接用螺钉压紧，如图 2-78 所示。为保证线头与接线端子（接线柱）有足够的接触面积，日久不会松动或脱落，压接圈必须弯成圆形。

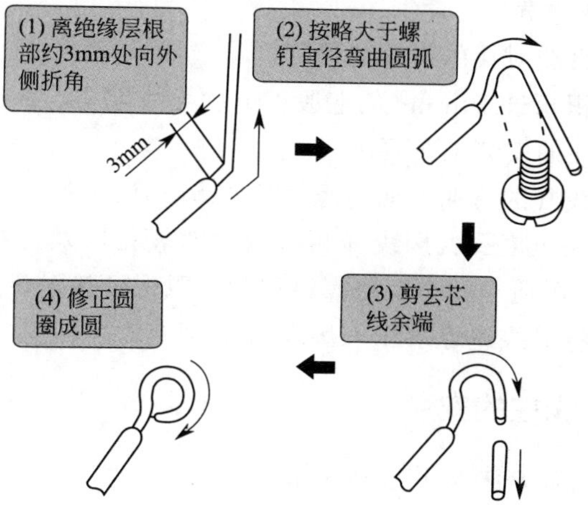

图 2-78　单股芯线压接圈弯法

2. 7 股芯线压接圈弯法

对于横截面积不超过 $10mm^2$ 的 7 股及以下多股芯线，应按如图 2-79 所示方法弯制压接圈。具体操作步骤如下。

① 首先把离绝缘层根部约 1/2 长的芯线重新绞紧，越紧越好。

② 将绞紧部分的芯线，在离绝缘层根部 1/3 处向左外折角，然后弯曲圆弧。

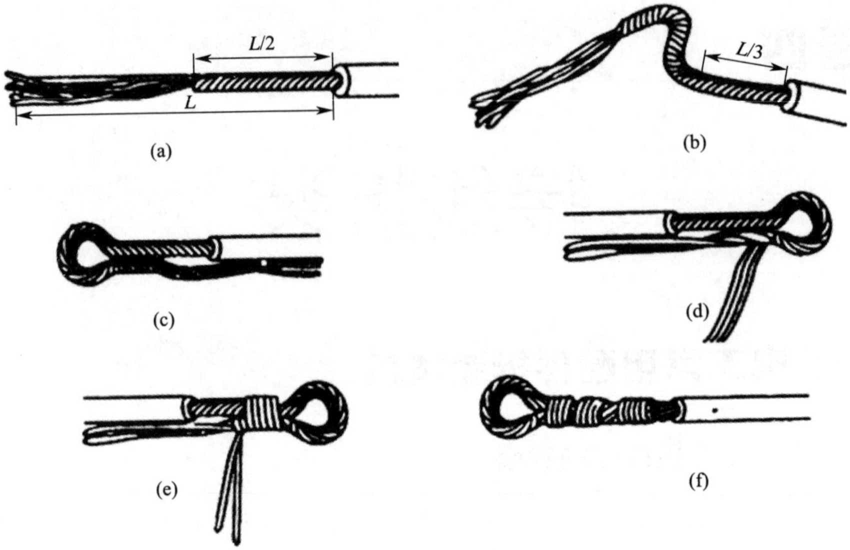

图 2-79　7 股芯线压接圈弯法

③ 圆弧弯曲得将成圆圈（剩下 1/4）时，应将余下的芯线向右外折角，然后使其成圆，捏平余下线端，使两端芯线平行。

④ 把散开的芯线按 2 根、2 根、3 根分成三组，将第一组 2 根芯线扳起，垂直于芯线（要留出垫圈边宽）。

⑤ 按七股芯线直线对接的自缠法加工。

⑥ 对于横截面积超过 $10mm^2$ 的七股以上软导线端头，应安装接线耳。

3. 平压式接线柱的安装工艺要求

① 压接圈和接线耳的弯曲方向与螺钉拧紧方向应一致。

② 连接前应清除压接圈、接线耳和垫圈上的氧化层及污物，再将压接圈或接线耳放在垫圈下面，用适当的力矩将螺钉拧紧，以保证接触良好。

③ 压接时不得将导线绝缘层压入垫圈内。

（二）瓦形接线柱的安装

瓦形接线柱的安装方法及工艺要求如下：

① 为了保证线头不从瓦形接线柱内掉出来，压接前应先将已去除氧化层和污物的导线弯成 U 形。

② 将单股芯线端按略大于瓦形垫圈直径弯成“U”形，将螺钉穿过“U”形孔压在垫圈下旋紧即可，如图 2-80 所示。

③ 如果两个线头接在同一接线柱上，两个线头都按略大于瓦形垫圈直径弯成“U”形按相反方向叠在一起，螺钉穿过“U”形孔压在垫圈下旋紧即可，如图2-81所示。

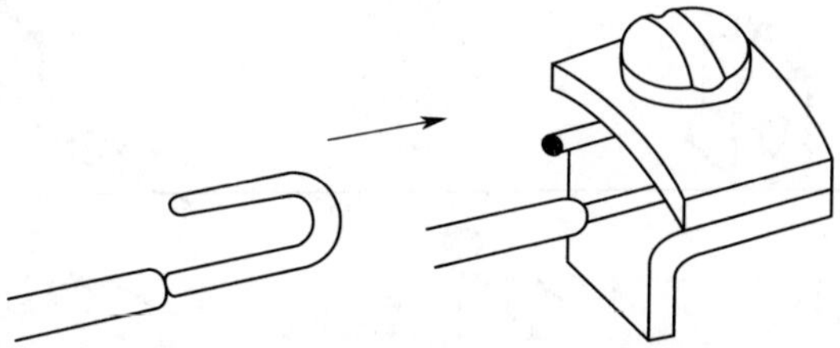
图 2-80　瓦形接线柱一个线头的连接方法

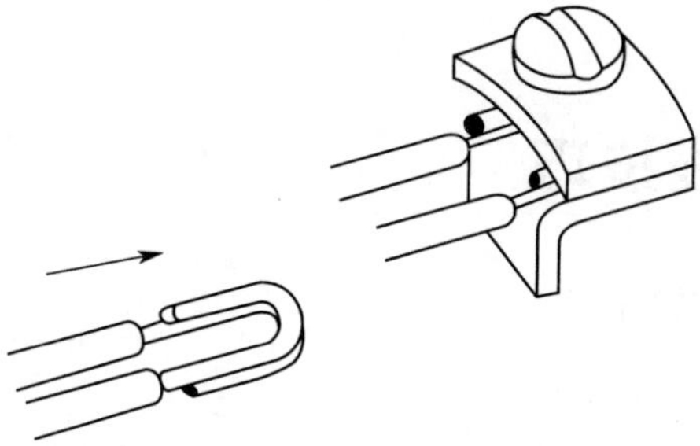
图 2-81　瓦形接线柱两个线头的连接方法

（三）针孔式接线柱的安装

针孔式接线柱可用于单股芯线和多股芯线的连接。

1. 单股芯线与针孔式接线柱的连接

对于线径较大的单股芯线，可直接插入，再拧紧螺钉，如图 2-82 所示。对于线径较小的单股芯线，应先将芯线折成双股，再插入孔内用螺钉固定好。

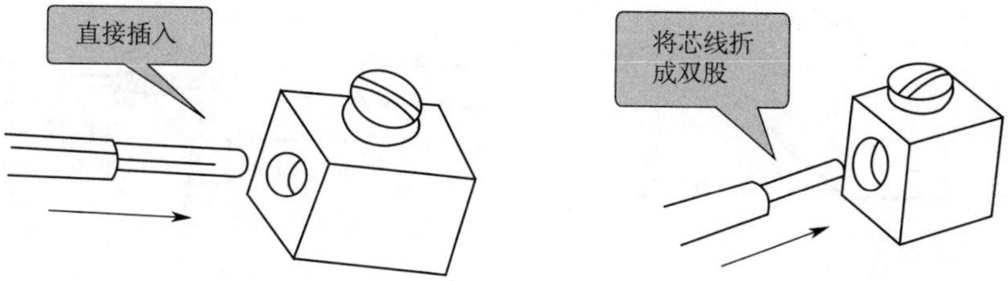

图 2-82　单股芯线与针孔式接线柱的连接

2. 多股芯线与针孔式接线柱的连接

多股芯线与针孔式接线柱的连接方法如图 2-83 所示。

① 对于与针孔大小适宜的多股芯线，用钳子绞紧后直接插入针孔，最后拧紧固定螺钉。

② 对于线径较小的多股芯线，应先将线头排绕一层，再插入针孔，最后拧紧固定螺钉。

③ 对于线径较大的多股芯线，应先将线头剪断两股再绞紧，插入针孔，拧紧

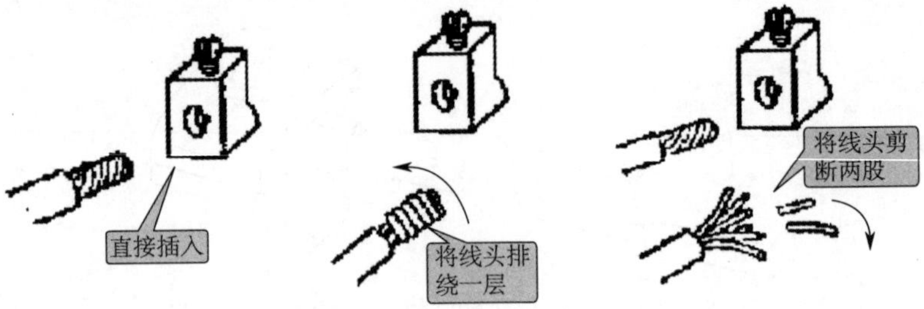

图 2-83　多股芯线与针孔式接线柱的连接方法

固定螺钉即可。

二、电工接线技巧

（一）电线连接技巧

1. 单股铜芯导线的直线连接

单股铜芯导线的直线连接方法如图 2-84 所示，具体操作步骤如下。

① 先将两导线芯线线头成 X 形相交。

② 互相绞合 2～3 圈后扳直两线头。

③ 将每个线头在另一芯线上紧贴并绕 6 圈，用钢丝钳切去余下的芯线，并钳平芯线末端。

2. 单股铜芯导线的 T 字形连接

单股铜芯导线的 T 字形连接方法如图 2-85 所示，具体操作步骤如下。

① 首先将支路芯线的线头与干线芯线十字相交，并在支路芯线根部留出 5mm。

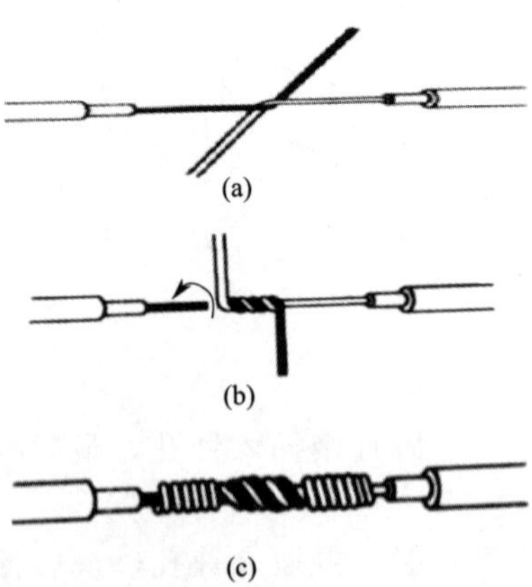

图 2-84　单股铜芯导线的直线连接

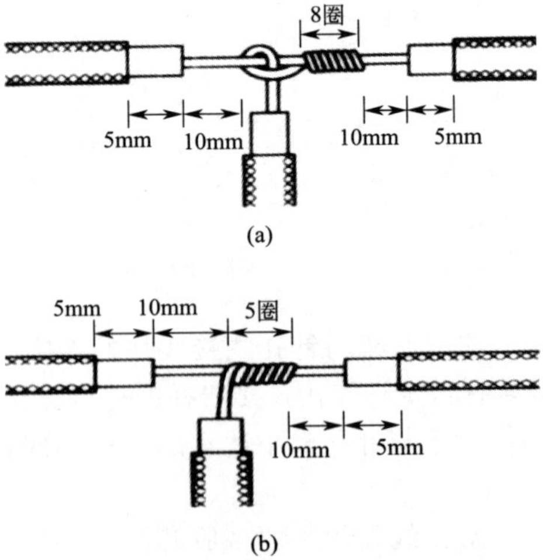

图 2-85　单股铜芯导线的 T 字形连接

② 顺时针方向缠绕 6～8 圈后，用钢丝钳切去余下的芯线，并钳平芯线末端。

③ 如果是小截面的芯线可以不打结。

3. 双股线的对接

双股线的对接方法如图 2-86 所示，具体操作步骤如下。

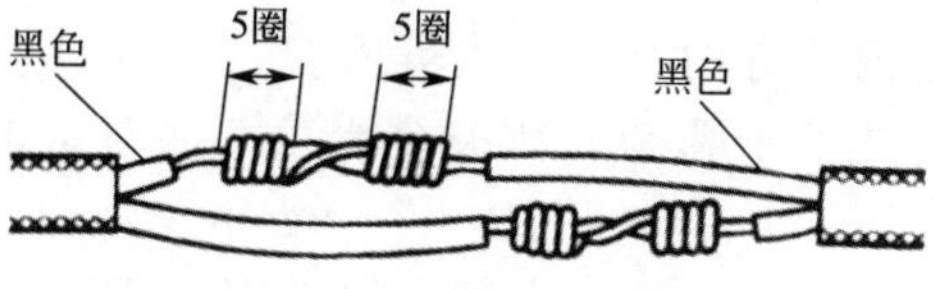

图 2-86 双股线的对接

① 首先将两根双芯线线头剖削成图示中的形式。

② 连接时，将两根待连接的线头中颜色一致的芯线按小截面直线连接方式连接。

③ 用相同的方法将另一颜色的芯线连接在一起。

4. 多股铜芯导线的直线连接

以 7 股铜芯线为例，多股铜芯导线的直线连接方法如图 2-87 所示，具体操作步骤如下。

① 先将剥去绝缘层的芯线头散开并拉直。

② 把靠近绝缘层 1/3 线段的芯线绞紧。

③ 把余下的 2/3 芯线头按图示分散成伞状，并将每根芯线拉直。

④ 把两伞骨状线端隔根对叉，必须相对插到底。

⑤ 捏平叉入后的两侧所有芯线，并应理直每股芯线和使每股芯线的间隔均匀。

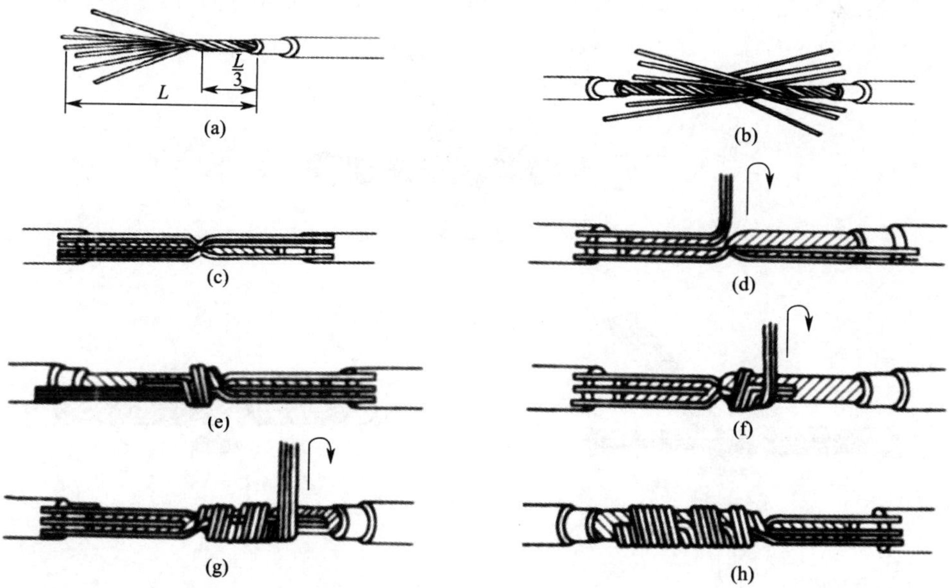

图 2-87 多股铜芯导线的直线连接

⑥ 同时用钢丝钳钳紧叉口处消除空隙。

⑦ 先在一端把邻近两股芯线在距叉口中线约 3 根单股芯线直径宽度处折起，并形成 90°。

⑧ 把这两股芯线按顺时针方向紧缠 2 圈后，再折回 90°，并平卧在折起前的轴线位置上。

⑨ 把处于紧挨平卧前邻近的 2 根芯线折成 90°，并按步骤⑧方法加工。

⑩ 把余下的 3 根芯线按步骤⑧方法缠绕至第 2 圈时，把前 4 根芯线在根部分别切断，并钳平。

⑪ 把 3 根芯线缠足 3 圈，并剪去余端，钳平切口不留毛刺。

⑫ 另一侧按步骤⑦～⑪方法进行加工。

5. 多股铜芯导线的 T 字形连接

同样以 7 股铜芯线为例，多股铜芯导线的 T 字形连接方法如图 2-88 所示，具体操作步骤如下。

① 先将分支芯线散开并拉直。

② 把紧靠绝缘层 1/8 线段的芯线绞紧，并把剩余 7/8 的芯线分成两组，一组 4 根，另一组 3 根，排齐。

③ 用螺丝刀把干线的芯线撬开分为两组。

④ 把支线中 4 根芯线的一组插入干线芯线中间，而把 3 根芯线的一组放在干线芯线的前面。

⑤ 按图 2-88（a）把 3 根线芯的一组在干线上按顺时针方向紧紧缠绕 3～4 圈，并钳平线端。

⑥ 按图 2-88（b）把 4 根芯线的一组在干线上按逆时针方向缠绕 4～5 圈。

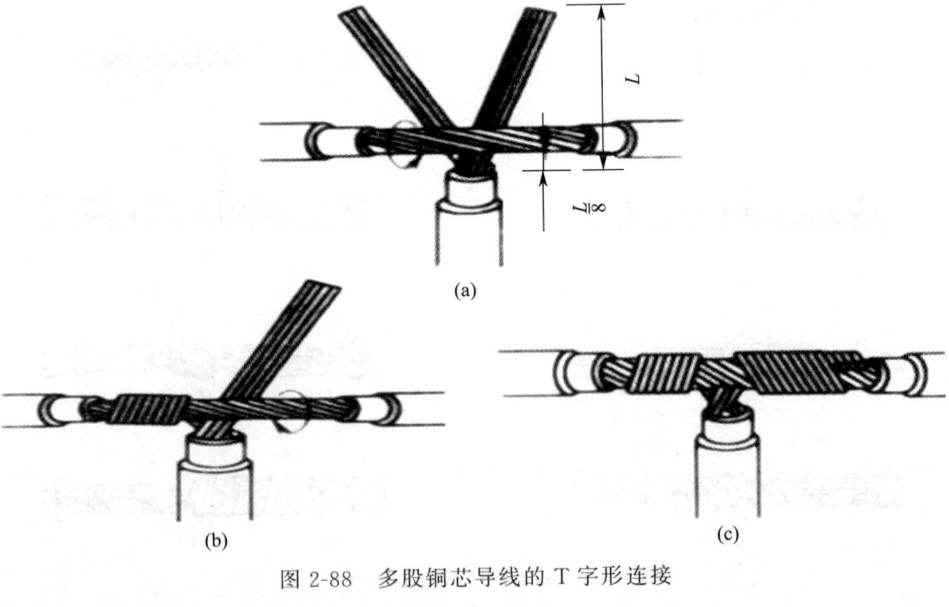

图 2-88 多股铜芯导线的 T 字形连接

⑦ 按图 2-88（c）扭紧干线和支线并钳平线端即可。

6. 不等径铜导线的对接

不等径铜导线的对接方法如图 2-89 所示，具体操作步骤如下。

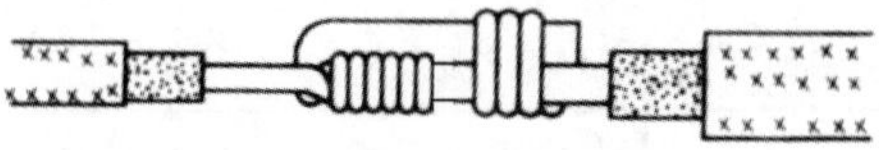
图 2-89 不等径铜导线的对接

① 先把细导线线头在粗导线线头上紧密缠绕 5～6 圈。

② 弯折粗线头端部，使它压在缠绕层上。

③ 再把细线线头缠绕 3～4 圈，剪去余端，钳平切口。

7. 单股线与多股线的 T 字分支连接

单股线与多股线的 T 字分支连接方法如图 2-90 所示，具体操作步骤如下。

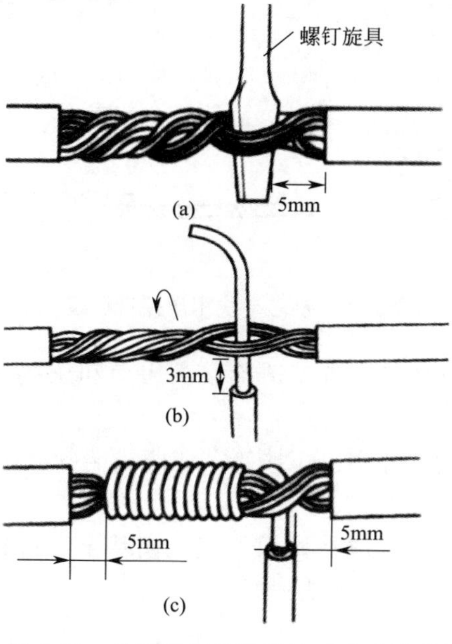

图 2-90 单股线与多股线的 T 字分支连接

① 先在离多股线的右端绝缘层口 3～5mm 处的芯线上，用螺丝刀把多股芯线分成均匀的两组。

② 把单股芯线插入多股芯线的两组芯线中间，但单股芯线不可插到底，应使绝缘层切口离多股芯线约 3mm。

③ 用钢丝钳把多股芯线的插缝钳平钳紧。

④ 把单股芯线按顺时针方向紧缠在多股芯线上，应使圈圈紧挨密排，绕足 10 圈。

⑤ 最后切断余端，钳平切口毛刺即可。

8. 软线与单股硬导线的连接

软线与单股硬导线的连接方法如图 2-91 所示，具体操作步骤如下。

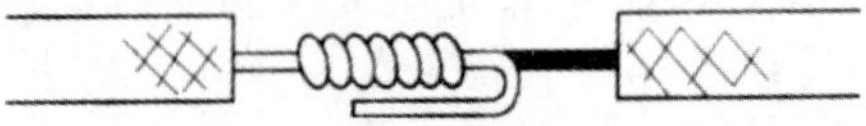

图 2-91 软线与单股硬导线的连接

① 先将软线拧成单股导线。

② 用已拧成单股导线的软线在单股硬导线上缠绕 7～8 圈。

③ 最后将单股硬导线向后弯曲，以防止缠绕的软线脱落。

9. 铝芯导线用压接管压接

铝芯导线用压接管压接方法如图 2-92 所示，具体操作步骤如下。

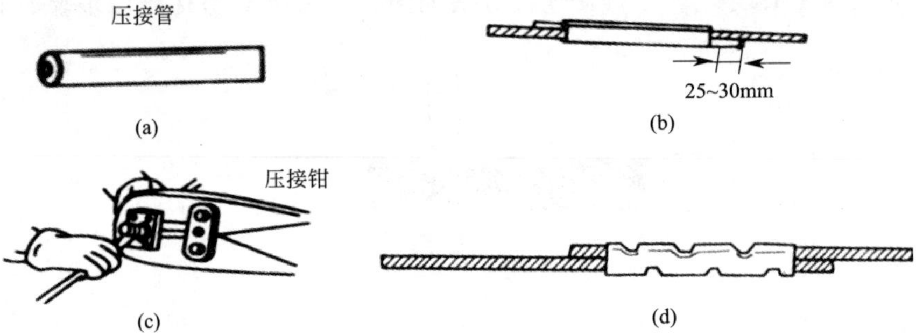

图 2-92 铝芯导线用压接管压接

① 接线前，先选好合适压接管，清除线头表面和压接管内壁上的氧化层和污物，并涂上中性凡士林。

② 将两个线头相对插入并穿出压接管，使两线端各自伸出压接管 25～30mm。

③ 用压接钳压接。

④ 如果压接钢芯绞线，则应在两根芯线之间垫上一层铝质垫片。压接管上的压坑数目室外通常为 6 个，室内线头通常为 4 个。

（二）电线的焊接技巧

一些重要设备在制作时要求铜芯电线接头务必上锡。电线的焊接方法主要有槽焊法、浇焊法、套焊法和鼻子焊。

1. 槽焊法

槽焊法主要针对较粗的电线接头。焊接前先将线芯用电工刀背或细砂纸去除氧化层，然后做好接头，并在接头处涂抹松香后，将电线置于开槽紫铜板上，用喷灯加热烫锡焊接，如图 2-93 所示。

2. 浇焊法

对较粗的铜电线接头也可采用浇焊法，操作方法如图 2-94 所示：用喷灯或炉灶在熔锡锅内先熔化相当数量的焊锡后，用勺子盛上熔化了的锡浇在接头上，浇上数次即可焊牢。操作时要做好防护措施，以免烫伤。

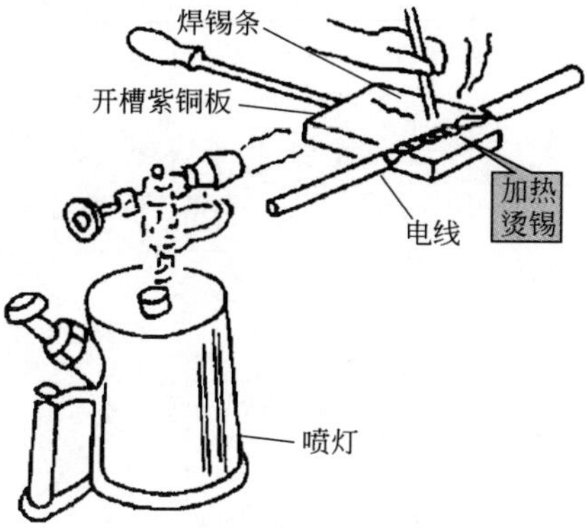

图 2-93 槽焊法焊接电线接头

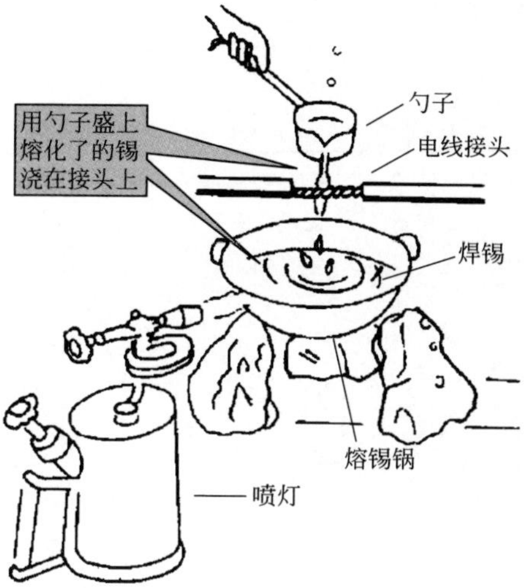

图 2-94 浇焊法焊接电线接头

3. 套焊法

直径在 2mm 以上的圆导线（或矩形导线）做接头时，可采用套焊法，操作方法如图 2-95 所示：用镀过锡的薄铜皮制成的套管，其内径应与导线配合，且套管留缝，以便注入锡液，长度为导线直径的 8 倍左右。将两导线的端头对插入套管，注入松香焊剂，最后用电铬铁焊牢即可。

4. 鼻子焊

鼻子焊通常用于较粗的电线，焊接方法如图 2-96 所示：将铜芯电线和铜线鼻子去除氧化层，然后将线芯插入铜线鼻子，放入熔锡锅内浸渍数分钟，即可焊好。

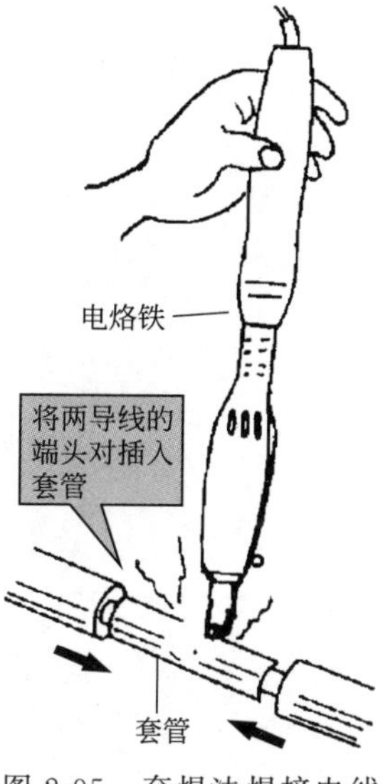

图 2-95 套焊法焊接电线

图 2-96 鼻子焊焊接方法

第三讲

职业化学习课内训练

课堂一

常用电器工作原理

一、变压器工作原理

变压器是一种常见的电气设备，在电力系统和电子线路中应用广泛，能实现电能在不同等级之间的转换。它是一种静止的电气设备，利用电磁感应原理将一种电压、电流的交流电能转换成同频率的另一种电压、电流的电能。变压器主要作用是传输电能，因此，额定容量是它的主要参数。

（一）变压器基本结构原理

变压器是利用电磁感应原理构成的一种元器件，由一个初级线圈（线圈圈数 n_1）及一个次级线圈（线圈圈数 n_2）环绕着一个核心，也就是铁芯构成。常用的铁芯形状一般有 E 形和 C 形。变压器的基本原理如图 3-1 所示。图中，E_1 是初级电压；E_2 是次级电压；n_1 是初级线圈匝数；n_2 是次级线圈匝数。

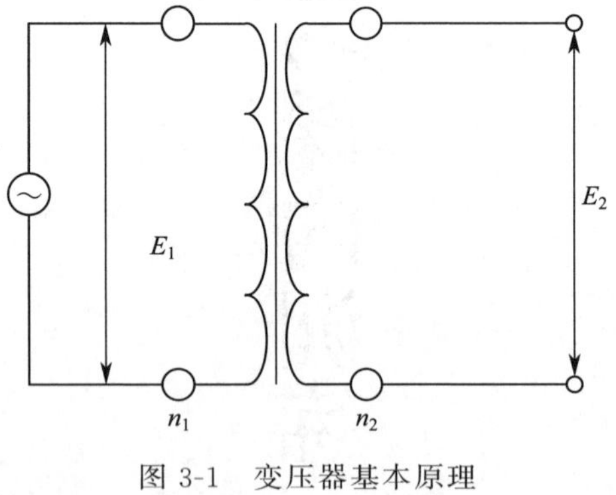

图 3-1　变压器基本原理

变压器的基本原理是电磁感应原理，即“电生磁，磁生电”。

变压器种类繁多，外形和体积都有很多差别，但它们的基本结构原理是相同的，主要由铁芯和绕组两部分组成，如图 3-2 所示。与电源相连的称为原绕组（初级绕组，一次绕组），与负载相连的称为副绕组（次级绕组，二次绕组）。原、副绕组的匝数分别为 N_1 和 N_2。

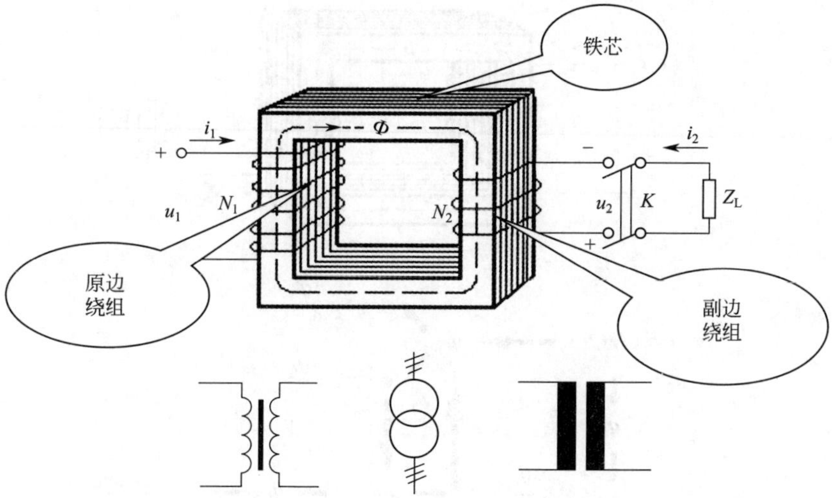

图 3-2　变压器基本结构原理

（二）电磁关系

空载时，铁芯中主磁通 Φ 是由一次绕组磁通势产生的。此时一次侧接交流电源，二次侧开路，如图 3-3 所示。

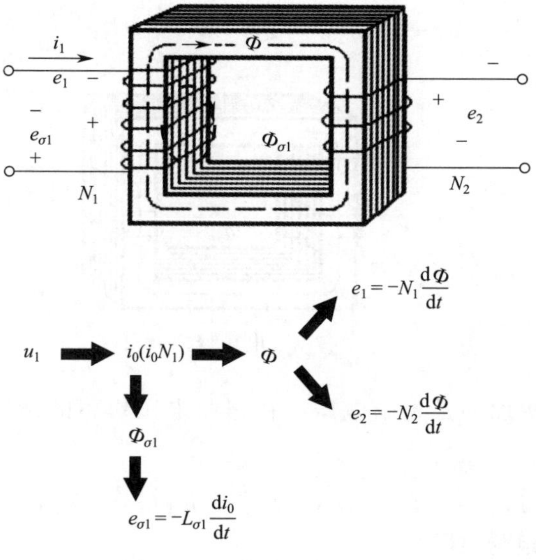

图 3-3　空载时的电磁关系

带负载运行时，铁芯中主磁通 Φ 是由一次、二次绕组磁通势共同产生的合成磁通。此时一次侧接交流电源，二次侧接负载，如图 3-4 所示。

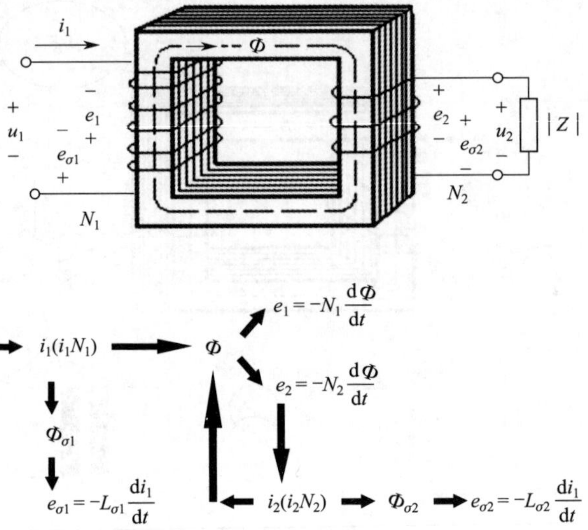

图 3-4　负载时的电磁关系

（三）电压变换

变压器具有变换电压的作用，如图 3-5 所示。根据 KVL，对原绕组电路可列出方程：

$$u_1 = R_1 i_1 + (-e_{\sigma1}) + (-e_1) = R_1 i_1 + L_{\sigma1}\frac{di_1}{dt} + (-e_1)$$

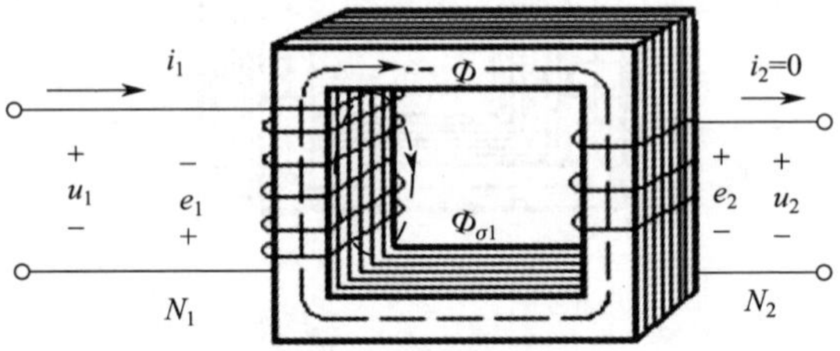

图 3-5　电压变换

通常原绕组上所加的是正弦电压。在正弦电压作用的情况下，上式可以用相量表示为

$$\dot{U}_1 = R_1\dot{I}_1 + (-\dot{E}_{\sigma1}) + (-\dot{E}_1) = R_1\dot{I}_1 + jX_1\dot{I}_1 + (-\dot{E}_1)$$

式中　R_1——原绕组的电阻；

X_1——原绕组的感抗，$X_1 = \omega L_{\sigma1}$。

由于原绕组的电阻和感抗较小，因而它们两端的电压降也较小，与主磁电动势比较起来，可以忽略不计。于是 $\dot{U}_1 \approx -\dot{E}_1$，则

$$E_1 = 4.44 f N_1 \Phi_m \approx U_1$$

同理，对副绕组电路可列出 $e_{\sigma2}+e_2=R_{2i_2}+u_2$，如用相量表示，则为

$$E_2=R_2\dot{I}_2+(-\dot{E}_{\sigma2})+\dot{U}_2=R_2\dot{I}_2+jX_2\dot{I}_2+\dot{U}_2$$

式中 R_2——副绕组的电阻；

X_2——副绕组的感抗，$X_2=\omega L_{\sigma2}$。

感应电动势 e_2 的有效值为

$$E_2=4.44fN_2\Phi_m$$

在变压器空载时 $I_2=0$，$E_2=U_{20}$，U_{20}是空载时副绕组的端电压。

原、副绕组的电压之比为$\frac{U_1}{U_{20}}\approx\frac{E_1}{E_2}=\frac{N_1}{N_2}=K$，$K$ 为变压器的变比，亦即原、副绕组的匝数比。可见当电源电压 U_1 一定时，只要改变匝数比，就可得出不同的输出电压。

当变压器接负载时虽然 e_2 产生 i_2，但是由于副绕组的电阻 R_2 和感抗 $X_2=\omega L_{\delta2}$较小，因而它们两端的电压降也较小，与主磁电动势比较起来，可以忽略不计。于是 $U_2\approx E_2$，则

$$\frac{U_1}{U_2}\approx\frac{E_1}{E_2}=\frac{N_1}{N_2}=K$$

显然，$K>1$ 为降压变压器，$K<1$ 为升压变压器。

（四）电流变换

变压器具有变换电流的作用，如图 3-6 所示。由 $U_1\approx E_1=4.44fN_1\Phi_m$ 可知，当电源电压 U_1和频率 f 不变时，E_1和 Φ_m 也都近似于常数。即：铁芯中主磁通的最大值在变压器空载或有负载时是差不多恒定的。所以，有负载时产生主磁通的原、副绕组的合成磁动势（$N_1i_1+N_2i_2$）应该和空载时产生主磁通的原绕组的磁动势（N_1i_0）差不多相等，即：$N_1i_1+N_2i_2\approx N_1i_0$。

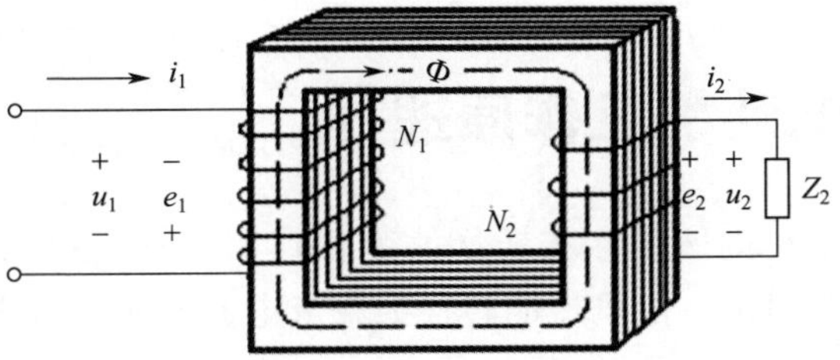

图 3-6 电流变换

变压器的空载电流 i_0 是励磁用的。由于铁芯的磁导率高，空载电流很小。它的有效值 I_0 在原绕组额定电流 I_{1N}的 10%以内。所以 N_1I_0与 N_1I_1 相比，可以忽略。于是上式可以写成：$N_1I_1+N_2I_2\approx0$。

根据上式可推算出原、副绕组的电流关系为：$\frac{I_1}{I_2}\approx\frac{N_2}{N_1}=\frac{1}{K}$。

经上述分析可知，当负载增加时，I_2 和 N_2I_2 随着增大，而 I_1 和 N_1I_1 也必须相应增大，以抵偿副绕组的电流和磁动势对主磁通的影响，从而维持主磁通的最大值近似不变。由此说明变压器中的电流虽然由负载的大小确定，但是原、副绕组中电流的比值是差不多不变的。

变压器的额定电流 I_{1N} 和 I_{2N} 是指按规定工作方式（包括长时间连续工作或短时间工作或间歇工作）运行时原、副绕组允许通过的最大电流值，该值是根据绝缘材料允许的温度确定的。

副绕组的额定电压与额定电流的乘积称为变压器的额定容量，用公式表示为：$S_N=U_{2N}I_{2N}\approx U_{1N}I_{1N}$（单相）。

（五）阻抗变换

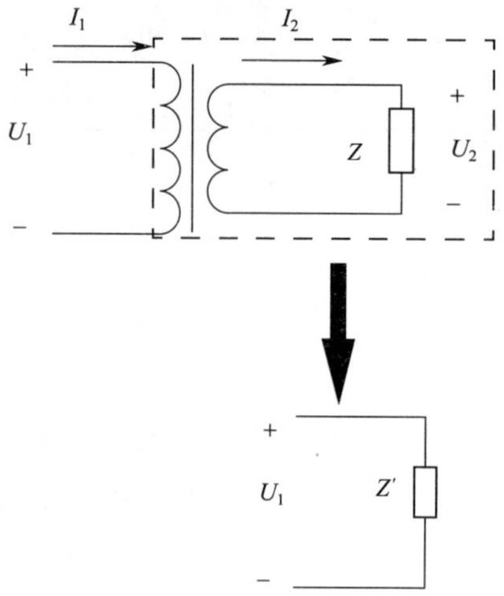

图 3-7 阻抗变换

变压器具有变换负载阻抗的作用，以实现匹配，如图 3-7 所示。从原边看变压器，可等效为一个能反映副边阻抗 Z 变化的等效阻抗 Z'。

由上图可知，$|Z|=\dfrac{U_2}{I_2}$，而$|Z'|=\dfrac{U_1}{I_1}$

于是，$|Z'|=\dfrac{U_1}{I_1}=\dfrac{KU_2}{\dfrac{I_2}{K}}=K^2\dfrac{U_2}{I_2}=K^2|Z|$

可进一步记为$|Z'|=K^2|Z|$

以上说明，接在变压器副边上的负载阻抗模值 $|Z|$，反映到变压器原边的等效阻抗模值是 $|Z'|=K^2|Z|$，即增大 K^2 倍，这就是变压器的阻抗变换作用。

二、直流电动机工作原理

能实现直流电能和机械能互相转换的装置，称为直流电机（将直流电能转换为机械能的叫直流电动机；由机械能转换为直流电能的叫直流发电机）。

（一）直流电动机基本结构原理

直流电动机主要由磁极、电枢、电刷及换向片（又称整流子或换向器）等三大部分构成。直流电动机的基本结构原理如图 3-8 所示。

N、S 两个磁极用于产生主磁场，在电动机工作时固定不动，故又称定子。在永磁式直流电动机中（一般为小功率的直流电动机），磁极采用永磁材料制成，充磁后即可产生恒定磁场。在他励直流电动机中，磁极由冲压的硅钢片叠加而成。

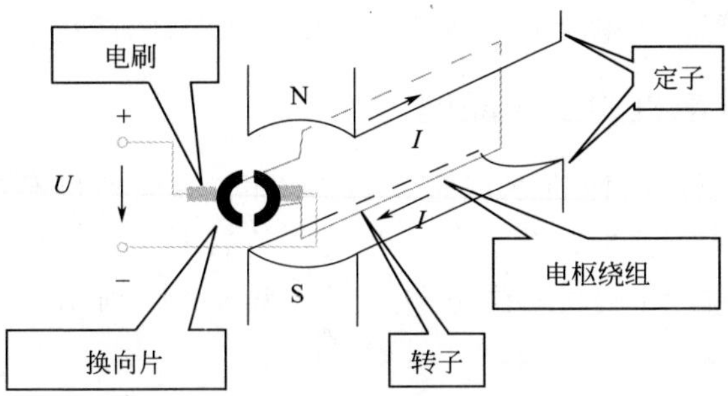

图 3-8　直流电动机基本结构原理

在磁极的内侧有一个安装在轴承上可以转动的铁芯（电枢铁芯），是直流电动机的转动部分，故又称转子。它由硅钢片叠成，并在表面嵌有绕组（电枢绕组）。转子的作用是产生感应电动势及产生机械转矩以实现能量的转换。

绕组的起头和终端接在电枢铁芯同轴转动的一个换向片上，同固定在机座上的电刷连接，进而与外加的电枢电源相连。

直流电动机的基本工作原理是建立在电磁感应和磁力的基础上的。当电枢绕组中通过直流电时，在定子磁场的作用下就会产生带动负载旋转的电磁力和电磁转矩，驱动转子旋转。

（二）直流电动机的工作原理

直流电动机的工作原理如图 3-9 所示。直流电源正极输出电流，线圈上半边的电流向里，下半边的电流向外。电刷 A 总是同与 N 极下的有效边相连的换向片接触；而电刷 B 总是和与 S 极下的有效边相连的换向片接触。因此电刷 A、B 间就有一个极性不变的电动势，用公式表示如下：

$$E = K_e \Phi n$$

式中　E——电动势，V；

Φ——一对磁极的磁通，Wb；

n——电枢转速；

K_e——与电动机结构有关的常数。

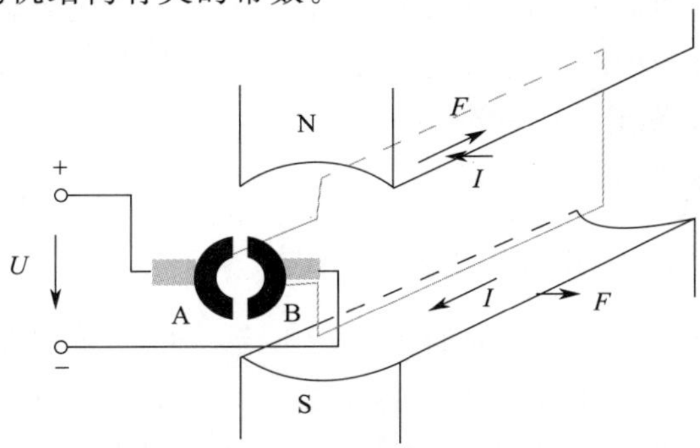

图 3-9　直流电动机工作原理

由左手定则可知，通电线圈在磁场的作用下逆时针旋转。

（三）直流发电机的工作原理

发电机的基本原理简而言之就是“磁力生电”。原动机驱动发电机的转子旋转，转子利用剩磁或直流电产生磁场，当转子旋转时，与定子产生相对的切割磁力线运动，定子上就产生一个感生电动势 U，如图 3-10 所示。

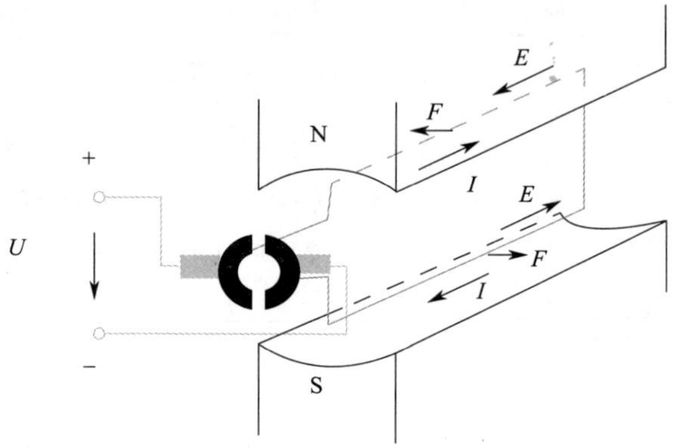

图 3-10　直流发电机工作原理

三、单相异步电动机工作原理

单相异步电动机属于感应电动机的一种，是利用交流电的单相电源供电的一类电动机，广泛应用于家用电器（电风扇、电冰箱、洗衣机等）、空调设备、电动工具、医疗器械及轻工设备中。单相异步电动机有很多种类型，其结构与三相笼型异步电动机类似，转子绕组也为一笼型转子。定子上有一个单相工作绕组和一个启动绕组，为了能产生旋转磁场，在启动绕组中还串联了一个电容器。

（一）单相电阻启动电动机工作原理

单相电阻启动电动机工作原理如图 3-11 所示。电动机启动时，K 闭合，主副绕组同时加电源，由于副绕组电抗与电阻之比小于主绕组，副相电流将超前于主相电流，这时主、副绕组产生一交变的椭圆形旋转磁场，使电动机旋转。

当电动机转速达到 80%额定转速时，K 断开，仅主相工作。

（二）单相电容启动电动机工作原理

单相电容启动电动机工作原理如图 3-12 所示。电动机启动时，K 闭合，主副绕组同时加电源，由副绕组串联电容后为容性电路，副相电流将超前主相电流，这时主副绕组产生一圆形或椭圆形旋转磁场，使电动机旋转。

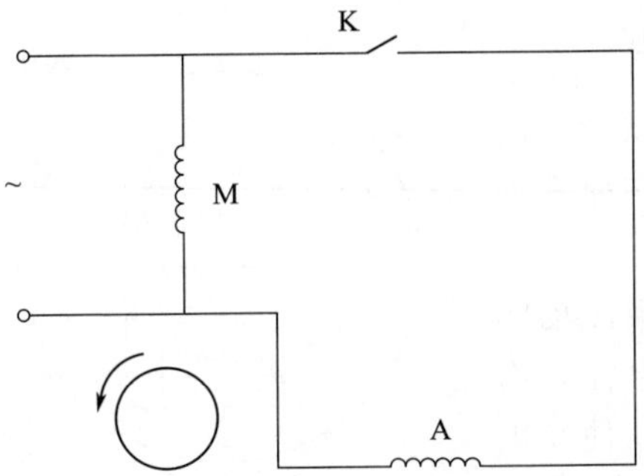

图 3-11　单相电阻启动电动机工作原理

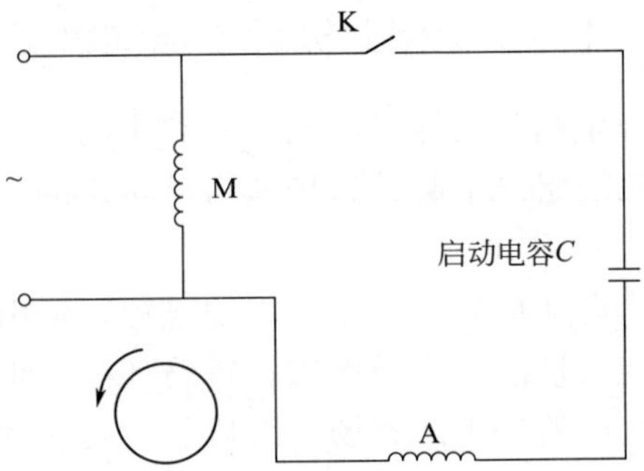

图 3-12　单相电容启动电动机工作原理

当电动机转速达到 80%额定转速时，K 断开，仅主相工作。

（三）单相电容运转电动机工作原理

单相电容运转电动机工作原理如图 3-13 所示。电动机启动及运转时，主副绕组同时加电源，由于副绕组串联电容后为容性电路，副相电流将超前于主相电流，这时主副绕组产生一圆形或椭圆形旋转磁场，使电动机得以旋转起来。

单相电容运转电动机启动及运行过程中，主副两绕组同时工作。

（四）双值电容电动机工作原理

双值电容电动机工作原理如图 3-14 所示。电动机启动及运转时，主副绕组同时加电流，但为了得到较大的启动转矩而保证较好的运转性能，启动时 K 闭合，副绕组串联一个较大的电容。

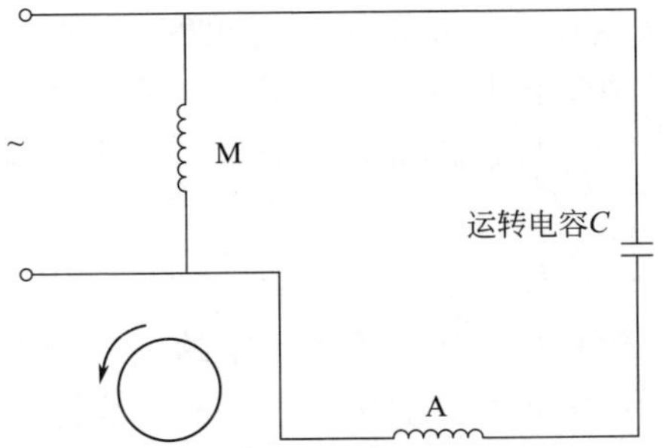

图 3-13　单相电容运转电动机工作原理

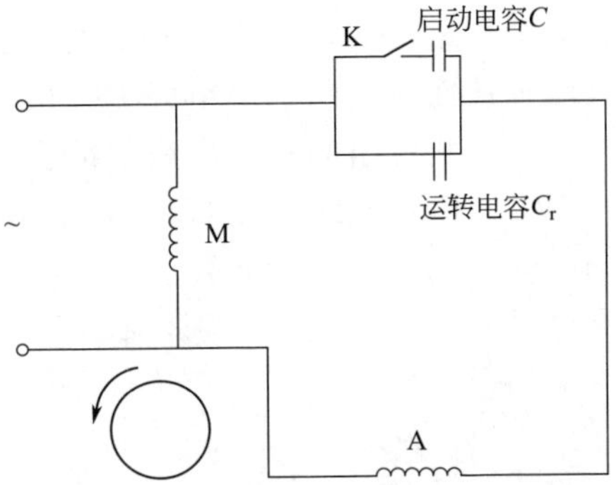

图 3-14　双值电容电动机工作原理

当电动机转速达到额定转速的 80%时，K 断开，这时副绕组变为串联一个较小的电容产生一圆形旋转磁场，使电动机正常工作。

（五）单相罩极异步电动机工作原理

单相罩极异步电动机是利用套在一部分磁极上的短路绕组产生旋转磁场和启动转矩的，其工作原理如图 3-15 所示。

电动机启动时，绕组加电源，但由于主极磁场的交变及楞次定律的作用，短路环中产生感生电流，而感生电流产生的磁场总滞后于主磁场的相位，便在电动机的气隙中产生椭圆形的旋转磁场，电动机的转子在椭圆形磁场的作用下转动起来。

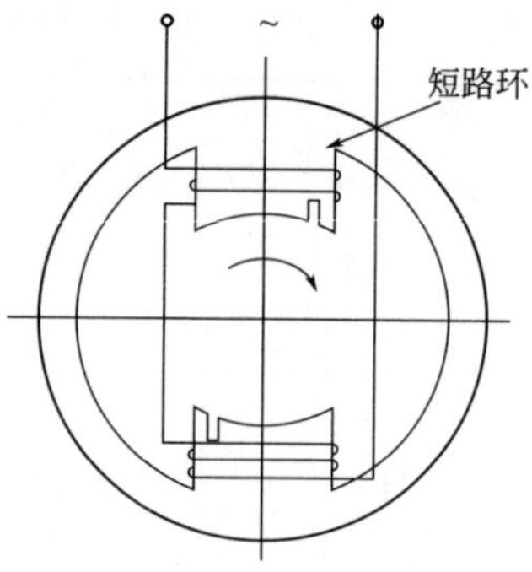

图 3-15 单相罩极异步电动机工作原理

四、三相异步电动机工作原理

（一）三相异步电动机基本结构原理

三相异步电动机主要是由定子、转子和其他附属部件组成。定子是用来产生旋转磁场的。三相异步电动机的定子一般由外壳、定子铁芯、定子绕组等部分组成。转子是电动机的旋转部分，包括转子铁芯、转子绕组等部分。

1. 定子铁芯

三相异步电动机定子铁芯是电动机磁路的一部分，由 0.35～0.5mm 厚表面涂有绝缘漆的薄硅钢片叠压而成，如图 3-16 所示。铁芯内圆有均匀分布的槽口，用来嵌放定子线圈。

2. 定子绕组

定子绕组是三相异步电动机的电路部分，三相电动机有三相绕组，由三个彼此独立的绕组组成，通入三相对称电流时，就会产生旋转磁场。每个绕组又由若干线圈连接而成，每个绕组即为一相，每个绕组在空间相差 120°电角度。

定子三相绕组的六个出线端都引至电动机外壳的接线盒上，首端分别标为 U_1、V_1、W_1，末端分别标为 U_2、V_2、W_2。这六个出线端可按星形（Y）或三角形（△）连接，如图 3-17 所示。

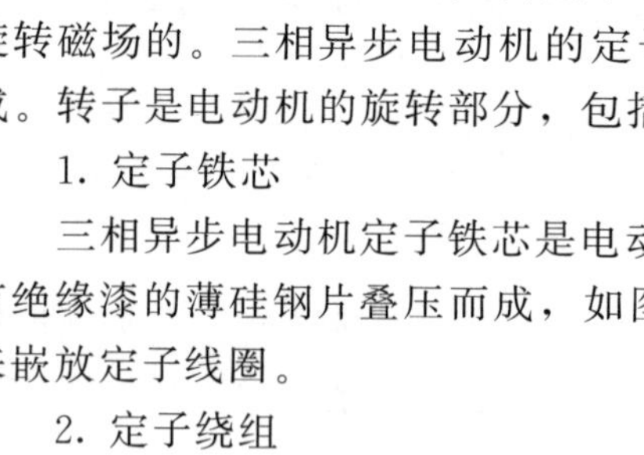

图 3-16 三相异步电动机定子铁芯

3. 转子铁芯

转子铁芯作为电动机磁路的一部分，并放置转子绕组。一般由 0.5mm 厚的硅钢片冲制叠压而成。

4. 转子绕组

转子绕组切割定子磁场，产生感应电动势和电流，并在旋转磁场的作用下受力使转子转动。根据构造的不同可分为笼式和绕线式转子两种类型。

（二）三相异步电动机通电运行工作原理

三相异步电动机通电运行工作原理如图 3-18 所示。当向三相定子绕组中通入对称的三相交流电时，就产生了一个以同步转速 n_1 沿定子和转子内圆空间作顺时针方向旋转的旋转磁场。由于旋转磁场以 n_1 转速旋转，转子导体开始时是静止的，故转子导体将切割定子旋转磁场而产生感应电动势（感应电动势的方向用右手定则判定）。由于转子导体两端被短路环短接，在感应电动势的作用下，转子导体中将产生与感应电动势方向基本一致的感生电流。转子的载流导体在定子磁场中受到电磁力的作用（力的方向用左手定则判定）。电磁力对转子轴产生电磁转矩，驱动转子沿着与定子旋转磁场相同的方向旋转。

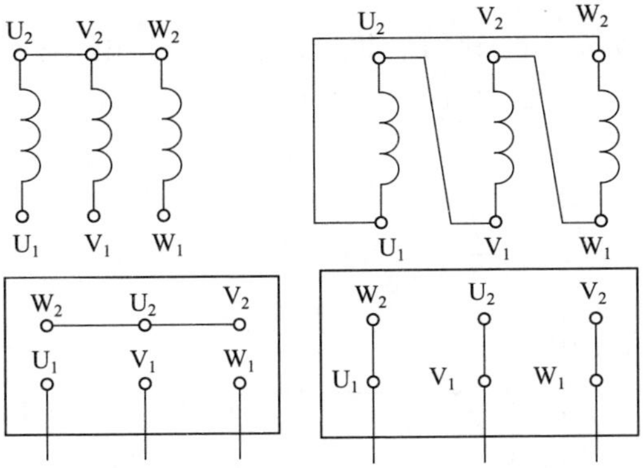

(a) Y接法　　(b) △接法

图 3-17　星形和三角形连接方法

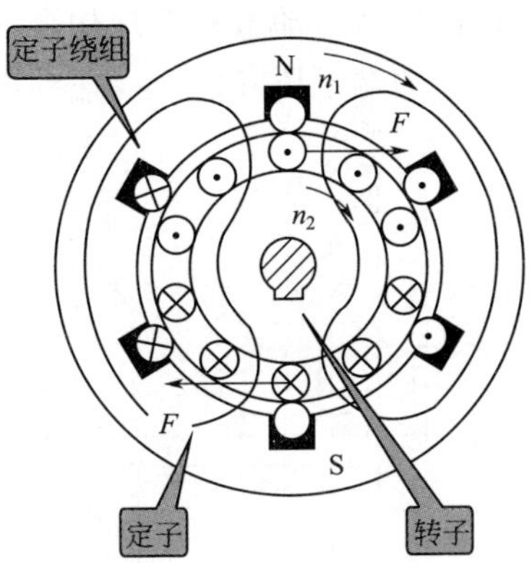

图 3-18　三相异步电动机通电运行工作原理

由于转子导条中的电流是因转子导条切割气隙旋转磁场才产生的，所以转子的转速只能低于气隙磁场的同步转速，永远不可能达到同步，否则的话，转子导条与气隙磁场同步旋转，转子导条也就不再切割磁场，也就不会感生电流和产生电动力，转子也就不可能旋转了，故名异步电动机。

（三）三相异步电动机运行与控制原理

1. 直接启动

又叫做全压启动，是中小型笼型异步电动机首选的常用启动方法。这种启动方法就是直接给电动机定子绕组加上额定电压，简单可靠，方便经济且启动快；但由于直接启动时的启动电流较大，因而只有在电源容量允许的条件下才可以采用直接启动法。根据经验，一般规定如下。

① 电动机连接处为动力专用变压器时，不经常启动的笼型三相异步电动机，允许接启动的最大功率为不大于变压器容量的 30%；经常启动时，其功率应为不

大于变压器容量的20%。

② 电动机的连接处如与照明共用变压器时，允许直接启动的笼型电动机最大容量应以启动时在电网上引起的压降不超过5%为原则。

通常，直接启动引起的电源电压降落不超过15%，不致影响其他用电设备正常工作时，都允许直接启动，一般30kW以下的三相异步笼型电动机都允许直接启动。

2. 降压启动

降压启动适用于正常运行时定子绕组是三角形连接，且每相绕组都有两个引出端子的电动机。降压启动一般分Y-△换接启动和自耦降压启动。

（1）Y-△换接启动

Y-△换接启动电路原理如图3-19所示，在启动时将定子绕组连接成星形，通电后电动机运转，当转速升高到接近额定转速时再换接成三角形。

（2）自耦降压启动

自耦降压启动电路原理如图3-20所示，是利用三相自耦变压器将电动机在启动过程中的端电压降低，以达到减少启动电流的目的。

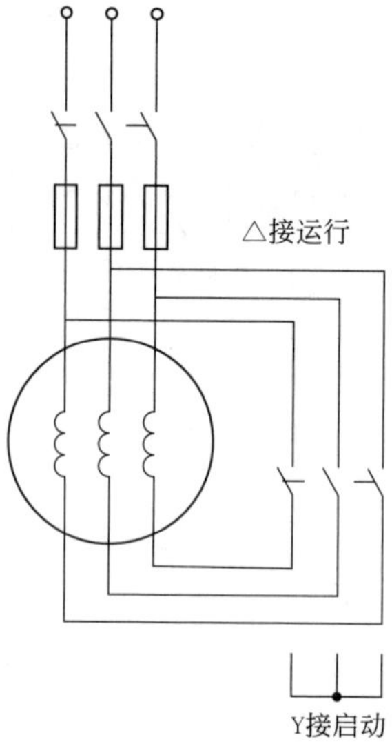

图3-19 Y-△换接启动

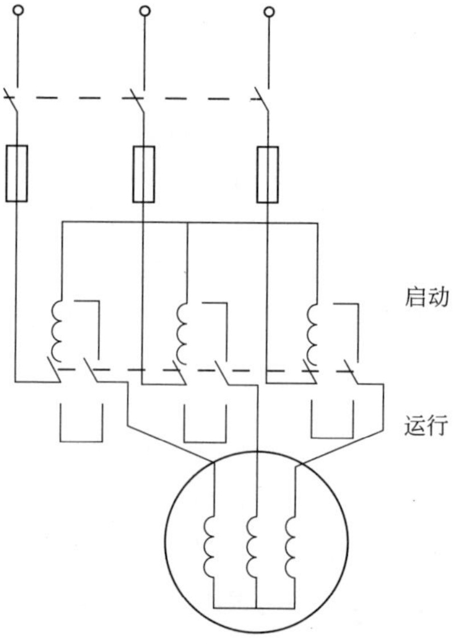

图3-20 自耦降压启动

3. 变极调速

三相异步电动机的转速 $n=(1-s)n_0=(1-s)\dfrac{60f_1}{p}$。变极调速是通过改变电动机的定子绕组所形成的磁极对数 p 来调速的。因磁极对数只能是按1、2、3、…的规律变化，因此采用变极调速的电动机的转速不能连续、平滑地进行调节。

4. 变频调速

通过变频把频率为50Hz工频的三相交流电源，变换成为频率和电压均可调节的三相交流电源供给三相异步电动机，从而使电动机的速度得到调节。变频调速具有机械特性曲线较硬的特点，属于无级调速。

5. 变转差率调速

又称为变阻调速，是通过改变转子绕组中串接调速电阻的大小来调速转差率实现平滑调速的。调速电阻的接法与启动电阻相同。这种方法只适用于绕线式异步电动机。

6. 反转原理

因为三相异步电动机的转动方向是由旋转磁场的方向决定的，而旋转磁场的转向取决于定子绕组中通入三相电流的相序。因此，要改变三相异步电动机的转动方向非常容易，只要将其电源的相序中任意两相对调即可（称为换相），通常是V相不变，将U相与W相对调，为了保证两个接触器动作时能够可靠调换电动机的相序，接线时应使接触器的上口接线保持一致，在接触器的下口调相。这时接到电动机定子绕组的电流相序被改变，旋转磁场的方向也被改变，电动机就实现了反转。

7. 制动原理

（1）能耗制动

能耗制动需要额外的直流电源，其制动电路原理如图 3-21 所示。电动机定子绕组切断三相电源后迅速接通直流电源。感应电流与直流电产生的固定磁场相互作用，产生的电磁转矩方向与电动机转子转动方向相反，起到制动作用。

（2）反接制动

反接制动电路原理如图 3-22 所示。电动机停车时将三相电源中的任意两相对调，使电动机产生的旋转磁场改变方向，电磁转矩方向也随之改变，成为制动转矩。

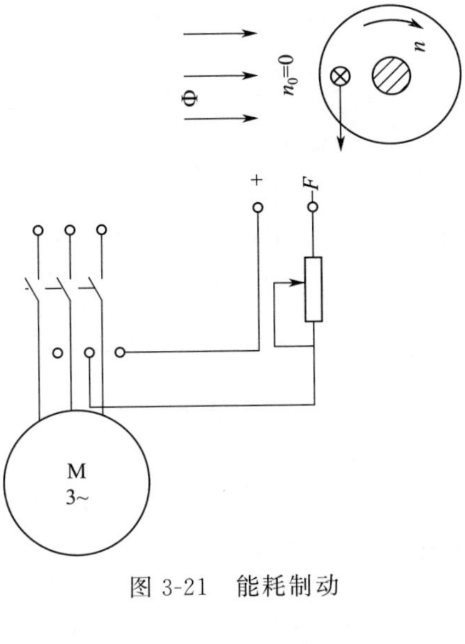

图 3-21　能耗制动

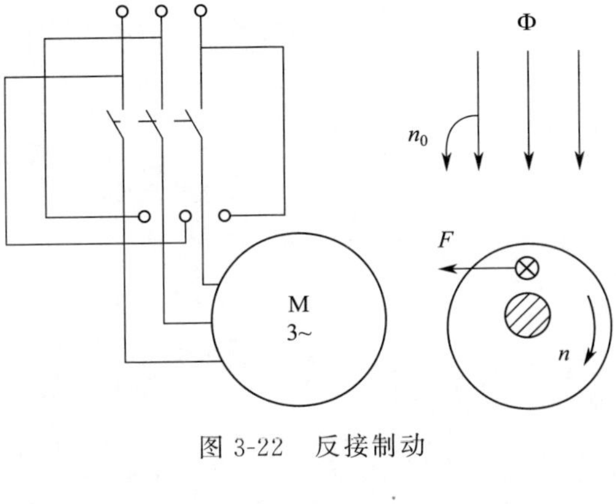

图 3-22　反接制动

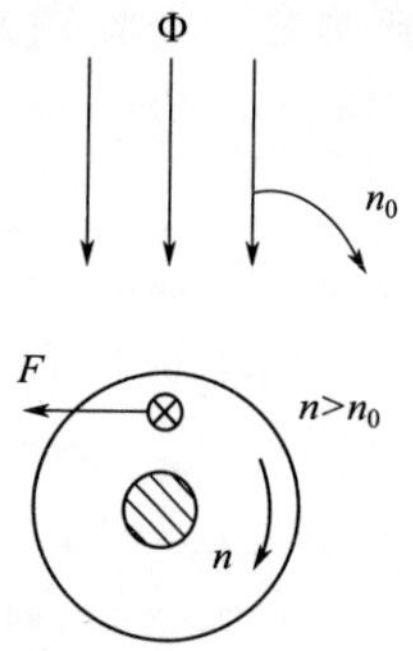

图 3-23 发电反馈制动

值得注意的是，当电动机转速接近为零时，要及时断开电源防止电动机反转。

（3）发电反馈制动

电动机转速超过旋转磁场的转速时，电磁转矩的方向与转子的运动方向相反从而限制转子的转速，起到制动的作用，如图 3-23 所示。

当转子转速大于旋转磁场的转速时，有电能从电动机的定子返回给电源，实际上这时电动机已经转入发电机运行，故称这种制动为发电反馈制动。

课堂二

一般线路的安装

一、管线线路的安装

穿管敷设是暗线敷设最理想的一种方法，室内布线通常采用硬塑料管作为布线管。下面以热塑性硬塑料管为例，介绍管线线路的安装方法。

（一）布线管的选用

布线管应选用聚乙烯或聚氯乙烯等热塑性硬塑料管，具体应符合以下要求：

① 要便于弯曲、具有良好的弹性和一定的机械强度。

② 具有阻燃性能。

③ 管壁厚度不小于 3mm。

④ 管子的粗细根据所穿入导线的多少决定，一般要求穿入管中所有导线（含绝缘外皮层）的总截面积不超过管子内截面积的 40%，如图 3-24 所示，可依此确定布线管的管径。

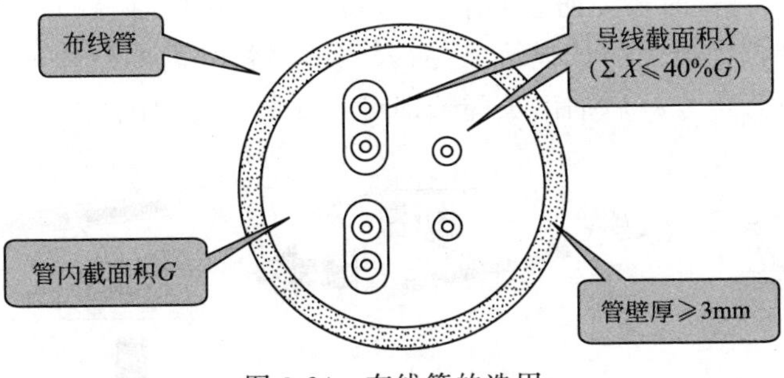

图 3-24　布线管的选用

（二）布线管的弯曲

热塑性硬塑料管可以局部加热弯曲，操作方法如下：

① 将硬塑料管需弯曲的部位靠近热源，旋转并前后移动烘烤，待管子略软后靠在木模上，两手握住两端向下施压进行弯曲，如图 3-25 所示。

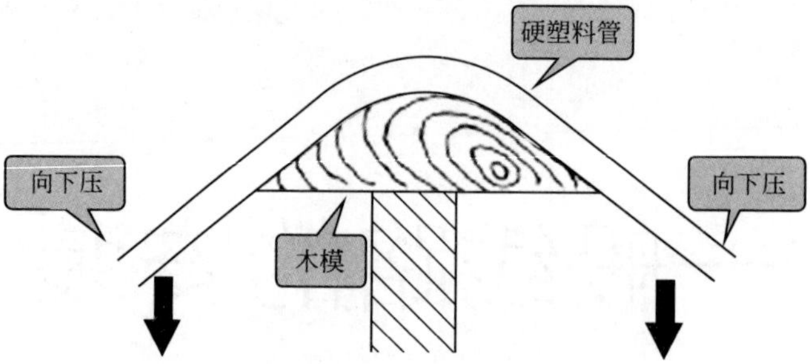

图 3-25 热塑性硬塑料管弯曲技巧（一）

② 没有木模时可将管子靠在较粗的木柱上弯曲，如图 3-26 所示，也可徒手进行弯曲。

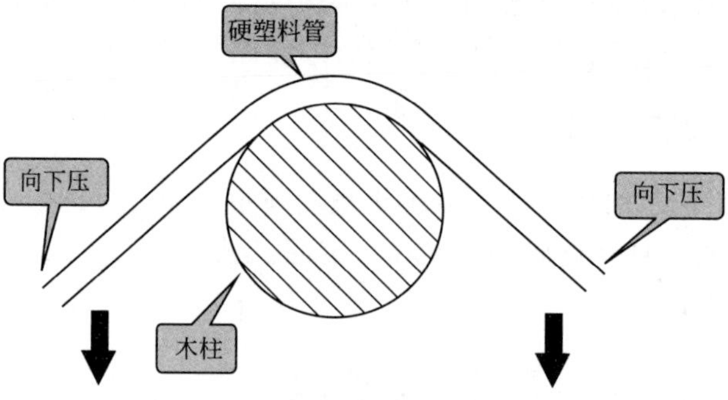

图 3-26 热塑性硬塑料管弯曲技巧（二）

③ 弯曲半径不宜太小，否则穿线困难。

④ 弯曲硬塑料管时还要防止将管子弯扁，可取一根直径略小于待弯管子内径的长弹簧（例如拉力器上的长弹簧），插入到硬塑料管内的待弯曲部位，然后再按前面所述方法弯管，弯好后抽出长弹簧即可，如图 3-27 所示。

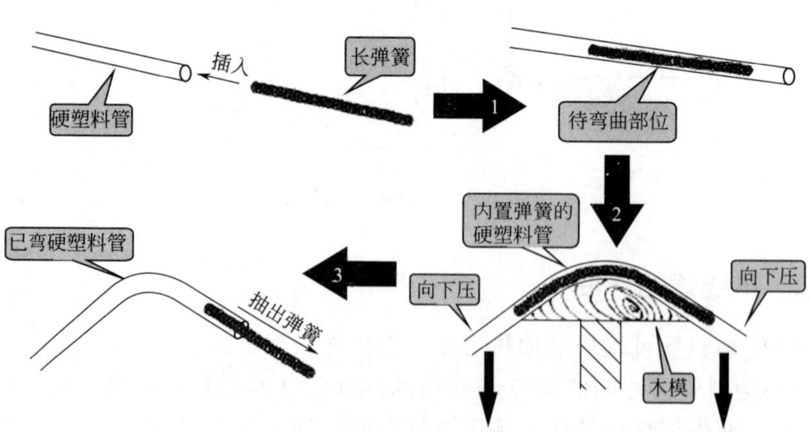

图 3-27 热塑性硬塑料管弯曲技巧（三）

⑤ 对于管径较大而不太长的管子，可在待弯管子内灌满干黄沙，并堵塞两头后再行弯管，弯管成形后再倒出黄沙，如图 3-28 所示。

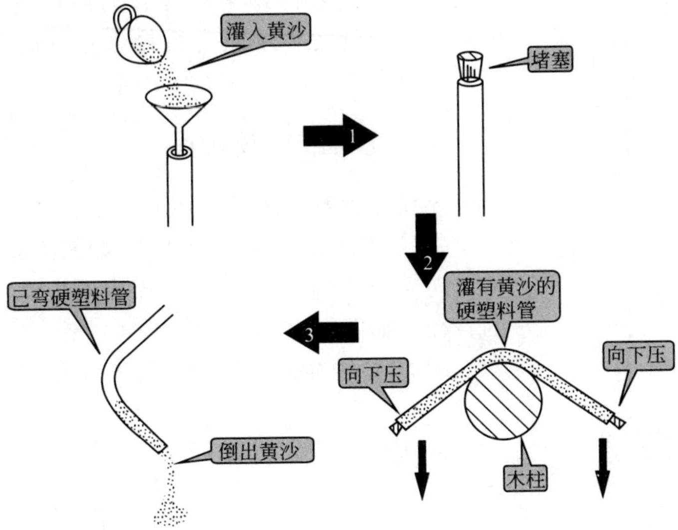

图 3-28　热塑性硬塑料管弯曲技巧（四）

（三）布线管的连接

热塑性硬塑料管可以局部加热后直接插接，具体操作方法如下：

① 首先将待连接的两根管子分别做倒角处理，如图 3-29 所示。

② 将外接管的准备插接的部分均匀加热烘烤，待其软化后，将内接管的准备插入部分涂上黏胶用力插入外接管内，如图 3-30 所示。插入部分的长度应为管子直径的 1.5 倍左右，以保证一定的牢固性。

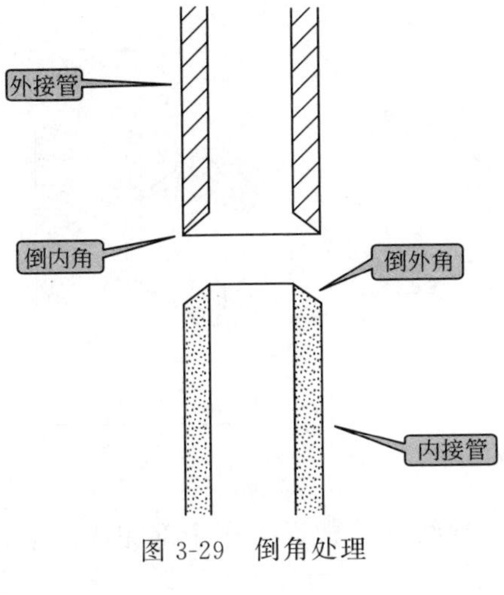

图 3-29　倒角处理

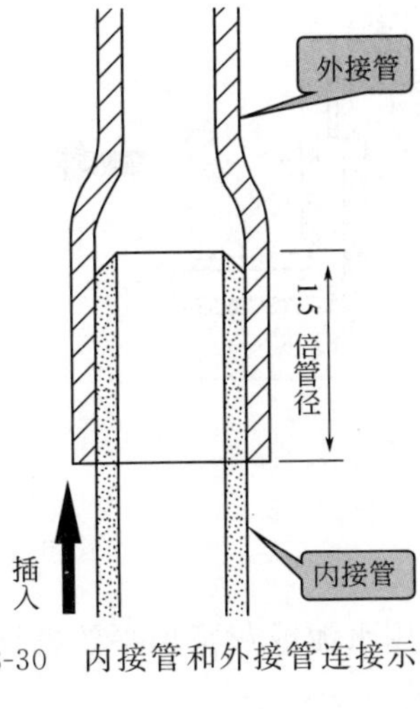

图 3-30　内接管和外接管连接示意图

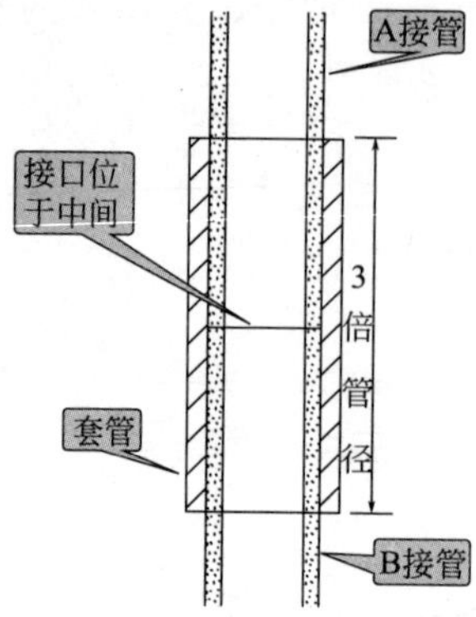

图 3-31　套管粘接法

③ 硬塑料管也可以用套管进行粘接，如图3-31所示，将两根待接管子的连接部位涂上一层黏胶，分别从两端插入套管内即可。套管的内径应等于待接管子的外径，套管的长度应为待接管直径的 3 倍左右，A、B 两管的接口应位于套管的中间。

（四）导线穿管敷设

导线穿管敷设的操作步骤如下：

① 首先应按照布线要求在墙壁表面开凿线槽，线槽走向应横平竖直，宽度与深度均应大于所用布线管的直径，如图 3-32 所示。

② 将导线穿入布线管，如图 3-33 所示。

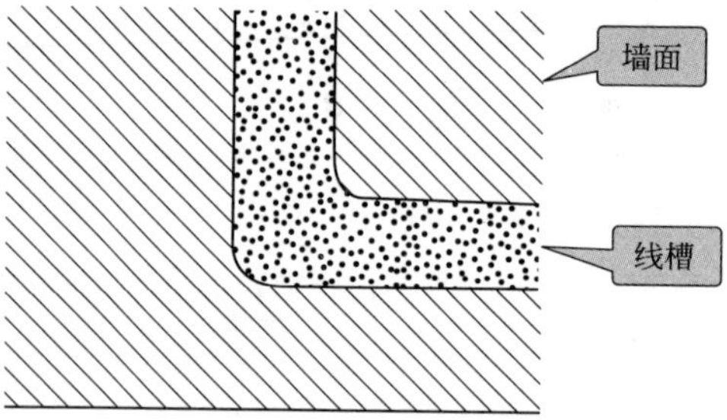

图 3-32　开凿线槽

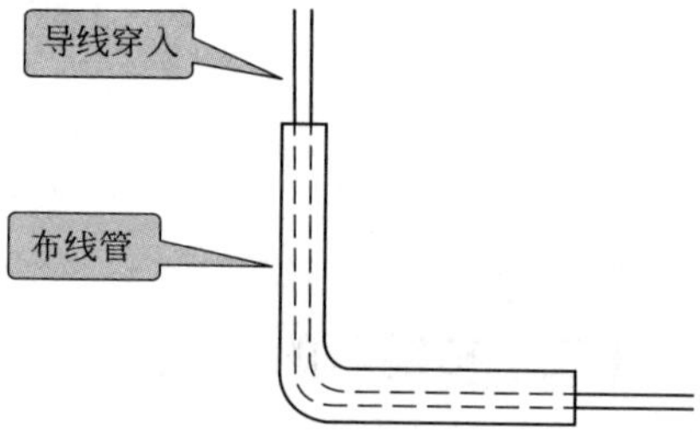

图 3-33　将导线穿入布线管

③ 将穿有导线的布线管放入线槽并固定。可用固定卡子将布线管固定在线槽内，也可直接用两枚钢钉交叉钉牢将布线管固定住，如图 3-34 所示。

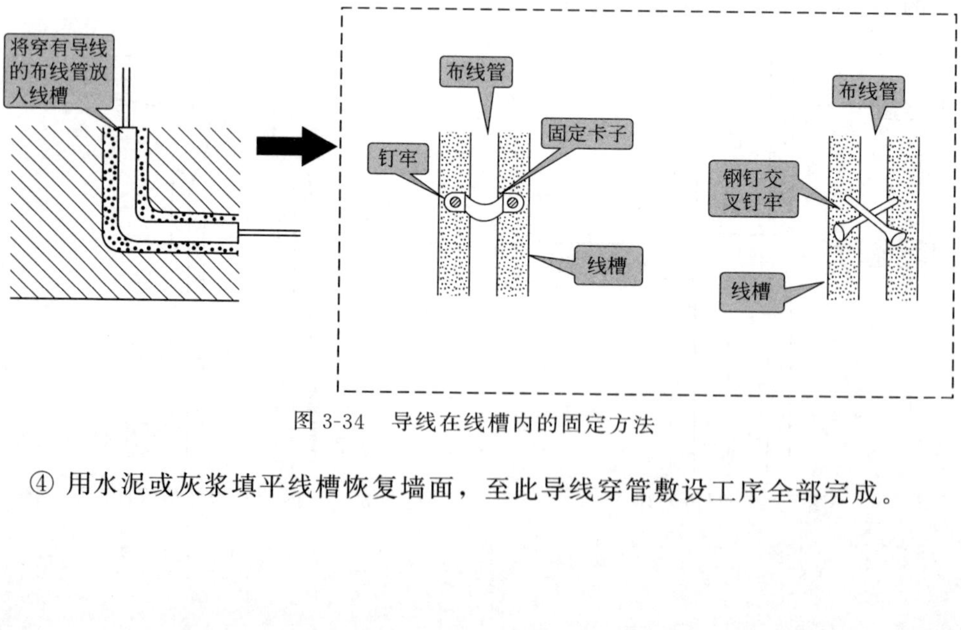

图 3-34　导线在线槽内的固定方法

④ 用水泥或灰浆填平线槽恢复墙面，至此导线穿管敷设工序全部完成。

二、护套线路的安装

塑料护套线具有双重绝缘层，在无接头、无破损的前提下，可以直接用于普通住宅或办公室的室内暗线敷设。下面介绍护套线的安装方法。

(一)开凿线槽

按照布线要求在墙面上开凿线槽，具体规范要求如下：

① 线槽应有一定的宽度和深度，以能够很好地容纳护套线为准。

② 线槽走向应横平竖直，在转向处应有一定的弧度，避免护套线 90°直角转向，如图 3-35 所示。

③ 在开关盒、插座盒、接线盒处，应开凿方形盒槽，如图 3-36 所示，其大小以能够容纳所装线盒为准。

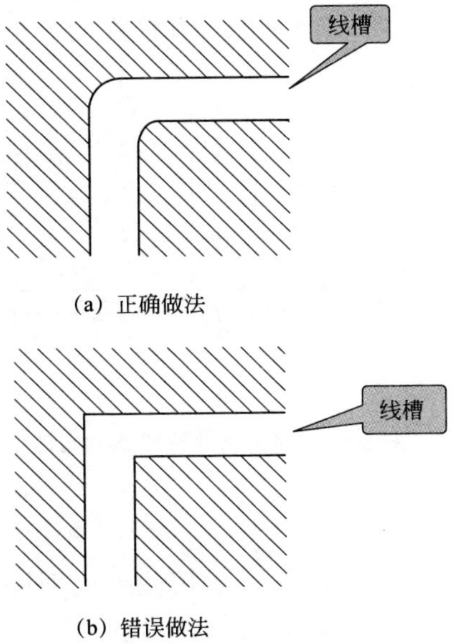

图 3-35 线槽转向处正确做法

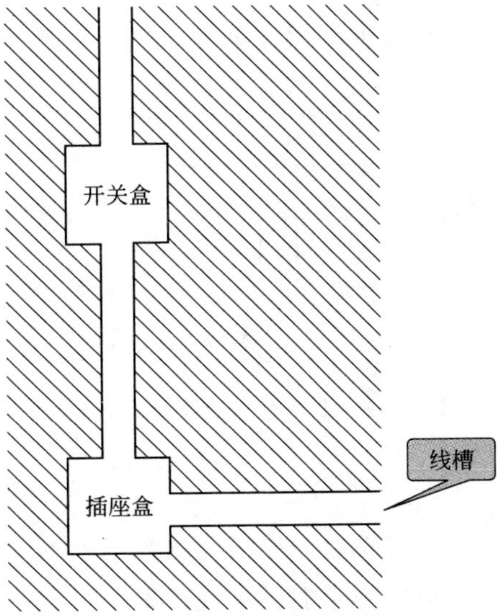

图 3-36 线盒的做法

(二)布线

将整根护套线按照布线要求沿线槽布放，具体规范要求如下：

① 无分支的线路应用整根护套线布放到位，如图 3-37 所示。

② 中途安排有开关盒或插座盒的线路可分段布放，并在开关盒或插座盒内连接，如图 3-38 所示。

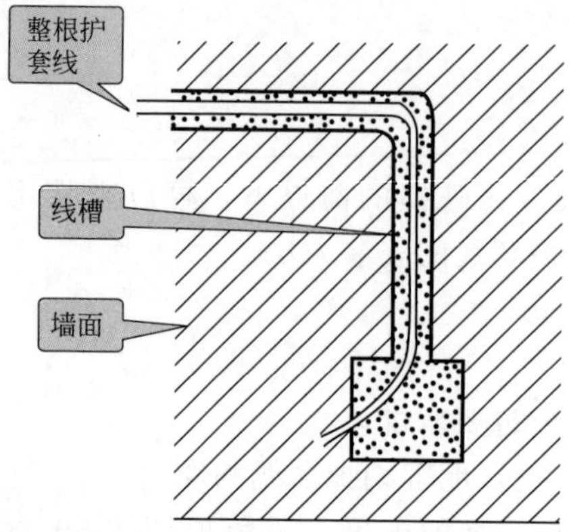

图 3-37　无分支的线路的布放

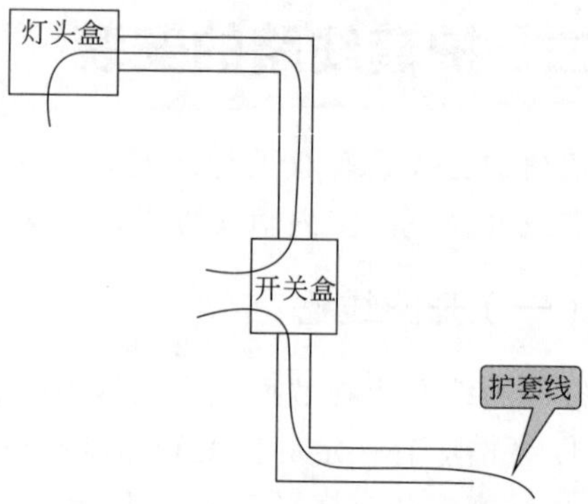

图 3-38　开关盒或插座盒线路的布放

③ 中途有分支的线路应将分支点选在接线盒或插座盒内，并分段布放护套线，如图 3-39 所示。

④ 同走向并行的线路可放在同一线槽内，如图 3-40 所示，并应在同一根护套线的始端与末端做好记号，以便连接线路时识别。

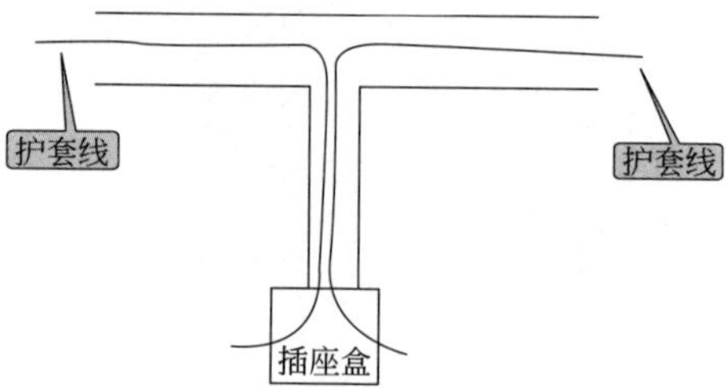

图 3-39　中途有分支线路的布放

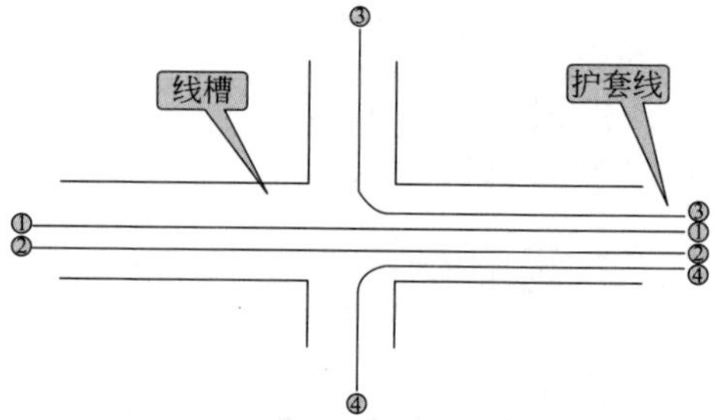

图 3-40　同走向并行线路的布放

（三）固定

护套线布放完毕后，将护套线放入线槽，并如图 3-41 所示用线卡或钢钉予以固定，最后用水泥填平线槽即可。

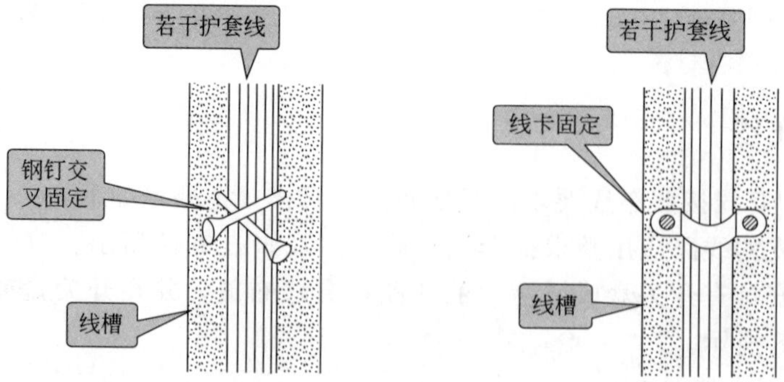

图 3-41　护套线的固定方法

（四）连接线路

在接线盒、开关盒、灯头盒或插座盒内，将分段布放的护套线按线路要求连接起来。连接时特别要注意识别护套线记号，以防接错。

最后，将接线盒、开关盒、灯头盒或插座盒内的线束用扎带固定好。

三、瓷瓶线路的安装

瓷瓶配线是利用瓷瓶支持导线的一种配线方式。瓷瓶又称绝缘子，有鼓形、蝶形、针式和悬式等多种，如图 3-42 所示。导线横截面积较小的一般采用鼓形瓷瓶配线，导线横截面积较大的一般采用其他几种瓷瓶配线。瓷瓶配线的特点是机械强度大，绝缘性能好，价格低廉，主要用于电压较高、电量较大、比较潮湿的明线或室外配线场所。

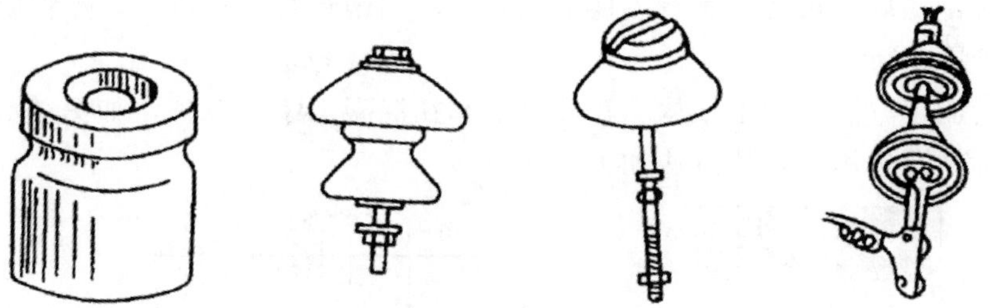

(a) 鼓形瓷瓶　(b) 蝶形瓷瓶　(c) 针式瓷瓶　(d) 悬式瓷瓶

图 3-42　绝缘子

下面具体介绍瓷瓶线路的安装方法及注意事项。

（一）瓷瓶线路的安装方法

1. 定位

定位工作应在土建抹灰前进行，操作步骤如下：

① 首先按施工图确定电气设备的安装位置。

② 确定导线的敷设位置、穿过墙壁和楼板的位置，以及起始、转角和终端瓷瓶的固定位置。

③ 最后确定中间瓷瓶的安装位置。

2. 画线

画线可以用铅笔、粉线袋或边缘刻有尺寸的木板条。画线时，尽可能沿房屋线脚、墙角等处敷设，用铅笔或粉线袋画出安装线路，并在每个电气设备固定点中心处画一个“×”号。如果在已粉刷好的室内墙面画线，应注意不要弄脏建筑物表面。

3．凿眼

按画线定位进行凿眼，具体操作方法如下：

① 在砖墙上凿眼，可采用电钻或小扁凿。

② 在混凝土结构上凿眼，可用麻线凿或冲击钻。

③ 在墙上凿穿通孔，可用长凿，在快要打通时要减小锤击力，以免将墙壁的另一面打掉大块的墙面。

4．安装木榫或埋设缠有铁丝的木螺钉

凿好所有孔眼后，即可在孔眼中安装木榫或埋设缠有铁丝的木螺钉。埋设缠有铁丝的木螺钉时，应先将孔眼洒水淋湿，然后将缠有铁丝的木螺钉用水泥灰浆嵌入凿好的孔中，待灰浆干燥至相当硬度后旋出木螺钉，用来安装瓷瓶等元件。

5．埋设穿墙瓷管或过楼板钢管

穿墙瓷管或过楼板钢管最好在土建砌墙时就要预埋好。过梁或其他混凝土结构预埋瓷管，应在土建铺模板时进行，在预埋时可先用竹管或塑料管代替，待土建拆去模板刮糙后，再将竹管拿去换上瓷管。若用塑料管，直接代替瓷管使用。

6．瓷瓶的固定

瓷瓶的固定方法有在木结构、在砖墙上和在混凝土墙上三种，如图 3-43 所示，可根据实际情况选用，具体方法如下。

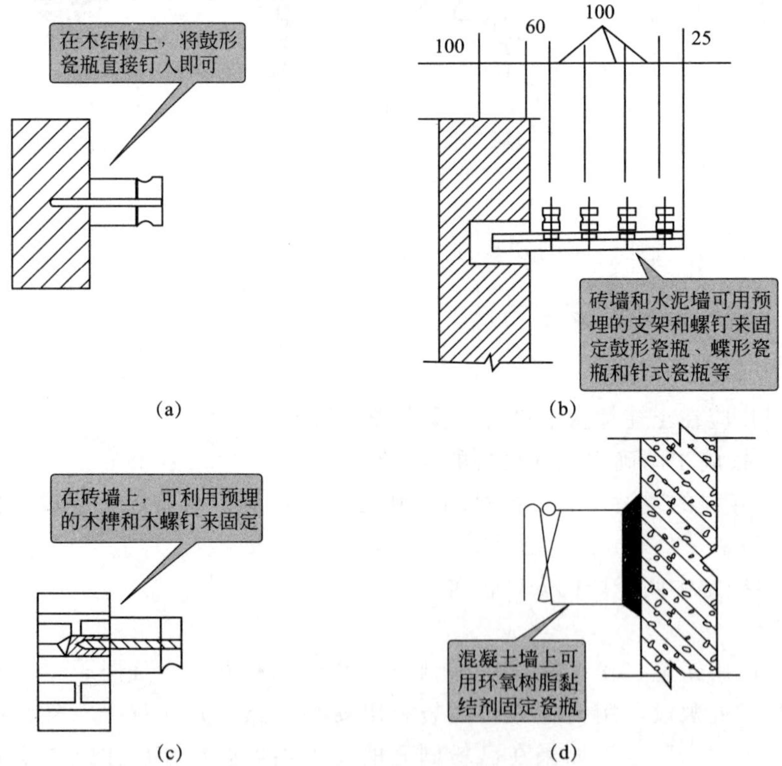

图 3-43　瓷瓶的固定方法

① 在木结构上只能固定鼓形瓷瓶，用木螺钉直接钉入即可。

② 在砖墙上，鼓形瓷瓶可利用预埋的木榫和木螺钉来固定，或用预埋的支架和螺钉来固定鼓形瓷瓶、蝶形瓷瓶和针式瓷瓶等。

③ 在混凝土墙上，鼓形瓷瓶可用缠有铁丝的木螺钉和膨胀螺栓来固定，或用预埋的支架和螺栓来固定鼓形瓷瓶、蝶形瓷瓶和针式瓷瓶，还可用环氧树脂黏结剂来固定瓷瓶。

7. 导线的敷设及绑扎

导线的敷设及绑扎的操作方法及要点如下：

① 在瓷瓶上敷设导线，也应从一端开始，只将一端的导线绑扎在瓷瓶的颈部，如果导线弯曲，应事先校直，然后将导线的另一端收紧绑扎固定，最后把中间导线也绑扎固定。

② 绑扎主要用于导线和瓷瓶间的固定。导线终端可用回头线绑扎，如图 3-44 所示。绑扎线宜用绝缘线，导线与绑线的选择如表 3-1 所示。

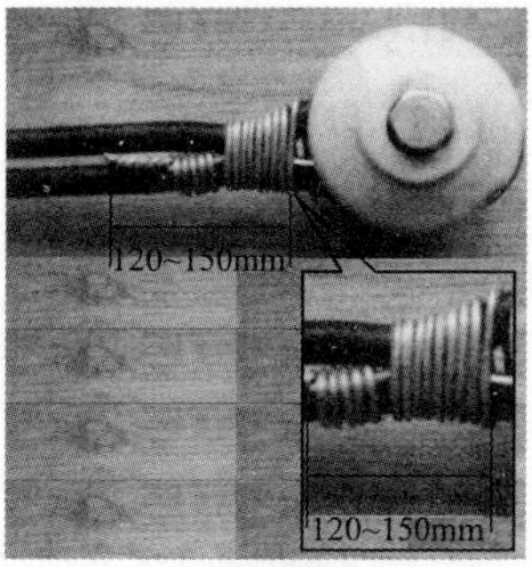

图 3-44 导线终端的绑扎方法

表 3-1 导线与绑线选择数据表

导线截面积/mm²	绑线直径/mm		
	铜芯线	铝芯线	铁芯线
<10	1.0	2.0	0.8
10～35	1.4	2.0	1.2
50～70	2.0	2.6	
≥95	2.6	3.0	

③ 鼓形和蝶形瓷瓶直线段导线一般采用单绑法或双绑法两种，如图 3-45 所示。截面积为 6mm² 及以下的导线可采用单绑法，截面积为 10mm² 及以上的导线须采用双绑法（重复单绑两次）。

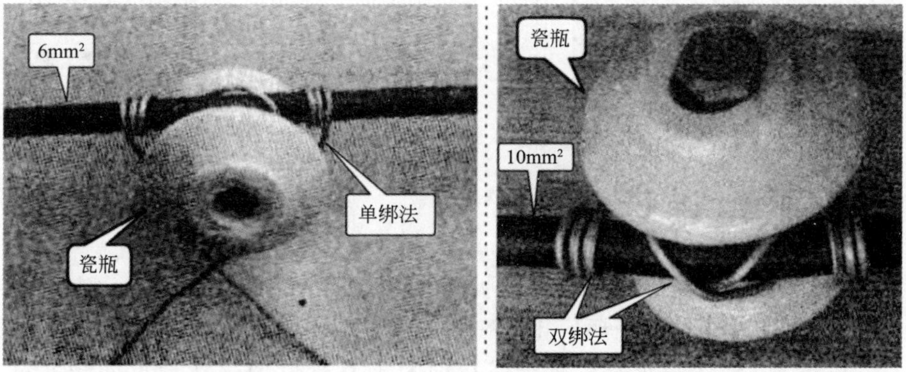

图 3-45 两种绑扎方式

（二）安装瓷瓶线路注意事项

安装瓷瓶线路应注意以下事项：

① 在建筑物的侧面或斜面配线时，必须将导线绑扎在瓷瓶的上方，如图3-46 所示。

② 导线在同一平面内，如有曲折，瓷瓶必须装设在导线折角的内侧，如图3-47所示。

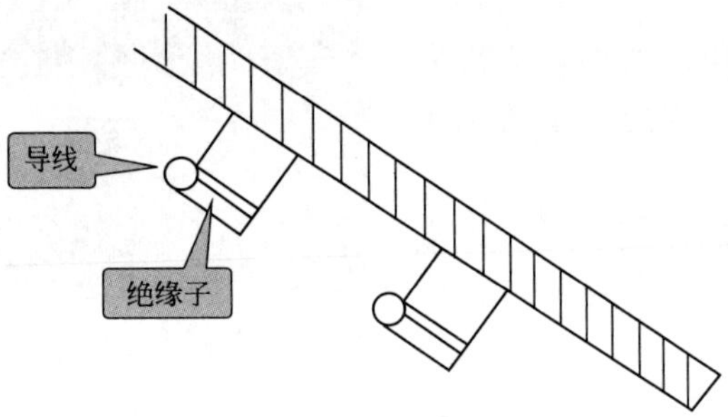

图 3-46 在建筑物的侧面或斜面导线与瓷瓶的绑扎方法

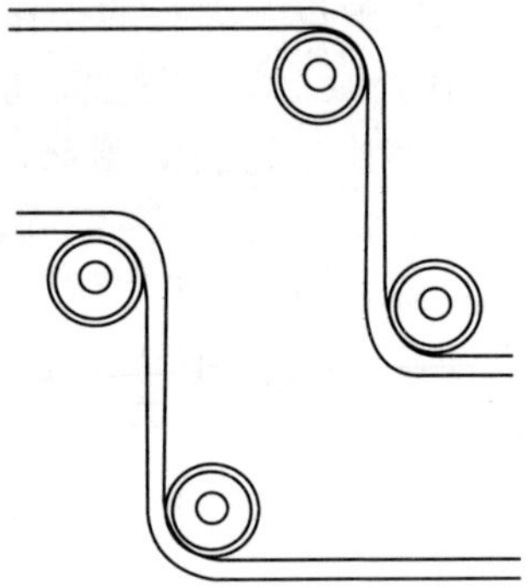

图 3-47 导线在同一平面曲折与瓷瓶的安装方法

③ 导线在不同的平面上曲折时，在凸角的两面上应装设两个瓷瓶，如图 3-48 所示。

④ 导线分支时，必须在分支点处设置瓷瓶，用以支持导线；导线互相交叉时，应在距建筑物近的导线上套瓷管保护，如图 3-49 所示。

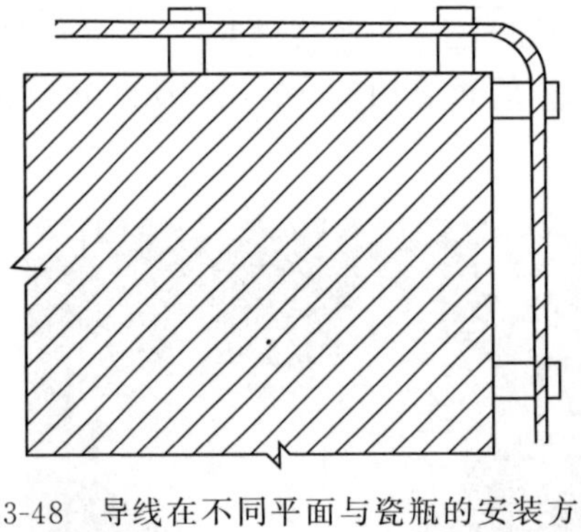

图 3-48 导线在不同平面与瓷瓶的安装方法

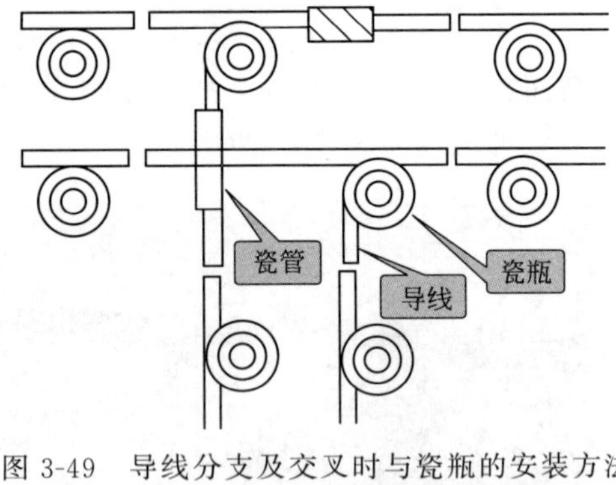

图 3-49 导线分支及交叉时与瓷瓶的安装方法

⑤ 平行的两根导线不能放在两瓷瓶的内侧，应放在两瓷瓶的同一侧或外侧。

⑥ 同一档内的瓷柱或瓷瓶应排列在同一条直线上，该直线应与线路成直角。

⑦ 导线不得有松弛现象。水平敷设时，平直程度两导线铺设间距允许偏差 10mm；垂直敷设时，平直程度允许偏差 5mm。

四、照明线路的安装

照明线路一般由电源、导线、开关、插座和照明灯具组成。电源主要使用220V单相交流电。开关用来控制电路的通断。导线是电流的载体，应根据电路允许载流量选取。照明灯为人们的日常生活提供各种各样的可见光源。照明灯的种类很多，例如白炽灯、卤钨灯、荧光灯、高压汞灯、高压钠灯、金属氧化物灯和氙灯等。常用的照明灯具主要是白炽灯和荧光灯两大类。

（一）安装照明线路的规范要求

照明灯具的安装按其配线方式、厂房结构、环境条件及对照明的要求不同而有壁式、吸顶式、悬吊式和嵌入式等安装方式，不论采用何种方式，其安装工艺必须符合如下规范要求：

① 各种灯具、开关、插座及所有附件，都必须安装牢固可靠。

② 对灯具安装的高度，室内一般不低于2.5m，室外一般不低于3m，如遇特殊情况不能满足要求，可采取相应的保护措施或改用安全电压供电装置。

③ 室内照明开关一般安装在门边便于操作的位置，拉线开关一般应离地2～3m，暗装翘板开关一般离地1.3m，与门框的距离一般为150～200mm。

④ 明装插座一般应离地1.4m。暗装插座一般应离地300mm。同一场所暗装的插座高度应一致，其高度差一般应不大于5mm；多个插座或成排安装时，其高度差应不大于2mm。

⑤ 安装白炽灯和插座要符号规定，接线要正确，灯架及线管内不允许有接头；底盒内的导线，不宜太长，也不宜太短，大约为8～10cm，以便于接线和安装面板。

⑥ 导线的分支及连接处应便于检查；导线在引入灯具处应有绝缘物保护，以免磨损导线的绝缘，也不应使其受到应力。

⑦ 一个基本线路取电源时，一定要在分路总开关后的支线上取电源，如果在其他基本线路的开关电器后取电源，则会受到该基本线路的开关电器的控制。

（二）白炽灯照明电路的安装

白炽灯又称钨丝灯泡，灯泡内充有惰性气体，当电流通过钨丝时，将灯丝加热到白炽状态而发光，其功率一般为15～300W。灯泡的灯头有插口式和螺口式两种，功率超过300W的灯泡一般采用螺口式灯头，因为螺口式灯头在电接触和散热方面都要比插口式灯头好得多。

白炽灯的灯座有螺口和插口两种形式，根据安装形式不同又分为平灯座和吊灯座，如图3-50所示。

(a) 螺口平灯座

(b) 螺口吊灯座

(c) 插口吊灯座

图 3-50 几种灯座

下面以平灯座为例，介绍白炽灯照明电路的安装方法。

1. 材料的准备

① 根据安装要求，确定安装方案（如槽板配线、瓷瓶配线、护套配线），准备好所需材料、元器件（如灯泡、灯头、开关及插座等）。

② 按照布线工艺，定位后布线，并在安装灯头、灯座及开关等重要处做好标记。

2. 灯座的安装

安装平灯座的操作步骤如下：

① 首先将圆木按灯座穿线孔的位置钻 ϕ5mm 的孔，并将圆木边缘开出缺口（位置为护套线进入处，缺口大小为护套线的护套尺寸）。也可使用已制作好的塑料灯头底座，如图 3-51 所示。

② 剥去进入圆木护套线的护套层，将导线从圆木的穿线孔穿出，穿出孔后的导线长度一般为 50mm。

③ 根据圆木固定的位置，用木螺钉将圆木固定在原先做好标记的位置上或预先打入的木榫上。

④ 用一字螺丝刀按下平灯座的暗扣，拔下面板，如图 3-52 所示。用剥线钳剥去导线的绝缘层（约 15mm），用尖嘴钳将线芯扳成 90°，并将线芯顺时针方向打圈。将开关线（L 火线）接入平灯座的中心柱头上，零线（N 线）接入螺口平灯座与螺纹连接的接线柱头上，如图 3-53 所示。

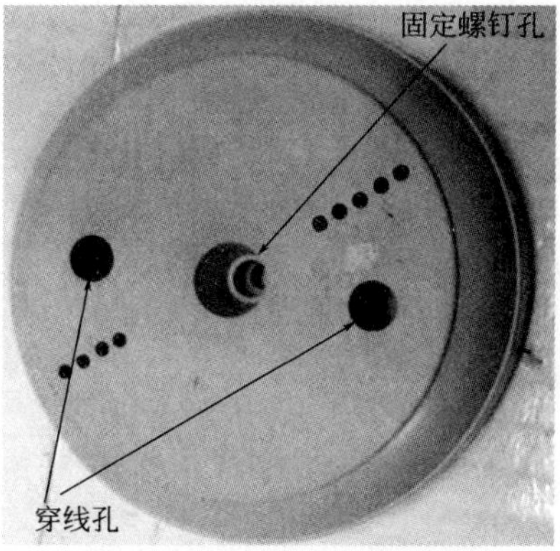

图 3-51 塑料灯头底座

图 3-52 卸下平灯座的面板

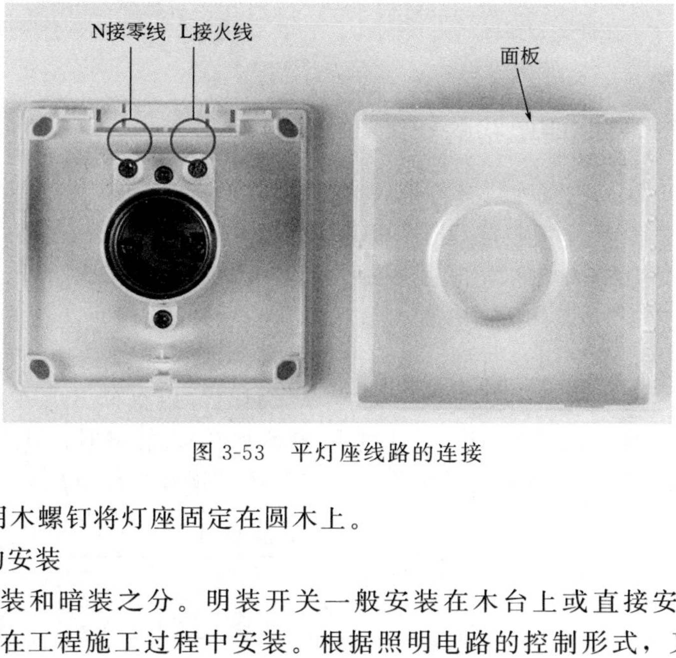

图 3-53 平灯座线路的连接

⑤ 最后用木螺钉将灯座固定在圆木上。

3. 开关的安装

开关有明装和暗装之分。明装开关一般安装在木台上或直接安装在墙壁上，暗装开关一般在工程施工过程中安装。根据照明电路的控制形式，又分为单控开关和双控开关等。下面以盒装明装开关为例，介绍开关的安装方法。

(1) 单控开关的安装

盒装开关的安装步骤如下：

① 首先做好记号，固定开关盒，根据开关盒固定孔的位置用螺丝刀将木螺钉旋入，使开关盒固定在原先做好记号的位置上，如果是砖墙，应先打好木榫。

② 如图 3-54 所示将导线接入开关的接线柱头上。

③ 将开关固定架用螺钉固定。

④ 最后扣好开关面板即可。

（2）双控开关的安装

双控开关是指两个不同地方的开关控制同一组灯或电源，其安装线路如图3-55所示。

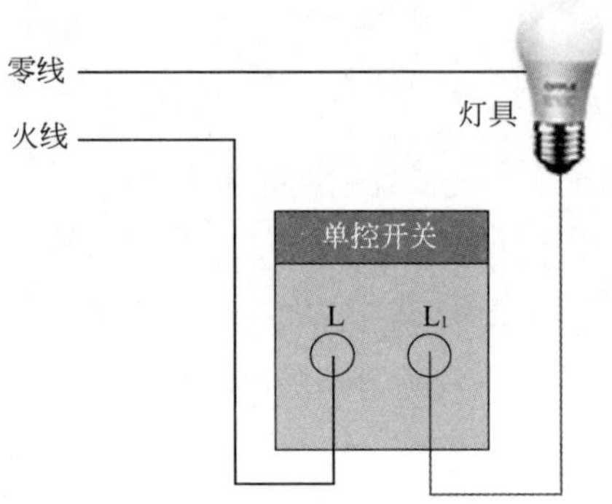

图 3-54　单控开关接线图

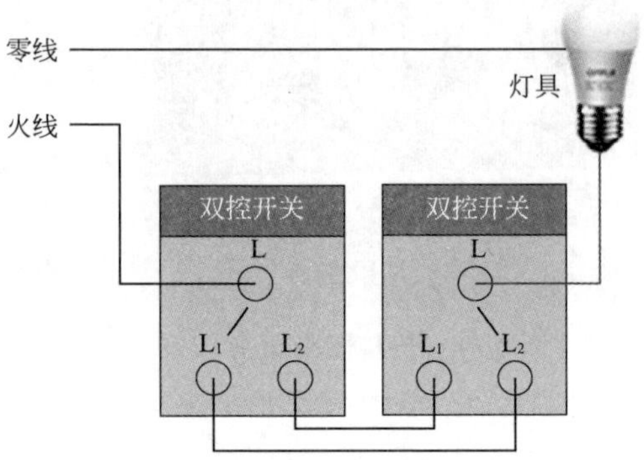

图 3-55　双控开关接线图

（三）荧光灯照明电路的安装

目前市面上常见的荧光灯分传统荧光灯和 LED 荧光灯，传统荧光灯又分为电感镇流器荧光灯和电子镇流器荧光灯。下面介绍几种荧光灯的安装方法。

传统荧光灯电路接线如图 3-56 所示。当荧光灯接入电路以后，启辉器两个电极间开始辉光放电，使双金属片受热膨胀而与静触极接触，于是电源、镇流器、灯丝和启辉器构成一个闭合回路，电流使灯丝预热。当受热 1～3s 后，启辉器的两个电极间的辉光放电熄灭，随之双金属片冷却而与静触极断开。在两个电极断开的瞬间，电路中的电流突然消失，于是镇流器产生一个瞬时高电压（自感电动势），它与电源叠加后，加到灯管两端，使灯管内的惰性气体电离而引起弧光放电。

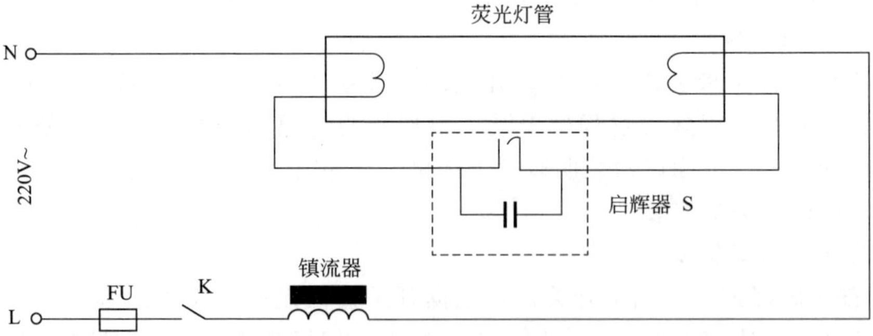

图 3-56　传统荧光灯电路接线图

电感镇流器荧光灯灯管的两端有 4 根线，安装时，将镇流器上的 L 接火线，N 接零线，将荧光灯的 4 根线按相同颜色分成两组，把每一组的两根线接到荧光灯的一端，另两根接到另一端即可。

还有一种传统的荧光灯镇流器有四根引线，分主、副线圈，如图 3-57 所示。主线圈的两引线和二线镇流器接法一样，串联在灯管与电源之间。副线圈的两引线，串联在启辉器与灯管之间，帮助启动用。此种镇流器由于副线圈匝数少，交流阻抗亦小，把镇流器接入电路前，必须看清接线说明，分清主副线圈。也可用万用表测量检测，阻值大的为主线圈。安装时注意不要误把副绕组接入电源主电路中，否则会烧毁灯管和镇流器。

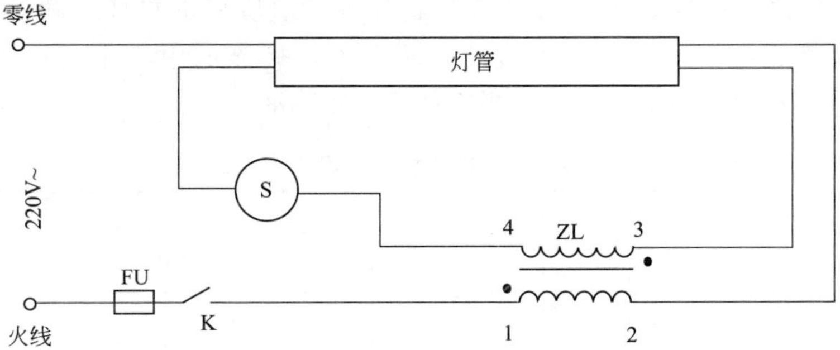

图 3-57　传统四线镇流器荧光灯接线图

需要注意的是，安装电感镇流器需要安装启辉器，而安装电子镇流器则不需要安装。

LED 荧光灯光源采用高亮度 LED，包括冷白、暖白和正白三种色温。安装 LED 荧光灯非常简单，安装时将原有的荧光灯取下，换上 LED 荧光灯，并将镇流器和启辉器去掉，让 220V 交流市电直接加到 LED 荧光灯两端即可，如图 3-58 所示。但必须注意，无论安装哪种荧光灯，为保证安全，在安装前必须把相关路线的总电源切断。

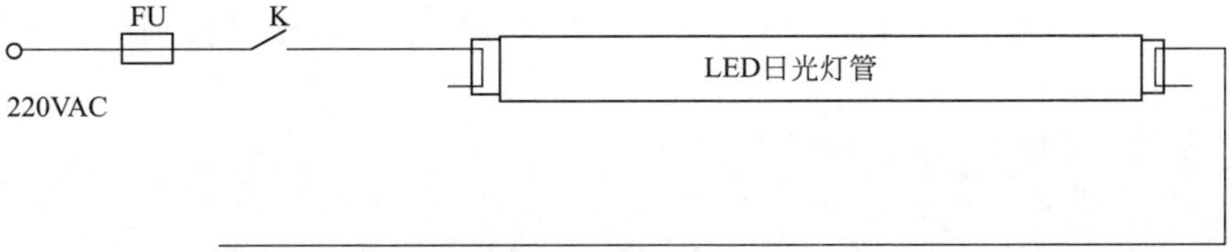

图 3-58　LED 荧光灯接线图

五、低压电力线路的安装

（一）进户线路的安装

由套户线(或接户线)引到用户室内第一个支持点的一段导线称为进户线，是低压用户内部线路的电源引接点。一个用户只设一个进户点。进户线路通常由进户杆（或角钢支架上装的绝缘子）、进户线和进户管等部分组成。

1. 进户杆的安装

凡进户点低于2～7m或接户线(从架空配电线的电杆至用户户外第一个支持点之间的一段导线)因安全需要而放高等原因，都需要加装进户杆来支持接户线和进户线。进户杆可采用混凝土杆或木杆，有长杆和短杆两种。

混凝土进户杆安装前应检查有无弯曲、裂纹和疏松等缺陷，当确认质量符合要求时方可进行立杆作业。埋设前，应在地面以上300mm和地面以下500mm的一段，采用烧根或涂沥青等方法进行防腐处理。木质短进户杆与建筑物连接时，应用两个过墙螺栓或抱箍等紧固接装，两个固定螺栓的中心距离应大于或等于500mm。进户杆埋入地下的深度的规定如表3-2所示。

表3-2 进户杆的埋设深度 m

杆长 / 杆类别	4	5	6	7	8	9	10	11	12	13	15
木杆	1.0	1.0	1.1	1.2	1.4	1.5	1.7	1.8	1.9	2.0	
混凝土杆				1.4	1.5	1.6	1.7	1.8	1.9	2.1	2.5

进户杆的杆顶应安装横担，横担上安装低压ED型瓷绝缘子。常用的横担由镀锌角钢制成，若用来支持单相两线，则角钢的规格一般应大于或等于40mm×40mm×5mm；若用来支持三相四线，则角钢的规格应大于或等于50mm×50mm×6mm。两瓷绝缘子在角钢上的距离应大于或等于150mm。角钢支架加装瓷绝缘子来支撑接户线。

有些地区用街码（见图3-59）在屋外沿墙敷设低压架空线路和接户线。沿墙敷设时应选用针式瓷绝缘子、蝶式瓷绝缘子或街码，瓷绝缘子之间的档距应小于或等于6m。导线垂直排列时，零线应敷设在最下方，导线水平排列时，零线应靠墙敷设。

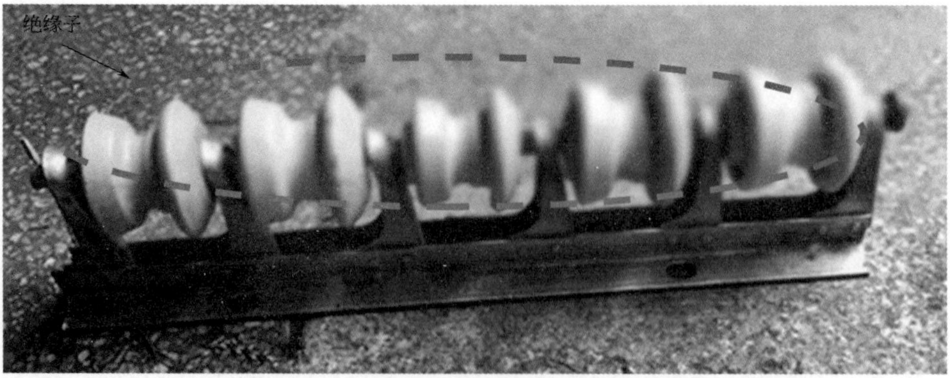

图3-59 街码

2. 进户线的安装

安装进户线应符合以下规范要求：

① 进户线应采用硬芯绝缘导线，中间无接头，导线的截面积按导线的允许载流量选择，且中间不得有接头。

② 选择进户点时，建筑物应牢固，便于维修，并尽可能靠近供电线路和负荷中心。

③ 进户点的绝缘子及导线，应尽量避开雨水冲刷和房顶杂物掉落区。

④ 进户线进屋前应做弧形滴水弯头，在弯头下部，把绝缘层割一道小口，以防积水影响电器。

⑤ 进户线穿墙时，应套装硬质绝缘管，穿墙绝缘管内高外低、弯头向下，管口距地距离应大于 2m。

⑥ 进户线严禁与通信线、广播线混在一起，进户线进户后应装熔丝盒。

3. 进户管的安装

保护进户线常用的进户管有瓷管、钢管和塑料管，瓷管又分为弯口和反口两种。进户管的安装应符合以下规范要求：

① 进户管的管径是根据进户线的根数及其截面积来决定的，管内导线（包括绝缘层）的总截面积不应大于管子有效截面积的 40%，最小管径（内径）不应小于 15mm。

② 进户瓷管必须每线一根，且应采用弯头瓷管，户外的一端弯头向下，当进户线截面积大于或等于 $50mm^2$ 时，宜用反口瓷管，户外一端应稍低。如一根瓷管的长度不能满足进户墙壁的厚度时，可用两根瓷管紧密连接，或用硬塑料管代替瓷管。

③ 进户管如采用钢管，一般应用镀锌钢管，也可用经过涂漆的黑铁管。钢管两端应装防护圈，外一端必须有防雨弯头。进户线必须全部穿于一根钢管内，且钢管外层必须有良好的保护接零。

（二）家用配电箱的安装

配电箱又称强电箱，是家装强电用来分路及安装空气开关的箱子。正常运行时可借助手动或自动开关接通或分断电路，故障或不正常运行时借助保护电器切断电路或报警。家庭配电箱分金属外壳和塑料外壳两种，有明装式和暗装式两类。根据用电容量不同，可选装 12 回路、16 回路、18 回路、24 回路等不同容量的配电箱。如图 3-60 所示，为 16 回路配电箱结构组成。

1. 家用配电箱的安装要求

安装家用配电箱应符合以下要求：

① 家庭配电箱应安装在干燥、通风部位，且无妨碍物，方便使用。安装应牢固，横平竖直，垂直偏差不应大于 3mm。不宜安装过高，一般安装标高为 1.8m，以便操作。进配电箱的电管必须用锁紧螺母固定。

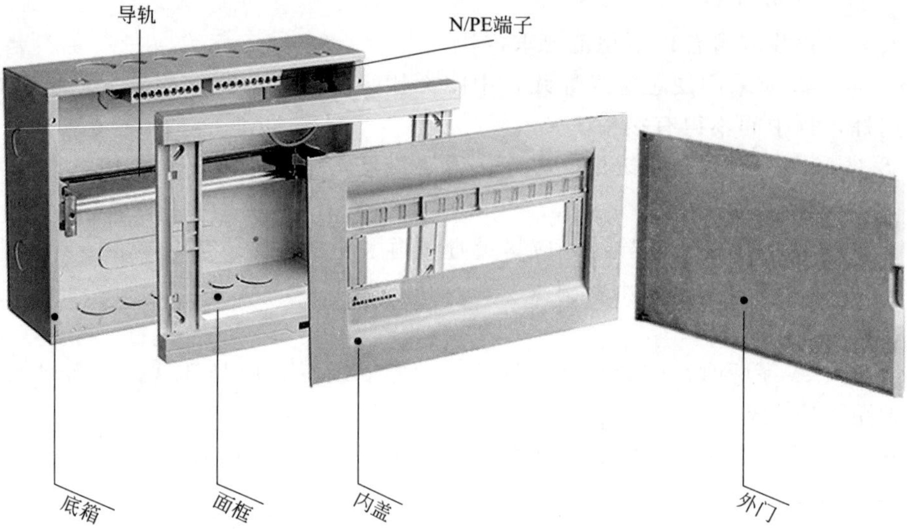

图 3-60 家用配电箱结构组成

② 将明装配电箱装在墙上时，应采用开脚螺栓（胀管螺栓）固定，螺栓长度一般为埋入深度（75～150mm）、箱底板厚度、螺母和垫圈的厚度之和，再加上5mm 左右的“出头余量”。对于较小的配电箱，也可在安装处预埋好木砖（按配电箱或配电板四角安装孔的位置埋设），然后用木螺钉在木砖处固定配电箱或配电板。

③ 暗装配电箱应嵌入墙内安装，在砌墙时预留孔洞应比配电箱的长和宽各大20mm 左右，预留的深度为配电箱厚度加上洞内壁抹灰的厚度。在圬埋配电箱时，箱体与墙之间填以混凝土即可把箱体固定住，且四周应无空隙，其面板四周边缘应紧贴墙面，箱体与建筑物、构筑物接触部分应涂防腐漆。

④ 配电箱内装设的螺旋式熔断器，其电源线应接在中间触点的端子上，负荷线应接在螺纹的端子上。这样，在装卸熔芯时不会触电。瓷插式熔断器应垂直安装。

⑤ 空气开关的安装座架应光洁无阻并有足够的空间。

⑥ 若家庭配电箱需开孔，孔的边缘须平滑、光洁。

⑦ 配电箱内的接线应规则、整齐，端子螺钉必须紧固。各回路进线必须有足够长度，不得有接头。

⑧ 安装后标明各回路使用名称。

⑨ 家庭配电箱安装完成后须清理配电箱内的残留物。

2. 家用配电箱接线图的设计

安装家用配电箱应先测量家用电路的额定电流以及工作电压，按照家用电路的电源配置一个相近的配电箱。然后设计一个家用配电箱接线图（见图 3-61），通过接线规划图进行施工安装。

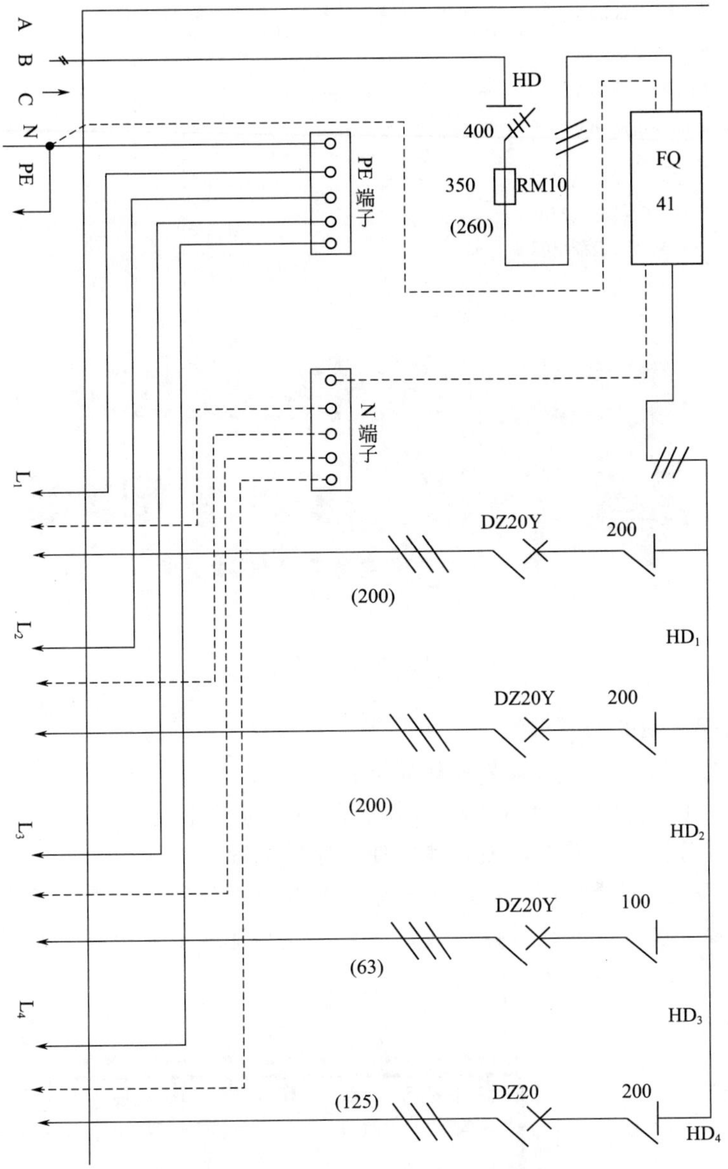

图 3-61 家用配电箱接线规划图

3．家用配电箱断路器的配比

家用配电箱中断路器的配比应严格按照电器规范来做，先要计算出功率，然后根据功率和电压计算电流，即电流＝功率/电压。一般 1.5mm² 的配 16A 的，2.5mm² 的配 20A 的，4mm² 的配 25A 的。至于总断路器两室的配 2P40A 的，三室的可以配 2P63A 的。实际应根据用户电器容量选择对应的断路器，具体可如图 3-62 所示进行配比。

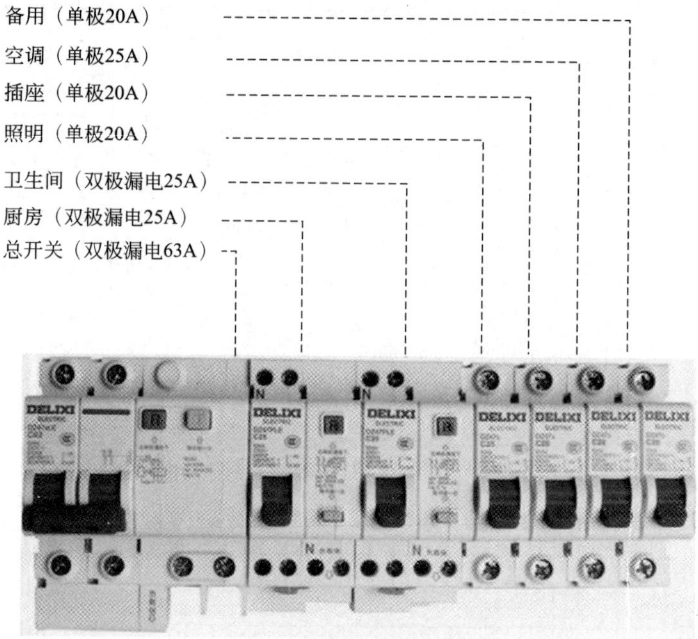

图 3-62　断路器的配比

4. 家用配电箱的安装方法

以暗装配电箱为例，其安装步骤如下：

① 首先将配电箱底盒埋入墙中，底盒上平面可低于墙面 20mm 以内，导轨伸出箱体外的部分搭在墙面上，锁紧螺钉使之紧贴墙面。

② 把相应的元器件（包括总断路器、避雷器、分断路器等）安装到导轨上，并根据设计要求连接好导线及接地线，注意零线与地线不要接错，如图 3-63 所示。

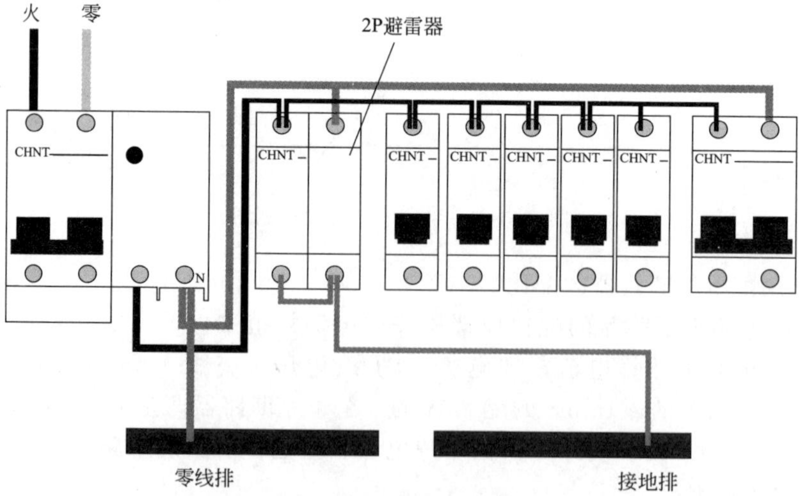

图 3-63　家用配电箱的安装方法示意图

③ 拧紧固定螺钉固定导轨。

④ 检查接线无误后，把面板紧固在导轨支架上，盖上面板即可。

六、开关插座的安装

（一）开关和插座的分类

按连接方式可将开关分为单极开关、双控开关和双极开关，如图 3-64 所示。

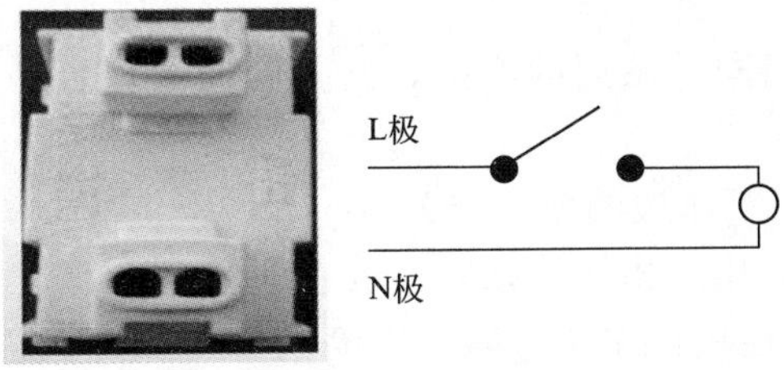

(a) 单极开关

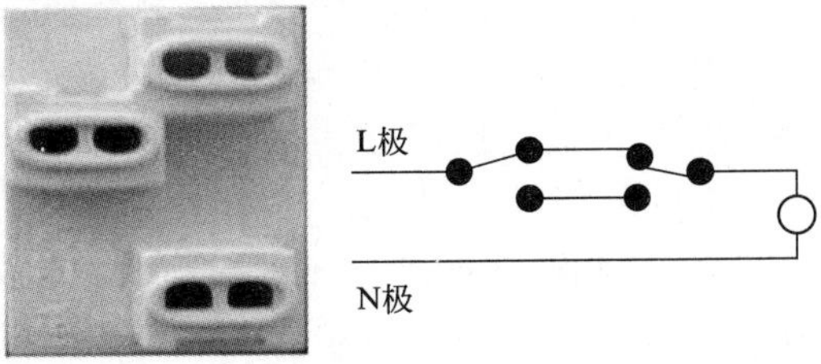

(b) 双控开关

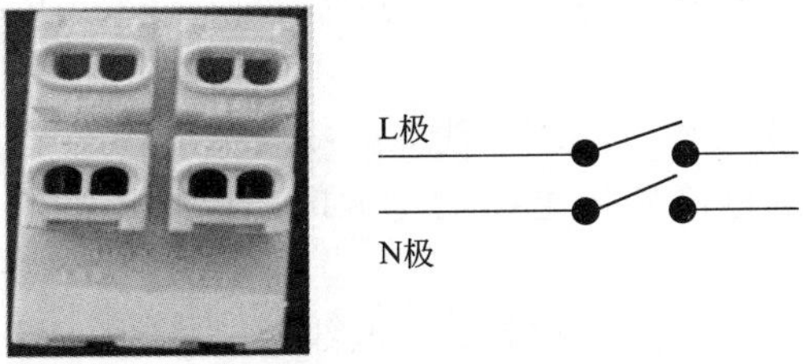

(c) 双极开关

图 3-64　开关的分类

市面上常见的插座主要有扁插、方插和圆插，如图 3-65 所示。例如二极扁圆插、三极扁插、三极方插、五孔等。使用扁插的国家主要有中国、日本、美国、加拿大等亚洲、北美洲国家；使用方插的国家和地区主要有中国香港、英国、新加坡、澳大利亚和印度等；使用圆插的国家主要是欧洲的一些国家。

(a) 扁插

(b) 方插

(c) 圆插

图 3-65　常见插座形状

按负载来分大致有10A二极圆扁插座、16A三极插座、13A带开关方脚插座和16A带开关三极插座等。插座的底盒深度一般有35mm、40mm和50mm几种规格。

插座也分强电和弱电，强弱电是以人体的安全电压来区分的，36V以上的电压称为强电，弱电是指36V以下的电压。电话插座、电脑插座、网络数据插座属于弱电类。

（二）开关插座安装的规范要求

开关插座的安装应符合如下规范要求：

① 同一建筑物、构筑物的开关最好采用同一系列的产品，开关的通断位置一致，操作灵活，接触可靠。

② 相线经开关控制；民用住宅无软线引至床边的床头开关。

③ 单相两孔插座，面对插座的右孔或上孔与相线连接，左孔或下孔与零线连接；单相三孔插座，面对插座的右孔与相线连接，左孔与零线连接。

④ 单相三孔、三相四孔及三相五孔插座的接地（PE）或接零（PEN）线接在上孔。插座的接地端子不与零线端子连接。同一场所的三相插座，接线的相序一致。

⑤ 接地（PE）或接零（PEN）线在插座间不串联连接。

⑥ 当接插有触电危险家用电器的电源时，应采用能断开电源的带开关插座，开关断开相线。

⑦ 潮湿场所采用密封型并带保护地线触点的保护型插座，安装高度不低于1.5m。

（三）带开关插座的安装方法

在日常生活中，厨卫电器建议采用带开关插座，比如电饭煲、洗衣机等。这些电器往往插着插座就处于待机工作状态（普通电饭煲处于保温状态），而使用带开关插座，就能方便地实现断电。另外，插座上的开关不仅可以用来控制整个插座的通电与否，还可以单独地用于控制灯光，当作灯的控制开关来使用。

带开关插座规格很常见，如三孔带开关、五孔带开关等带开关插座。这类带开关插座一般采用两种接线方式安装：一种是开关控制插座通电与断电；另一种是开关控制灯具等电器。以单控五孔带开关插座为例，如图3-66所示，两种接线方式如图3-67所示。

用开关来控制插座通电或断电，火线（红线）接开关的L，开关的另一个接线孔L_1出线和插座的L连接，零线（蓝线）接插座的N，插座的三横一竖表示接地线。用开关控制灯具等电器接线方式：火线、零线分别接插座接线柱L和N，绿色线接插座接线柱E（保护线），然后用一根短线短接插座L接线柱和开关接线柱L，另外一根从灯泡引下来的线接到开关接线柱L_1上。

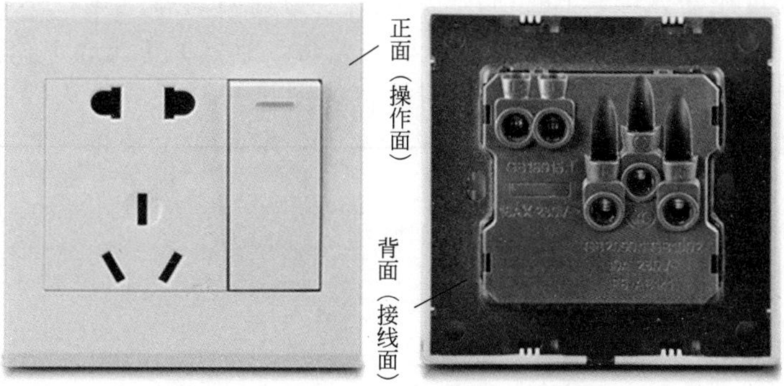

图 3-66　单控五孔带开关插座

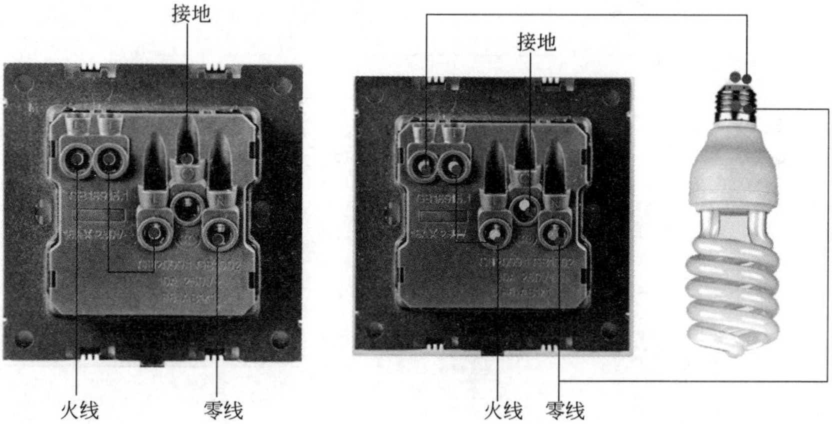

（a）开关控制插座通电与断电接线方式　　（b）开关控制灯具等电器接线方式

图 3-67　带开关插座两种接线方式实物图

（四）轻触延时开关的安装方法

轻触延时开关如图 3-68 所示，采用电子延时控制线路，当按下按键时，立即接通负载；松手后按键自动复位，并将在预设的延时工作时间结束后关闭负载的电源。

（a）实物图

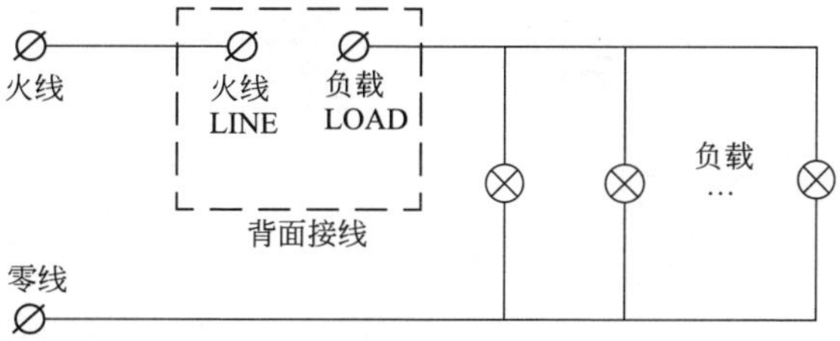

（b）控制原理图

图 3-68　轻触延时开关实物及控制原理图

延时开关可用于水泵、LED灯、节能灯、日光灯、排气扇，不需要接中性线就能实现对日光灯、电子节能灯、排气扇的控制，节省了布线成本和安装时间。

安装轻触延时开关非常简单，只需按接线图接好开关背面火线和负载的两个螺钉，再用两个安装螺钉将开关拧紧在墙盒上，最后盖上装饰边框即可。实际安装中根据控制设备的需要，可选择一拖一、一拖二（一拖多同理）和多拖多接线方式。几种接线方式如图3-69～图3-71所示。

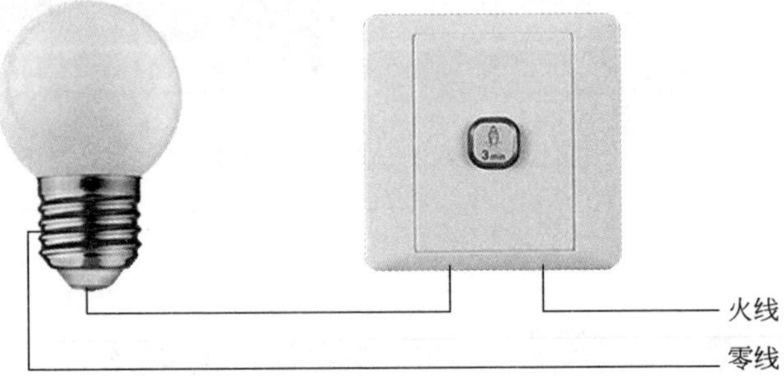

图3-69 一拖一接线方式实物图

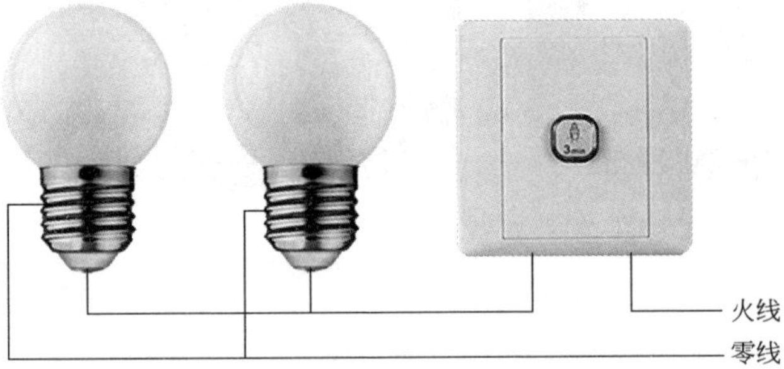

图3-70 一拖二接线方式实物图

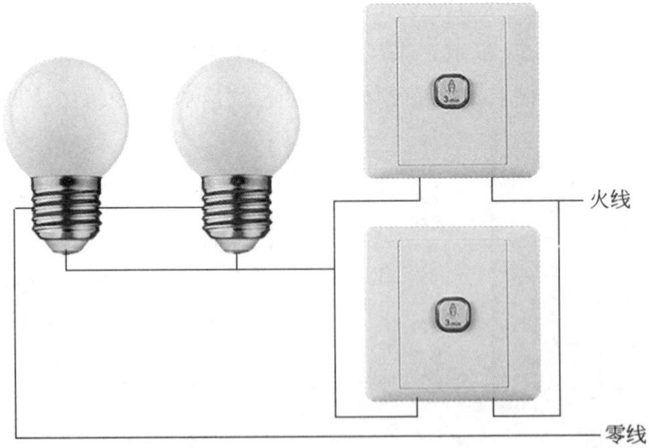

图3-71 多拖多接线方式实物图

（五）调光开关的安装方法

调光开关通过机械式电位器调节晶闸管的导通角而调节负载两端的电压，从而达到调节灯光亮度的目的，广泛适用于客厅、书房、卧室等对照明灯具的亮度进行调节。

调光开关的安装非常简单，一般外壳的背面有 A 和 L 两个接口端，如图 3-72 所示，A 接负载端，L 接电源端。需要注意的是负载功率应符合额定要求，否则会损坏调光开关。

（a）正面　（b）背面

图 3-72　调光开关

（六）电视插座的安装方法

电视插座如图 3-73 所示。安装步骤如图 3-74 所示，具体如下所述。

（a）正面　（b）背面

图 3-73　电视插座

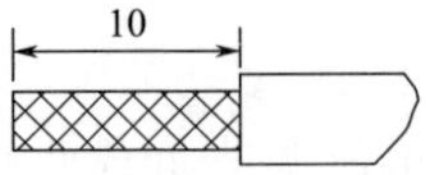

（a）步骤一

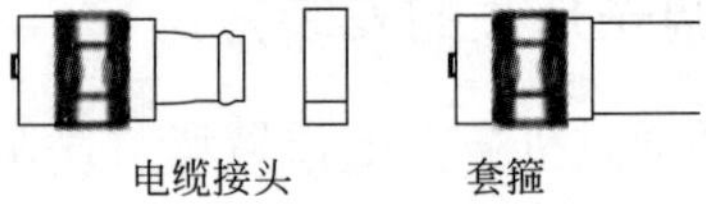

（e）步骤五

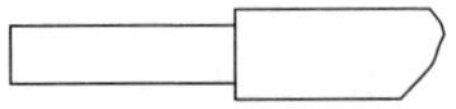

（b）步骤二

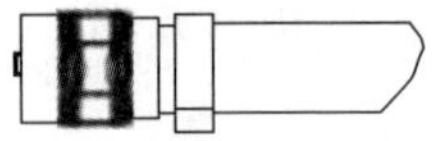

（f）步骤六

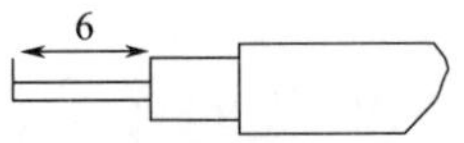

（c）步骤三

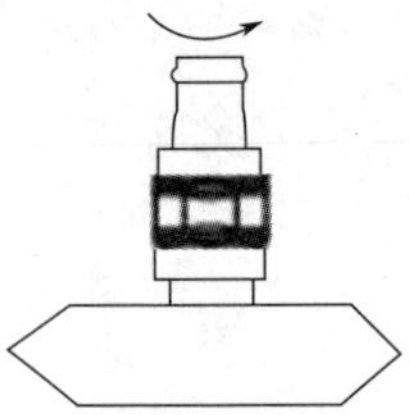

（d）步骤四

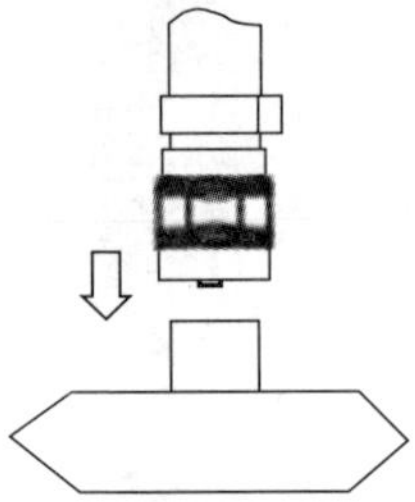

（g）步骤七

（h）步骤八

图 3-74　电视插座安装步骤

① 首先由电缆端部起剥开 10mm 长的塑料外皮。

② 将屏蔽网向后翻（包括铝箔层），露出铜芯绝缘套。

③ 剥除 6mm 长的铜芯绝缘套，露出铜芯。

④ 按逆时针方向转动，松开电视插座上的电缆接头，取下套箍。

⑤ 叉开套箍，把套箍套进电缆，再把电缆接头小端旋进电缆，直到露出的铜

芯端部与电缆接头大端平齐。

⑥ 在电缆接头尾部（已旋进电缆）用钳子把套箍压扁，夹紧电缆，将多余的屏蔽网线剪去。

⑦ 将接好电缆的电缆接头与网络电视插座背面的接口对准，小心旋进即可。

（七）电话插座的安装方法

电话插座分四位电话接线和二位电话接线两种方式，如图 3-75 所示。

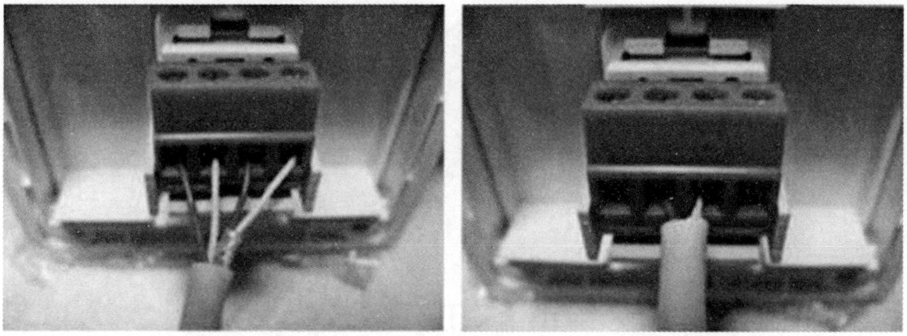

（a）四线电话接线示意　　（b）二线电话接线示意

图 3-75　两种电话插座接线方式

电话插接线安装步骤如图 3-76 所示。接线座上的接线端子 1、2、3、4 分别与电话插座正面插口的 4 根连线一一对应（从右到左），即接线端子 1 与插口左边的第一根连接线连通，接线端子 2 与插口左边的第二根连接线连通，依次类推。对于二线电话，两根电话线只需与接线端子 2 和接线端子 3 接紧即可。

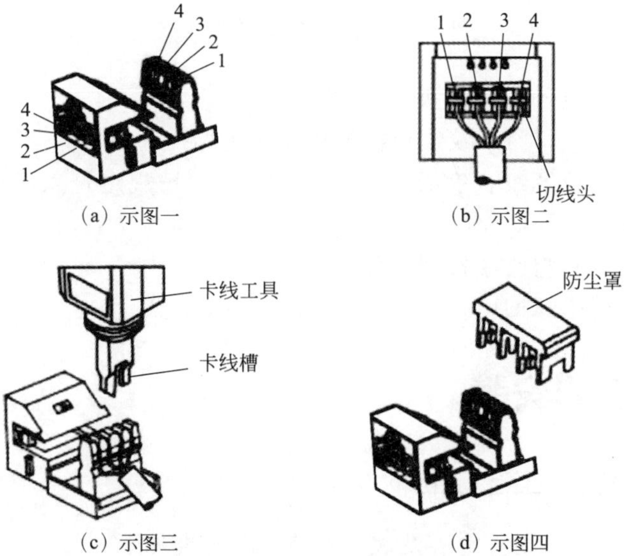

图 3-76　电话插接线安装步骤

（八）电脑插座的安装方法

电脑插座又称网线模块，一般应用在室内的墙壁上作为网线插孔。现在家庭中使用的一般都是双绞线，双绞线分为 T568A 和 T568B 两种线序，信息模块端接入标准分 T568A 标准和 T568B 标准两种，网线插座或者网线水晶头都只能在 T568A 和 T568B 中选择一种方式接线，如果一头接错就不会有反应。

下面以 T568B 线序为例，网线模块插接线的安装步骤如图 3-77 所示，具体如下。

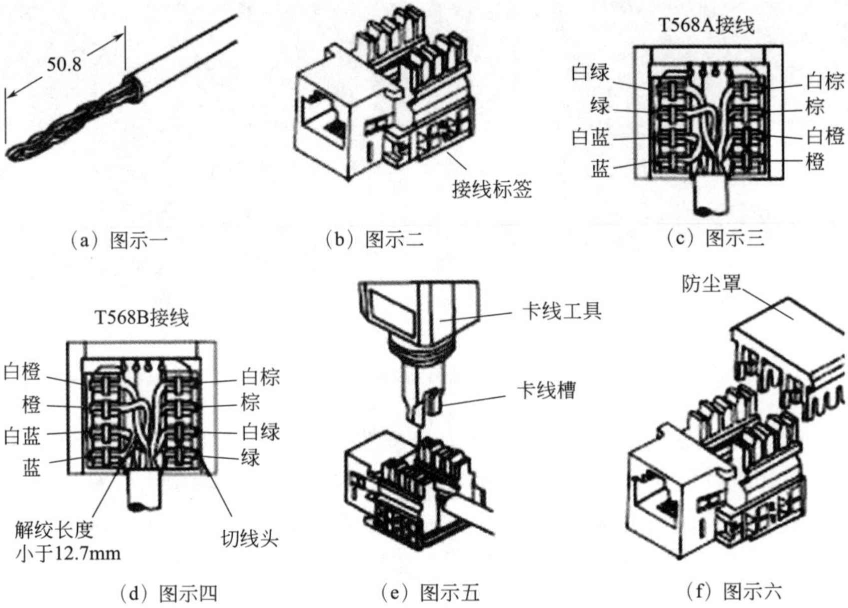

图 3-77 电脑插接线安装步骤

① 首先将双绞线外套剥开裸线 50.8mm。

② 根据接线方式，将双绞线色标与插座线色标一一对应。

③ 打入线的每根解绞长度必须小于 12.7mm，按规定打入线缆后，多余的线头切与卡脚相平。

④ 采用卡线工具将线缆打到底部。

⑤ 盖上两个防尘罩即可。

七、电表的安装

（一）电表安装工艺标准

对居民用电电表来说，电表及表箱安装工艺标准如下。

① 表箱应安装在户外，不得安装在室内、院内，高度应不高于 2.5m；高层住

宅一户一表集中安装于共用楼梯间内；不得出现有阻碍抄表人员抄表的现象。

② 表箱标有清晰的编号。

③ 表箱必须加封铅印标记。

④ 表箱内有安装牢固、动作可靠的二级漏电保护器，且二级漏电保护器和电表之间必须加装隔板。

⑤ 表箱进出线必须加装绝缘 PVC 套管保护，表箱进线不应有破口或接头，套管上端应留有滴水弯，下端应进入表箱内，以免雨水流入表箱内，如图 3-78 所示。

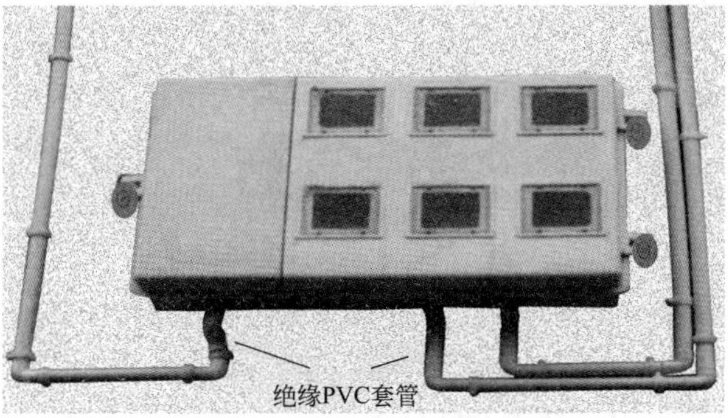

图 3-78 表箱外观工艺标准图

⑥ 电能表安装必须牢固垂直，每块表除挂表螺钉外至少还有一个固定螺钉，电表倾斜度不大于 10°。

⑦ 电表按照从左到右，从上到下的顺序安装；对于有集抄的表箱，可留有外侧一表位作为集抄终端安装位置。

⑧ 几块单相电表安装在一起，相邻电表之间的距离应保持在 50mm 以上，电表的水平中心线距地面高度应在 1.8～2m 之间。

⑨ 典型的电表接线如图 3-79 所示，具体规范如下。

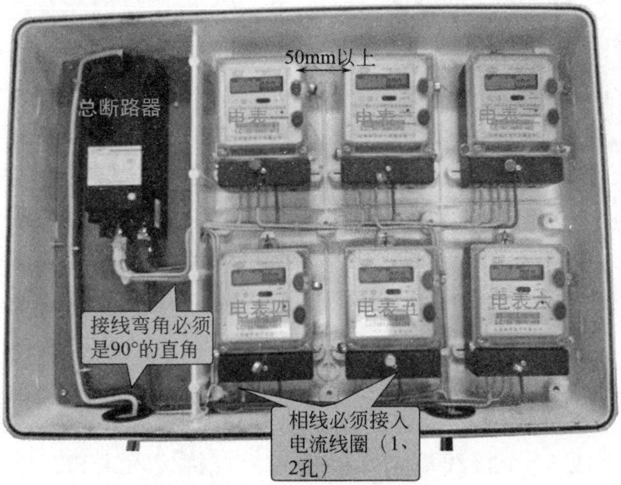

图 3-79 典型的电表接线

a. 电表走线要求合理、整齐、美观、清楚，应留有距表底边不小于15mm的折弯，表箱内接线弯角必须是90°的直角。表箱内接线走线应讲究整齐规则，不得随意乱接乱扯，不得留有接头。

b. 安装电表接线时，按线剥皮要适宜，以防螺钉压在线皮上，并且金属线也不应露出表尾，压坏的导线应重新更换。操作时应先压表尾上排螺钉，用手扯动表尾线无松动现象，再压下排螺钉。压线时用力不宜过大，以免伤线。

c. 单相电表必须将相线接入电流线圈。

d. 三相四线电表必须按正相序接线，有可靠接零线。

e. 电表的零线必须与电源零线直接连通，进出有序，不允许相互串联，不允许采用接地、接金属外壳等方法代替。

f. 三相电表接地端钮必须可靠接地或接零。必须安装尾盖，加装铅封。

g. 根据用户用电负荷情况，合理配置电表导线截面积，负荷电流在25～35A之间，建议采用$4mm^2$的铜线或$6mm^2$的铝线。

h. 二级漏电保护器进出线线径应满足表箱内所有用户的用电负荷容量，并留有余地，接线走线应讲究整齐规则，不得随意乱接乱扯。

i. 在多雷区计量装置应装设防雷保护。

（二）电表的接线方法

1. 电表接线的一般原则

电表的接线形式很多，有单相电表的接法，也有三相电表的接法；有直接接线式，也有经过电流互感器和电压互感器接线的。但是总的来说，只有电压回路和电流回路两种方式。电表接线的一般原则是：

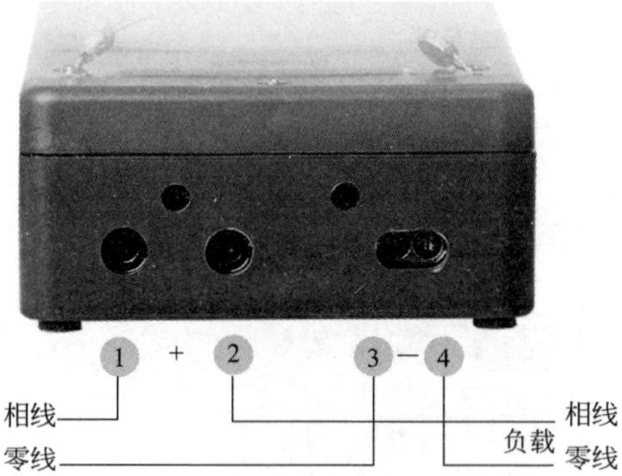

图3-80　单相电表直接式接线图

① 电流线圈与负载串联，或接在电流互感器的二次侧；

② 电压线圈与负载并联，或接在电压互感器的二次侧。

2. 单相电表的接线方法

单相电表的接线相对简单明了。在低电压小电流线路中，电表可直接接在线路上，如图3-80所示。

对于低电压大电流线路，电表电流线圈经电流互感器与负载相连，其接线方法如图3-81所示。

3. 三相电表的接线方法

三相电表有三相三线制和三相四线制有功电表之分。三相三线制有功电子式电表对外共有8个或10个接线端，其接线分为直接接入式和互感式两种方法，如图3-82、图3-83所示。

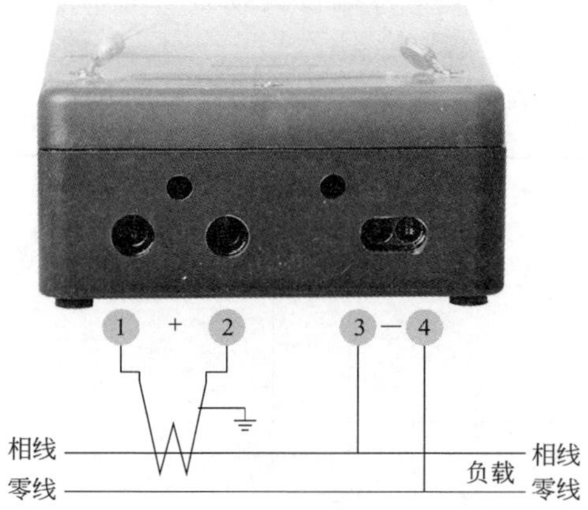

图 3-81　单相电表互感式接线图

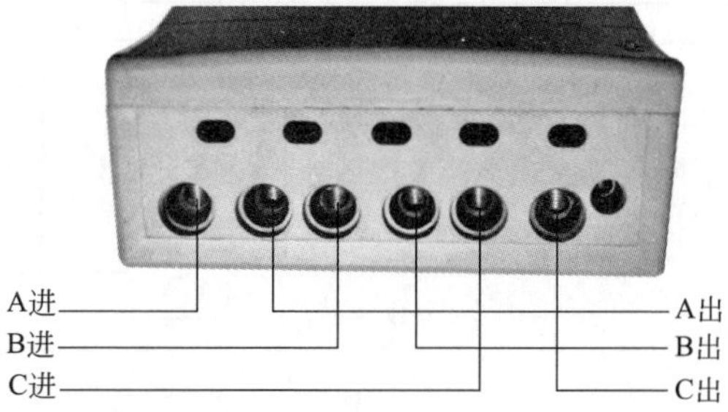

图 3-82　三相三线制电表直接接入式接线图

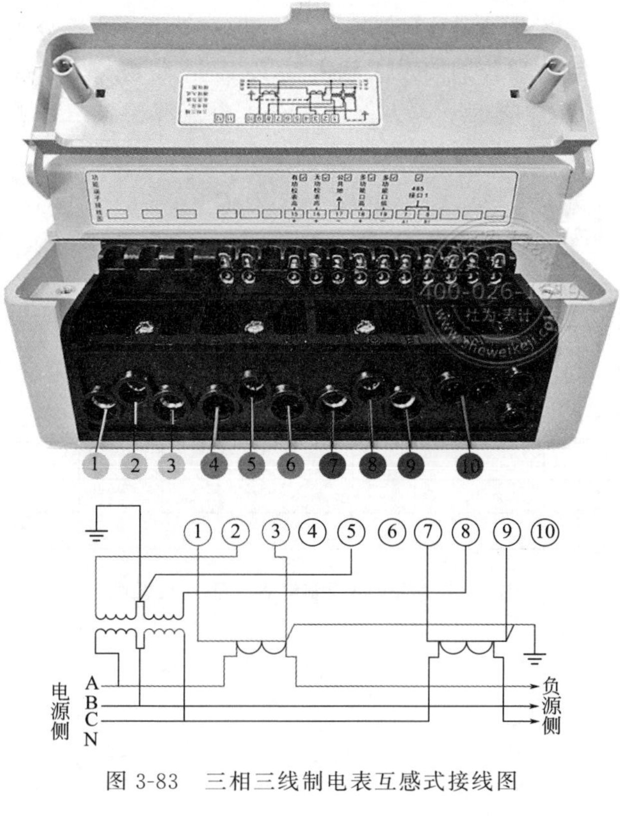

图 3-83　三相三线制电表互感式接线图

三相四线制有功电表常用在动力和照明混合的供电电路中，内部一般由三个驱动部件组成，称三元件电表，和单相及三相三线制电表在外观上最大的不同是其接线端子不同。

三相四线制电表直接接入式接线方法如图 3-84 所示，火线 A、B、C 分别接在

1、4、7端，3、6、9端接负载，零线N接10号端（11号端接负载另一端，图中未标注）。

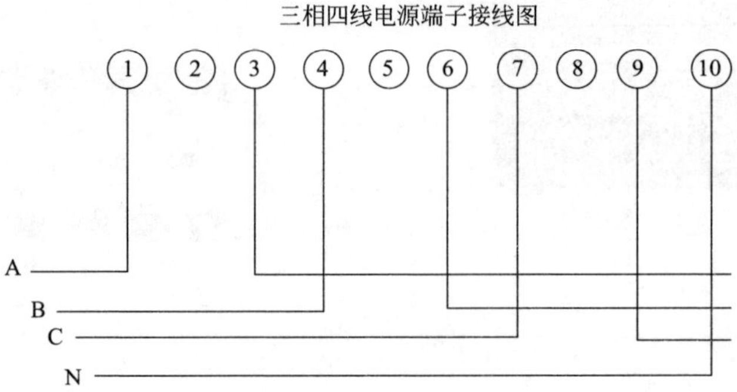

图 3-84　三相四线制电表直接式接线图

三相四线制电表互感式接线图如图3-85所示，火线A、B、C分别接电流互感器一次侧首端 L_1，一次侧末端 L_2 端接负载，电表1、4、7端分别接电流互感器二次侧首端 K_1，3、6、9端分别接二次侧末端 K_2，电表2、5、8端分别接电流互感器一次侧 L_1 端，其连片应拆下。为保证安全，电流互感器二次侧末端 K_2 应分别接地。

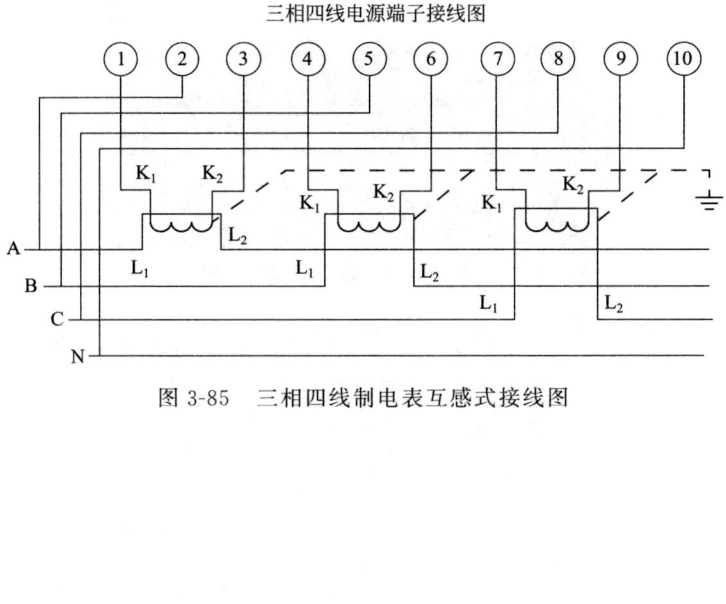

图 3-85　三相四线制电表互感式接线图

课堂三

动力线路的安装

一、变压器的安装

变压器安装应在变配电所土建工程竣工以后进行，这时变压器安装所需的基础设施及其进、出线敷设已完成。一般用户变配电所的电力变压器容量多在1000kV以下，变压器由整体搬运到现场，在出厂时各种附件（包括冷却器，高压座，高、低压套管等）均已安装齐全。这类变压器的安装工序主要有：搬运、吊装→外观检查→稳装、接线→运行前的检查和试验→试运行等。

（一）搬运、吊装

变压器由机械牵引或人力搬运及吊装进入变压器安装位置。在搬运、吊装变压器之前，必须清楚设备状况，应该知道搬运、吊装变压器需要准备的施工工具（例如撬棍、手拉葫芦、钢丝绳、常用工具等），并事先把材料工具准备好，应查看安全措施是否齐全。具体还应注意以下事项：

① 变压器搬运、吊装时必须有一名安全责任人即班组长现场指挥，确保运输工作的安全顺利进行。

② 进行搬运时，应受力均匀，移动平稳，要防止冲击或碰撞。

③ 利用机械牵引时，牵引的着力点应在变压器重心以下，以防倾斜，运输斜角不得超过15°，防止内部结构变形。

④ 吊装变压器时，钢丝绳必须挂在油箱的吊钩上，上盘的吊环仅作吊芯用，不得用此吊环吊装整台变压器，如图3-86所示。

⑤ 用千斤顶顶升大型变压器时，应将千斤顶放置在油箱专门部位。

⑥ 大型变压器在搬运或装卸前，应核对高低压侧方向，以免安装时调换方向困难。

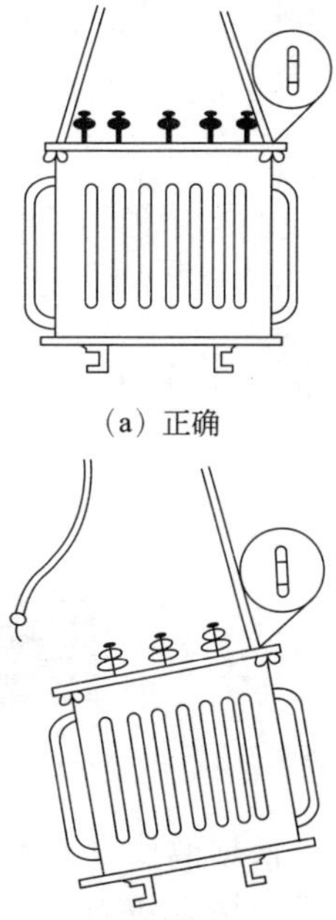

（a）正确

（b）错误

图3-86　正确与错误吊装方式

（二）外观检查

变压器在搬运过程中其外部可能会遭到损伤，因此，变压器就位后，应先进行外观检查，经检查无异常情况后方能开始进行安装。检查内容主要有以下几方面：

① 检查变压器与图样上的型号、规格是否相同。

② 变压器本身不应有机械损伤，箱盖螺栓应完整无缺，密封衬垫要求严密良好且无渗油现象。

③ 高低压套管密封良好，不应渗油，表面无缺陷。

④ 检查滚轮轮距是否与基础铁轨距相吻合等。

⑤ 检查油枕油面线是否正常，呼吸器是否在搬运中进油。

⑥ 检查瓷套管是否清洁，有无破裂、裂纹，若有应及时调换。

（三）稳装、接线

变压器就位可用汽车吊直接甩进变压器室内，或用道木搭设临时轨道，用三步搭、吊链吊至临时轨道上，然后用吊链拉入室内合适位置。变压器就位时，应注意其滚轮与基础装置相吻合，位置应调整得当，一般来说横向距离不得小于800mm，距门不得小于1000mm，并适当照顾屋内吊环的垂线位于变压器中心，以便于吊芯。位置固定后，有滚轮的变压器应加可拆卸止挡装置，其做法如图3-87所示。

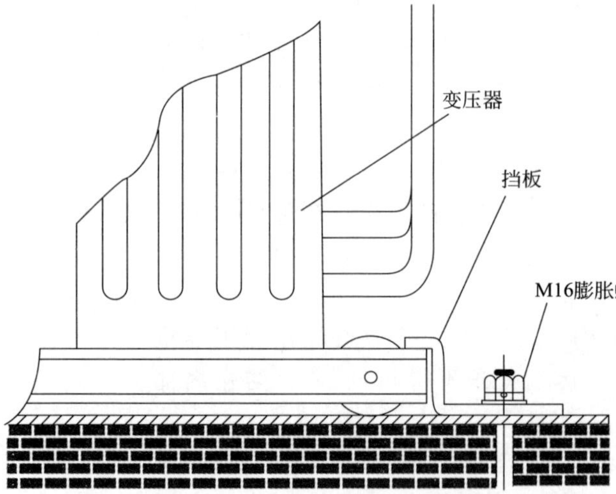

图 3-87 加装变压器地脚止挡装置的做法

根据敷设方式不同，变压器的接线可分为母排连接和导线连接两种方式。以导线连接方式为例，其高压侧采用高压电缆连接10kV电源，低压侧使用绝缘导线连接低压母线。变压器工作零线与中性点接地线，应分别敷设，且工作零线宜用绝缘导线。在连接导线与变压器套管时，应使用两把固定扳手，一把扳手用于固定套管压紧螺母，另一把扳手旋紧导线压紧螺母，两把扳手相向用力，以防止套管中的连接螺栓转动。变压器低压套管及高压套管接线的做法如图 3-88 所示。

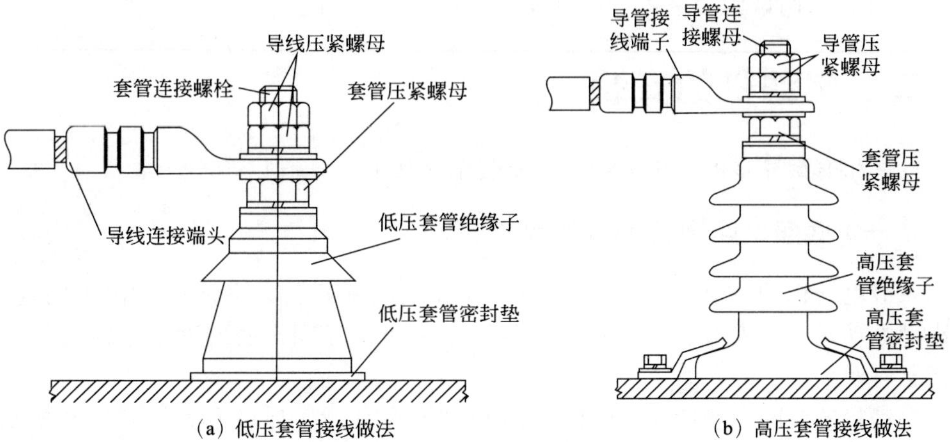

图 3-88　低压套管及高压套管接线的做法示意图

（四）运行前的检查和试验

变压器运行前的检查，是保证变压器安全运行的重要工作。因为在设备未参加运行前，检查出存在的问题并及时加以处理，可以防止事故和保证安全运行。配电变压器初次送电前的检查和试验项目如下：

① 新变压器安装竣工后在投入运行前，应进行吊芯检查。

② 变压器吊芯后送电前，还应进行交接试验并合格。

③ 安装完成后，先经质量检验部门检验合格，然后请有资质的电力试验部门进行预防性试验。

④ 试验合格后将试验报告存档。

（五）试运行

配电变压器试运行前应先进行如下检查：

① 检查接线端子是否有松动，接地线是否接好。

② 通向散热器及油枕上的油门是否全部打开，防爆膜是否合格，变压器上盖是否有其他杂物。

③ 将分接开关先置于中间位置，运行中视情况再转换。

经上述检查确定无误后，方可进行冲击合闸试验（即进行全压合闸 5 次），以考验变压器的质量水平。冲击合闸试验的操作要求如下：

① 第一次带电运行的时间应不小于 10s，以便监听变压器内部有无异常杂音。可用木杆或绝缘杆靠在变压器上仔细监听变压器声响是否均匀，如有断续的爆裂声或突发剧烈声响，应立即停电检查。

② 第一次合闸试验合格后，方可进行第二次合闸试验，直到进行完5次合闸试验后结束。

③ 冲击合闸试验合格后，即可投入运行。

二、电动机的安装

以三相笼型异步电动机为例，其安装工序如下。

（一）底座、座墩和地脚的制作

一般电动机的安装地点应选择在干燥、通风良好、无腐蚀气体侵害的地方。中小型电动机大都安装在机械设备的固定底座上。无固定底座的，一定要安装在混凝土座墩上。

电动机的底座、座墩和地脚的制作如图3-89所示。座墩有直接安装和槽轨安装两种形式。座墩的长与宽应按电动机底座尺寸决定，但四周要放出150mm的裕度，以保证埋设的地脚螺栓有足够的强度。座墩高出地面一般不应低于150mm，具体高度要按电动机的规格、传动方式和安装条件等决定。槽轨安装墩是在直接安装墩的地脚螺栓上安装槽轨，然后再把电动机安装在槽轨上。这种结构便于在更换电动机时进行安装调整。

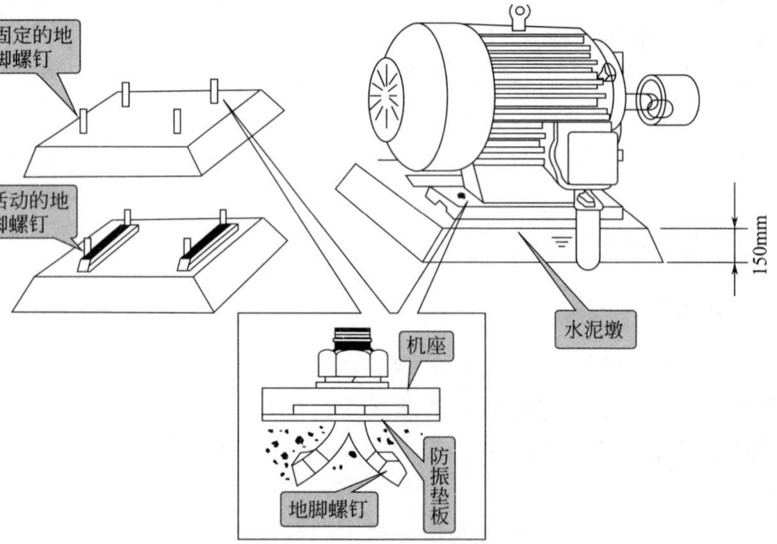

图3-89 底座、座墩和地脚的制作示意图

地脚螺钉用六角螺栓制作，为保证地脚螺栓埋设牢固，用来做地脚螺栓的六角头一端要做成人字形开口。埋入长度一般是螺栓直径的10倍左右，人字形开口长度是埋入长度的一半左右。

（二）机体的搬运、安装和校正

将电动机搬运至现场，小型电动机用人力搬运，大中型电动机用起重机械搬运。小型电动机可以用人力搬到基础上，大型电动机需用起重设备将其吊到基础上。

将电动机搬运到位后，安装时须在电动机与座墩间垫一层质地坚韧的木板或硬橡皮等防振物，四个紧固螺栓上都要套弹簧垫圈。拧紧螺母时要按对角线依次逐步拧紧，且每个螺母拧的力度要一致。

电动机的水平校正一般用水平仪放在转轴上进行，并用0.5～5mm厚的钢片垫在机座下，来调整电动机的水平。

（三）传动装置的安装与校正

电动机的传动形式很多，常用的有传动带传动、齿轮传动和联轴器传动等。传动装置若安装得不好，会增加电动机的负载，严重时会烧坏电动机的绕组和损坏电动机的轴承。

1. 传动带传动装置的安装与校正

传动带传动装置的安装与校正方法如下：

① 两个带轮的直径大小必须配套，应按要求安装，若大小装换错则会造成事故。

② 两个带轮要装在一条直线上，两轴要装得平行，否则会增加传动装置的能量损耗，而且会损坏传动带，若是平传动带，则易造成脱带事故。

③ 用带轮传动时必须使电动机带轮的轴和被传动器带轮的轴保持平行，同时还要使两带轮宽度的中心线在同一直线上。校正宽度中心线的方法如图3-90所示。如果两个带轮宽度相等，可按图3-90（a）所示方法，用一根弦线拉紧并紧靠两个带轮的端面，弦线如与A、B、C、D点都接触，则说明已将传动轮校正好，否则应进行调整。如果两个带轮的宽度不同，可先用划针在两个带轮上划出它们的中心线，然后拉直一根弦线，一端紧靠在宽带的A、B两点轮缘上（图中的虚线部分），再在C、D点用钢尺测出L_C和L_D，应使$L_C+b_1=L_D+b_2=L$。

2. 齿轮传动装置的安装和校正

齿轮传动装置的安装和校正方法如下：

① 安装的齿轮与电动机要配套，转轴纵横尺寸要配合安装齿轮的尺寸。

② 所装齿轮与被动轮应配套，如模数、直径和齿形等。

③ 齿轮传动时，电动机的轴与被传动的轴啮合应合适，可用塞尺测量两齿轮的齿间间隙是否均匀。

3. 联轴器传动装置的安装和校正

联轴器传动装置的安装和校正方法如下：

① 常用的弹性联轴器在安装时，应先把两半片联轴器分别装在电动机和机械

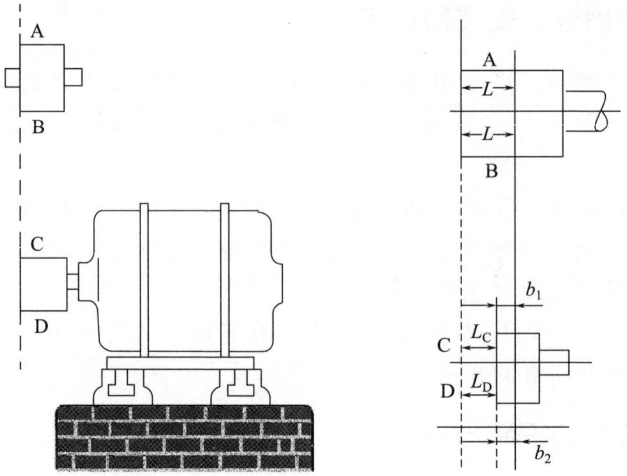

(a) 宽度相等的带轮校正方法　　(b) 宽度不相等的带轮校正方法

图 3-90　传动轮宽度中心线的校正

的轴上，然后把电动机移近连接处。

② 当两轴相对地处于一条直线上时先初步拧紧电动机的机座地脚螺栓，但不要拧得太紧。

③ 用钢直尺，按如图 3-91 所示的方法搁在两半片联轴器上，用手转动电动机转轴，旋转 180°，看两半片联轴器是否高低不一。

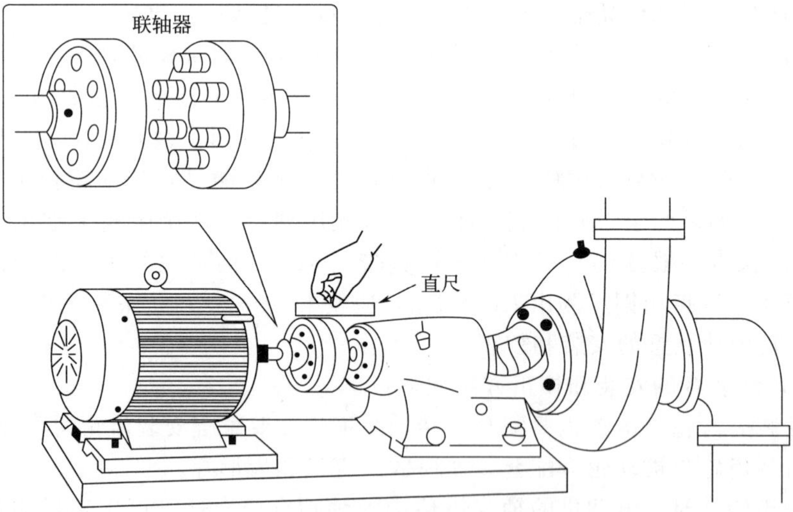

图 3-91　联轴器传动装置的安装和校正方法

④ 若高低不一应予纠正，直至高低一致，此时电动机和机械的轴已处于同轴状态，可把联轴器和电动机分别固定后再拧紧地脚螺栓。

（四）导线的敷设

电动机连接线敷设的要求如下：

① 电动机的连接线的截面积应满足载流量的要求，铜芯线最小截面积不得小于 $1mm^2$，铝芯线最小横截面积不得小于 $2.5mm^2$。

② 操作开关到电动机之间的连接导线要穿管（管口要套上木圈）加以保护。

③ 机床设备上，一般都有固定在床身上的电线管，活动部分用软管连接。这段导线一般分成两段，一段从控制箱（板）到操作开关，另一段从控制箱（板）到电动机。通常在控制箱（板）内设有接线柱供导线连接用。

④ 如果控制设备和电动机不是配套产品，这段导线的走线形式有两种：一种是从地下埋管（用厚壁管）通过；另一种是用明管线路，沿建筑面敷设到电动机。前一种应用较多。

（五）测量与试车

电动机安装完后，应对其空载电流和转速进行测量。具体如下：

① 当交流电动机空载时，测量三相空载电流是否平衡。同时，观察电动机是否有杂音、振动及其他较大的噪声，如果发现有上述情况，应立即停车进行检查。

② 用转速表测量电动机的转速并与电动机的额定转速进行比较。操作中，一定要注意安全。

三、电动机控制器的安装与连接

（一）低压断路器的安装与连接

① 低压断路器应按规定垂直安装，其上、下连接导线要使用规定截面积的导线（或母线），切不可太小了。

② 低压断路器用作电源总开关或电动机控制开关时，在断路器的电源进线侧必须加装刀开关或熔断器等，以形成一个明显的断开点。

③ 低压断路器的脱扣器整定电流及其他特征性参数和选择参数，一经调好后便不允许随意更动。使用较长时间后要检查其弹簧是否生锈卡住，防止影响正确动作。

④ 检修后要在不带电的情况下合、分数次，检验动作准确可靠后再投入运行。

（二）熔断器的安装与连接

① 安装前检查熔断器的型号、额定电流、额定电压、额定分断能力等参数是否符合规定要求。

② 瓷插式熔断器应垂直安装，熔丝应顺着螺钉旋紧方向绕过去，同时应注意

不要划伤熔丝，也不要把熔丝绷紧，以免减少熔丝截面尺寸或绷断熔丝。

③ 安装螺旋式熔断器时，必须注意将电源线接到瓷底座的下接线端（即低进高出的原则），以保证安全。

④ 安装时应保证熔体和触刀，以及触刀和触刀座之间接触紧密可靠，以免由于接触处发热，使熔体温度升高，发生误熔断。

⑤ 熔断器应安装在各相线上，三相四线制电源的中性线上不得安装熔断器，而单相两线制的零线上应安装熔断器。

⑥ 熔断器兼作隔离使用时，应安装在控制开关电源的进线端，若仅作短路保护使用时，应安装在控制开关的出线端。

⑦ 在运行中应经常注意熔断器的指示器，以便及时发现熔体熔断，防止缺相运行。

⑧ 更换熔丝，必须先断开电源，一般不应带负载更换熔断器，以免发生危险。

⑨ 更换熔体时，必须注意新熔体的规格尺寸、形状应与原熔体相同，不能随意更换。

（三）接触器的安装与连接

① 安装前应先检查线圈的额定电压、额定电流等技术数据是否符合要求；用手推动接触器可动部分时，接触器应动作灵活，无卡阻现象；灭弧罩应完整无损，牢固可靠；对新安装的接触器应擦净铁芯表面的防锈油。

② 接触器一般应安装在垂直面上，倾斜度不得超过5°。对有散热孔的接触器，散热孔应放在上下位置，以利于散热。

③ 安装与接线时，切勿把零件失落在接触器内部，以免引起卡阻，或引起短路故障。

④ 应拧紧固定螺钉，防止运行振动。

⑤ 安装完毕，检查接线正确无误后，在主触点不带电的情况下操作几次，然后测量接触器的动作值和释放值，所测数值应符合产品的规定要求。

（四）按钮的安装与连接

① 安装控制按钮时，先测量出按钮螺纹的直径，在控制面板上钻出相应的安装孔，退出按钮螺母，将按钮螺纹柱由控制面板的背面穿出，调整螺纹柱上的挡块至适当位置，再从控制面板正面将螺母旋上螺纹柱并紧固。

② 将按钮安装在面板上时，应布置整齐，排列合理。可根据电动机启动的先后次序，从上到下或从左到右排列。

③ 同一设备运动部件有几种不同的工作状态时，应使每一对相反状态的按钮安装在一组。

④ 按钮的安装应牢固，安装按钮的金属板或金属按钮盒必须可靠接地。

⑤ 一般情况下，一个按钮总有一副动合触点及一副动断触点，连线之前应用

万用表电阻挡分清相对应的触点。但也有的各有两副触点并带有指示灯，接线时应注意。

⑥ 为了应付紧急情况，当按钮板上安装的按钮较多时，应用红色蘑菇头按钮作总停按钮，且应安装在显眼且容易操作的地方。

（五）热继电器的安装与连接

① 首先核对热继电器规格是否符合控制对象的过载保护技术要求。热继电器只能作为电动机的过载保护，而不能作为短路保护，常与接触器和熔断器组合使用。

② 热继电器的热元件应串接在主电路中，其动断控制触点应串接在辅助电路中。

③ 热继电器的工作原理是电流通过发热元件发热，推动双金属片动作。热量的传递有对流、辐射和传导三种方式。其中对流具有方向性，热量自下向上传输。在安放时，如果发热元件在双金属片的下方，双金属片就热得快，动作时间短；如果发热元件在双金属片的旁边，双金属片热得较慢，热继电器的动作时间长。

④ 当热继电器与其他电器安装在一起时，应注意将其安装在其他发热电器的下方，以免动作特性受到其他电器发热的影响。

⑤ 热继电器的整定电流应按电动机的额定电流自行调整，绝对不允许弯折双金属片。

⑥ 一般热继电器应置于手动复位的位置上，若需要自动复位时，可将复位螺钉沿顺时针方向旋转。

⑦ 热继电器由于电动机过载动作后，若要再次启动电动机，必须待热元件冷却后，才能使热继电器复位。一般复位时间是：自动复位不大于5min，手动复位时间不大于2min。

⑧ 热继电器进出线端连接导线，应按电动机的额定电流正确选用，尽量选用铜导线。热继电器的连接线除导电外，还起导热作用。如果连接线太细，则连接线产生的热量会传到双金属片，加上发热元件沿导线向外散热少，从而缩短了热继电器的脱扣动作时间；反之，如果采用的连接线过粗，则会延长热继电器的脱扣动作时间。所以连接导线截面不可太细或太粗，应尽量采用说明书规定的或相近的截面积。

⑨ 热继电器线路的连接具体应按产品说明书要求进行安装。以VJ9100热继电器为例，其接线方法如图3-92所示。接线时必须与互感器配套使用，将电动机的三根相线分别穿过互感器A、B、C三个孔。端子1～4分别接互感器上黄、绿、红、黑四根引线。端子7～10为两组内部继电器输出，正常工作时7、8断开，9、10闭合（如果启用了时间继电器功能，则延时吸合），当发生故障时，9、10断开，7、8闭合，切断电动机电源。

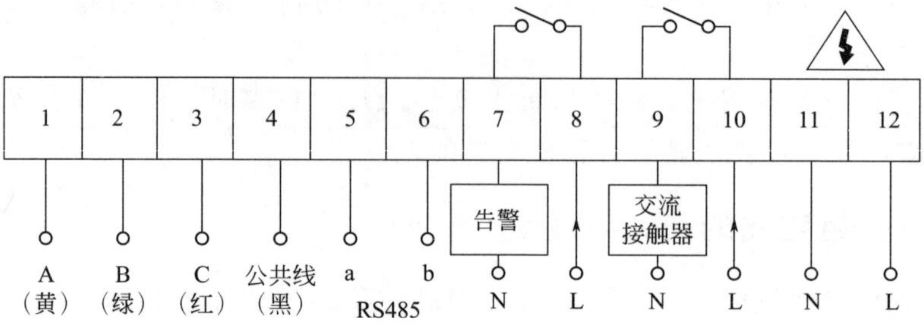

图 3-92 VJ9100 热继电器线路的连接

（六）行程开关的安装与连接

① 行程开关安装时，安装位置应准确，安装要牢固；滚轮的方向不能装反，挡铁与其碰撞的位置应符合控制线路的要求，并确保能可靠地与挡铁碰撞。

② 在安装时或在检查行程开关时，要把它固定牢固，并用手拨动或压动行程开关动作头，仔细听声音，检查是否有“啪”的响声，如果没有，应打开行程开关，调节连接微动开关与动作轴的螺钉。

③ 行程开关在使用中要定期检查和保养，除去油垢及粉尘，清理触点。经常检查其动作是否灵活、可靠，及时排除故障，防止因行程开关无动作而导致设备和人身安全事故。

（七）时间继电器的安装与连接

① 时间继电器应按说明书规定的方向安装，接线应以产品电路图作为参考。以 HHS11 时间继电器为例，其应用电路如图 3-93 所示。

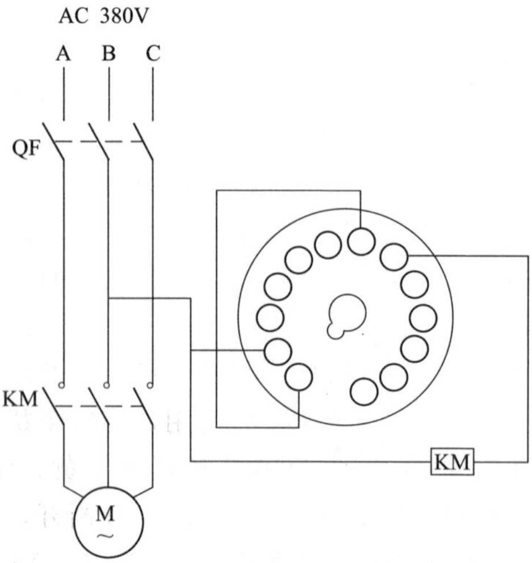

图 3-93 HHS11 时间继电器应用电路

② 无论是通电延时型还是断电延时型，都必须使继电器在断电释放时衔铁的运动方向垂直向下，其倾斜度不得超过 5°。

③ 时间继电器的整定值，应预先在不通电时整定好，并在试车时校正。

④ 时间继电器整定时间旋钮的刻度应正对操作人员，以便操作人员看清、容易调整。

⑤ 时间继电器金属底板上的接地螺钉必须与接地线可靠连接。

⑥ 通电延时型和断电延时型可在整定时间内自行调整。

（八）速度继电器的安装与连接

速度继电器主要用于三相笼式电动机的反接制动电路，也可用在异步电动机能耗制动电路中，作为电动机停转后自动切断直流电源。速度继电器的安装与连接方法及注意事项如下：

① 速度继电器主要根据电动机的额定转速来选择合适的系列和类型。

② 安装速度继电器时，应将速度继电器的转轴与电动机同轴连接。

③ 速度继电器安装接线时，正反向的触点不能接错，否则不能起到反接制动时接通和断开反向电源的作用。

四、发电机的安装

发电机的安装是十分重要的，安装技术达不到要求会影响发电机的工作性能甚至寿命。下面以 ENGGA 三相同步发电机为例介绍发电机的安装要点。

（一）位置的确定

发电机的安装地点应环境清洁，通风良好，并便于检查和管理，发电机附近应没有水蒸气、油雾或其他有害气体，发电机的进风处及出风处无阻碍物，以保持气流的畅通。注意附近的热源，不致影响发电机的冷却。如果用内燃机拖动，应注意机房的布置，使内燃机的排气和发热部分最低程度地影响发电机的进风温度。

户外使用应特别注意防止雨水、潮气及沙尘、泥沙等侵入发电机内部。在空气湿度较大且易发生冷凝的环境中可加装防冷凝加热器（或防潮加热带），当发电机不运行时接通加热器，使发电机的机身温度大于环境温度，运行时必须切断加热器电源。在风沙较大或灰尘较多的地方应安装空气过滤器。

（二）机座的安装

原动机与发电机应安装在有足够强度的公共底架上，以避免发生陷落或变形。推荐选用 8.8 级强度螺栓，拧紧安装螺栓时，必须确保发电动机底脚垫实、机座不变形。

安装时切勿使发电机的轴承受轴向推力，因为发电机的滚动轴承在设计时未考虑承受因安装而引起的轴向推力。原动机只有前支架时请注意，发电机的连接法兰不能承受过多的原动机重量，必要时应增加中间支承。

（三）吊装

发电机起吊前，应检查吊具（钢缆、吊钩等），确认起吊的方法和吊车的能力。安装时应该采用吊具（见图 3-94），用双钩吊住发电机前后吊攀，缓慢平稳起吊。钢缆接触发电机处应垫软物，以防损坏发电机表面。

吊装发电机时还必须注意以下几个方面：

① 不能用单钩起吊发电机，也不有用发电机上的吊攀起吊发电机组。

② 当起吊单轴承发电机时，必须注意使发电机机座保持水平。

③ 运输单轴承发电机时，传动板应用螺栓与联接法兰固定。

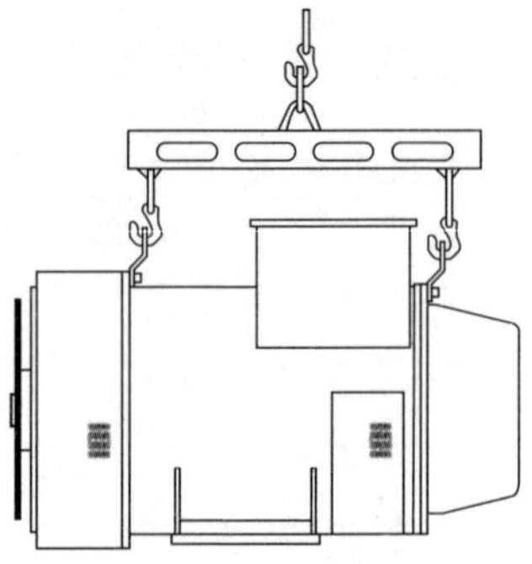

图 3-94 发电机吊装示意图

（四）转向

发电机的转动方向应符合发电机上方向标牌所指示的方向。如果旋转方向相反，则发电机输出电压的相序也将相反。

（五）接线

1. 接线方式及端子板的连接

三相发电机接线方式很多，例如有星形连接、三角形连接、星形并行连接、人字连接等。安装时应根据电压要求，按照接线图选择合适的接线方式，正确连接电机与输出线之间的接线，如图 3-95 所示，为 EG160～315 型发电机的接线方式和接线端子板。

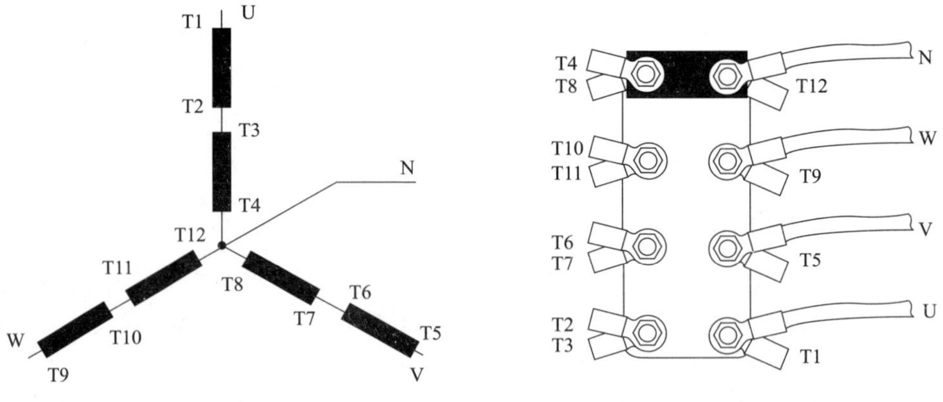

（a）星形连接方式 （b）接线端子板

图 3-95 EG160～315 型发电机的接线方式和接线端子板

安装接线端子接线时，应如图 3-96 所示拧紧接线端压紧螺母。

2. 接地、保护

发电机安装时应根据当地电力部门规定及安全规范，安装电气保护装置，确

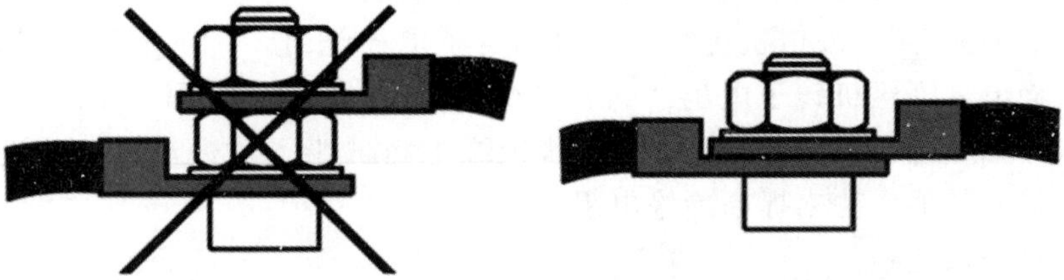

图 3-96 接线柱正确连接方式

保正确接地（出线盒内和机脚上有接地螺栓）。在发电机出厂时，其中性线未连接至发电机机座。在出线盒内靠近主接线柱处有一个接地端子。如果运行时中性线要接地，需用一个导体（其横截面积为引线电缆的一半）将中性线端子和接地端子连接起来。

原动机超速，发电机过压、过流都将导致设备的损坏，机组应有可靠的超速、过压、过流、短路等保护装置，并联的机组还应有逆功率保护。

（六）运行前的检查和调整

1. 运行前的检查

发电机经过运输、存放、安装、配套等过程后，为了确保运行的可靠性，进行运行前的机械检查与电气检查是绝对必要的。

（1）旋转整流器检查

在主整流组件上的二极管可用万用表测量。连到二极管的软导线应在接线柱处断开，测量其正向及反向电阻。完好二极管应该有一个非常大的反向电阻和很小的正向电阻，已损坏的二极管在用 $R\times10$k 挡测量时正反向均有满偏或正反向读数均无穷大。

在数字式电表上，完好的二极管在两个方向测量时会分别有一个较小读数和一个较大读数。

整流组件分装在两块板上，分正极和负极，主转子通过这两块板连至整流组件。每块板有 3 个二极管，注意同一块板上安装的二极管极性必须相同。安装二极管需保证良好的机械和电气连接，必须安装牢固，但又不可过紧（推荐转矩为 4.06～4.74N·m）。

浪涌抑制器是一金属氧化物压敏电阻，通过两块整流板连接至二极管，以防止绕组中瞬时逆向电压损坏二极管。该装置无极性，用普通电阻表测量时，正反向均显示一个无穷大读数。如损坏可以检查出来，它通常会损坏至短路，并可发生碎裂的症状，若损坏请更换。

（2）绝缘电阻检查

发电机具有良好的绝缘结构，并经过周密的绝缘处理，除非过分受潮，使用前一般无烘干的必要。发电机的受潮主要表现在绝缘电阻上，可用 500V 兆欧表进行测量（注意：此时应断开自动电压调节器和旋转整流器与电动机各绕组连线，以免击穿电子元件)。发电机各绕组（包括定子电枢绕组，转子励磁绕组，励磁机定子励磁绕组，励磁机转子电枢绕组）的绝缘电阻在热状态下（约75℃）应不低于0.4MΩ，常温下一般不低于2MΩ。若绝缘电阻低于上述数值，必须进行干燥，即用热风法或其他方法来提高绝缘电阻。

（3）检查接地线

发电机机座及接线盒上的接地螺栓应有效接地，接地线应有足够的导线截面积，并应与埋在地下的水管或深埋地下的金属板相连接，以确保接地良好。

按原理图或接线图，选择合适的电力电缆，用铜接头来接线，铜接头与汇流排、汇流排与汇流排紧固后，其接头处，局部间隙不得大于0.05mm，导线间的距离要大于10mm，还需加装必要的接地线。绕组接线与运行电压要对应。发电机主引出线电线技术要求，每mm^2 2～3A，从电动机至控制箱及控制箱至负载。

（4）检查装配

① 发电机与发电机的耦合，要求联轴器的平行度和同心度均应小于0.1mm，过大会影响轴承的正常运转，导致损坏，安装前要复测耦合情况。单轴承发电机的机械耦合要特别注意定、转子之间的气隙要均匀。

② 安装发电机时，要保证冷却空气入口处畅通无阻，并要避免排出的热空气再进入发电机。

③ 有的螺栓和螺钉都已拧紧，特别是转动部分，各保护盖板和网罩都已安装在正确的位置。

④ 仔细查看发电机内部，不得有异物存在。如线圈或转子表面积有尘土，可用干燥的压缩空气或用手风箱吹掉。用手或其他工具慢慢转动转子，应转动灵活无任何擦碰等现象。

（5）检查定子绕组的绝缘电阻

此时AVR必须断开。用500V兆欧表或其他类似仪器测绝缘电阻。首先断开所有中性线和接地之间的接地导体，然后依次测出出线端U、V、W的对地绝缘电阻，冷态时其阻值应大于2MΩ，如果低于2MΩ，则意味着绕组是潮湿的，或是肮脏的，或对地短路。由于发电机线圈在生产过程中曾经过耐压试验，重复耐压试验将导致绝缘寿命的降低，有时还有必要做耐压试验，则测试电压需降至0.8×(2×额定电压＋1000)。

采用以下方法可使绕组绝缘电阻得到恢复：

① 将发电机放在110℃烘箱中烘干24h（不带AVR)。

② 将热空气吹进发电机的进风口，并使发电机在不接励磁机磁场的情况下运转。

③ 可采用去潮器通电烘干。

④ 主定子短路法（不接AVR)。

2. 运行前的试验调整

发电机的励磁系统，出厂前已逐台与所属发电机配试调整好。主机出厂状态为星形接法，频率为50Hz时，线电压为400V。运行前，还需要对发电机的空载与负载进行调试。

（1）空载调整

启动原动机，加速到额定转速。在此过程中发电机应能自励建压，电压值应接近额定电压，如稍有偏差可通过旋动AVR中的或控制屏上的电压微调电位器来调整。在调整过程中，应注意发电机电压是否稳定，三相电压是否平衡，发电机组运转是否轻快，声音是否和谐。

（2）输出检查

机组在额定转速，发电机在空载状态下，测得发电机端电压为额定电压，或接近额定电压且三相平衡，此时励磁机的电流与铭牌上的数字相符合（或大约符合）则可认为所有励磁绕组、主绕组和旋转二极管均完好。

（3）负载调整

合上空气开关，分别保持负载功率因数为1和0.8（滞后）。逐渐增加负载至满载，再逐渐减少负载至空载。在此过程中，发电机的稳态电压调整率应不大于规定值。观察控制屏各种指示仪表是否正常。检查发电机各部分是否有过热现象。

上述空载与负载两种调试检查达到满意的结果后，发电机即可投入正常运行。

第四讲

职业化训练课后练习

课堂一

变压器故障维修实训

（一）故障现象：30kV · A 三相干式变压器绕组过热

检修要点：该故障主要是因漆包线质量不佳，绕制不当，造成一次绕组股线短路和匝间短路所致。重新绕制一次绕组后，并浸烘 2 次，最后用环氧树脂封涂，故障排除。

注意事项： 重新绕制应选用 QZ-2 型高强度漆包圆线，采用木模机绕，拉力适中。

（二）故障现象：S13-M 系列油浸式变压器轻瓦斯保护动作

检修要点：该故障主要是因变压器内部有较轻微故障使气体继电器动作或气体继电器本身有问题。实际检修中因气体继电器本身有问题较多见，应停电进行检修。该机气体继电器为选装部件，如图 4-1 所示。

图 4-1　S13-M 系列油浸式变压器气体继电器

注意事项： 检查气体继电器内有无气体，若存在气体，应取气体进行分析（若一时不能对气体进行色谱分析，则初步判断无色无味不可燃，属空气进入；有色有味可燃，属内部故障，应停电检修）。

（三）故障现象：S7-1250kV·A 变压器过热，开关跳闸

检修要点：该故障主要是因 B、C 两相一次绕组引线连接的弯成弓状的软铜连接片相碰在一起，构成相间短路。拧松螺母，调正软铜连接片，再拧紧螺母，拧时注意不让螺栓转动，使三相软铜连接片距离相等和对称，即可排除故障。

注意事项： 在吊芯检查紧固引线螺母时，注意螺栓不要跟着转动，否则会使焊在螺栓下端的软铜连接片也跟着转动，导致螺母松动后，靠得很近的两相软铜连接片由于受电动力作用，又移动相碰造成故障。

（四）故障现象：SFP10-260000/220 电力变压器绝缘瓷套管出现闪络和爆炸

检修要点：造成该故障的原因主要是套管密封不严，因进水或潮气浸入使绝缘受潮而损坏；套管表面积垢严重，以及套管上有大的碎片和裂纹。实际检修中多因套管密封不严，因进水或潮气浸入使绝缘受潮而损坏较多见，换新绝缘瓷套管即可排除故障。

注意事项： 该变压器套管为瓷制，高压侧套管规格型号为 GRDL1W-252/1250-4；低压侧套管为 BR1-4.5/16000；中性点套管为 BRDLW-126/630-3。

（五）故障现象：SFP10-260000/220 三相电力变压器发出“噼啪”的清脆击铁声

检修要点：该故障多是高压瓷套管引线通过空气对变压器外壳的放电声，是变压器油箱上部缺油所致。用清洁干燥的漏斗从注油器孔插入油枕里，加入经试验合格的同号变压器油（不能混油使用），补油量加至油面线（温度＋20℃）为宜，然后关闭注油器。否则，油受热膨胀会产生溢油现象。如条件允许，应采用真空注油法（油箱里没有油，变压器器身在箱内，在真空的状态下，缓缓地从油箱底部注入已经合格的变压器油）以排除油中的气泡。

注意事项： 对未用干燥剂的变压器，应检查注油器内的排气孔是否畅通无阻，以确保安全运行。

（六）故障现象：SJL1-2500 型变压器运行中油温很高，外壳烫手，有异声

检修要点：该故障应立即拉闸，吊芯检查。实际多因 C 相二次绕组内径和外径侧首、尾导线换位处与相邻线匝交接处发生异匝线间绝缘损坏而短路较多见。将短路处两匝损坏的绝缘剥去，用 0.05mm×25mm 无碱玻璃丝带 1/2 叠包 2 层，外层再用 0.05mm×25mm 亚胺黏带 1/2 叠包 1 层粘牢，起到加强绝缘的作用，故障排除。

注意事项： 正常情况下，用绝缘电阻表检测一、二次绕组直流电阻值均应平衡。

（七）故障现象：电力变压器防爆装置不正常

检修要点：该故障应重点检查呼吸器能否正常呼吸。经检查，是内部压力升高，引起呼吸器不能正常呼吸，疏通呼吸孔道后，故障排除。

注意事项：变压器内部故障（根据继电保护动作情况加以判断）也会出现类似故障，需要停止运行进行检测和检修。

（八）故障现象：电力变压器渗漏油

检修要点：该故障主要原因是密封垫圈未垫妥或老化、焊接不良、瓷套管破损、油缓冲器磨损、因内部故障引起喷油。实际检修中因瓷套管破损较多见，更换套管，处理好密封件，紧固法兰部分，即可排除故障。

注意事项：变压器运行中渗漏油现象比较普遍，油位在规定的范围内，仍可继续运行或安排计划检修。但是变压器油渗漏严重，或连续从破损处不断外溢，以致油位计已见不到油位，此时应立即将变压器停止运行，补漏和加油。

（九）故障现象：电力变压器套管绝缘子有裂痕或破损

检修要点：该故障是因外力损伤或过电压造成的。实际检修中因过电压较多见，根据裂痕的严重程度处理或更换即可排除故障。

注意事项：处理该故障还应排查避雷器是否良好，如避雷器损坏，则应更换新件，以免重复同样事故。

（十）故障现象：电力变压器有异常气体

检修要点：该故障主要原因是绝缘材料老化、铁芯不正常、导电部分局部过热、密封件老化、管道及管道接头松动等。实际检修中因密封件老化较多见，更换密封件后不再有异常气味，故障排除。

注意事项：上面所述仅能作为对变压器故障的现场直观的初步判断，因为变压器的故障不仅仅是某一方面的直观反映，它涉及诸多因素，有时甚至会出现假象。因此，只有进行详细测量和分析，才能准确可靠地找出故障原因，判明事故性质，提出合理的处理办法，使故障尽快得到消除。

（十一）故障现象：配电盘 BK-200V · A 控制变压器屡损，不能使用

检修要点：该故障是因输入电压高于 380V，而损坏后的控制变压器重新绕制时是按 380V 电压计算绕的线包，从而导致屡烧控制变压器。重新按输入的实际电压绕制控制变压器线圈即可排除故障。相关维修资料如图 4-2 所示。

注意事项：如控制变压器设备离变电站近，当控制变压器线圈损坏后，应先检测输入的实际电压值，按实际电压绕制控制变压器。

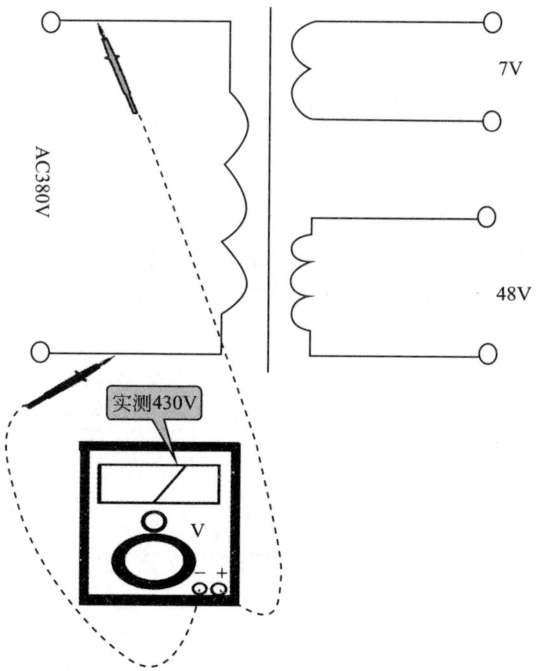

图 4-2 重新绕制的控制变压器数据

（十二）故障现象：全汉蓝色风暴 FSP400-60THA-P 微机电源不启动

检修要点：该故障应检查辅助电源变压器是否正常。实际检修中因辅助电源变压器接线腐蚀断开造成不能启动较多见。卸下辅助电源变压器，找一根细铜丝重新焊接好即可。相关维修资料如图 4-3 所示。

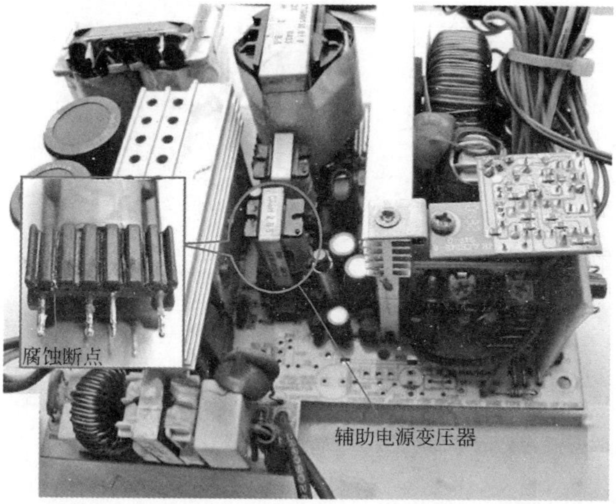

图 4-3 全汉蓝色风暴 FSP400-60THA-P 微机电源辅助电源变压器

注意事项：焊接漆包线及变压器引脚时，应选用合格的助焊剂，避免类似故障的发生。

（十三）故障现象：台电 SCB9-1600/6.3kV 干式变压器瓦斯保护动作跳闸

检修要点：造成该故障可能是变压器内部发生严重故障，引起油分解出大量气体，也可能二次回路故障等。出现瓦斯保护动作跳闸，应先投入备用变压器，然后进行外部检查。检查油枕防爆门，各焊接缝是否裂开，变压器外壳是否变形；最后检查气体的可燃性。

注意事项：变压器自动跳闸时，应查明保护动作情况，进行外部检查。经检查不是内部故障而是外部故障（穿越性故障）或人员误动作等引起的，则可不经内部检查即可投入送电。如差动保护动作，应对该保护范围内的设备进行全部检查。

（十四）故障现象：台电 SFP-720000/220 主变压器送电时听到“噼啪噼啦”的清脆击铁声

检修要点：根据发出的声音判断是导电引线通过空气对变压器外壳的放电声，如果听到通过液体沉闷的“噼啪”声，则是导体通过变压器油面对外壳的放电声。如属绝缘距离不够，则应停电吊芯检查，加强绝缘或增设绝缘隔板。

注意事项：变压器发生的异常响声因素很多，故障部位也不尽相同，只有不断地积累经验，才能做出准确判断。

课堂二

电动工具故障维修实训

（一）故障现象：MOSTNMH9712 手电钻充电器上插入配套的专用可充电池，接通市电，红色 LED 指示灯不亮不能充电

检修要点：造成该故障的原因主要是电源熔丝 FUSEl（250V/1A）烧毁；整流二极管 BD102（1N4007）击穿（短路）；滤波电容 C102（33μF/400V）漏电（损坏）。实际检修中因上述元器件均损坏较多见，用同规格元器件更换后，用万用表测得市电输入端电阻为 13MΩ，故障排除。相关电路截图如图 4-4 所示。

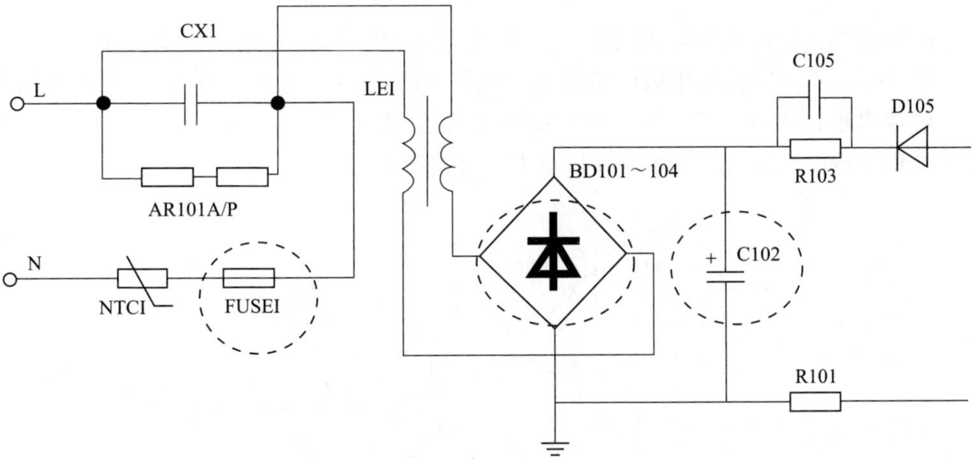

图 4-4　MOSTNMH9712 手电钻充电器电路截图

注意事项：该部分电路板接地为“热地”（带强电），维修操作前最好提前串接 1∶1 隔离电源，以确保安全。

（二）故障现象：SKIL 世纪牌 6006 手电钻一开始是开关按下后，输出无力，带不了负荷，空载可勉强起转，后来就空载也不转了

检修要点：该故障应重点检查电刷和调速开关是否正常。实际检修中因调速开关触点严重氧化较多见，打磨氧化的触点即可排除故障。相关维修资料如图 4-5 所示。

注意事项：调速开关触点氧化后会造成接触不良而严重发热，有时会导致开关塑料件熔化，从而造成开关不能正常使用。

图 4-5　SKIL 世纪牌 6006 手电钻调速开关

（三）故障现象：百德 MH9712 手电钻电池充电器，红色 LED 指示灯不能点亮

检修要点：造成该故障的原因主要是充电器损坏不能充电；电池充电已满；指示灯电路损坏。实际检修中因红色发光二极管 LED 烧毁较多见，更换即可排除故障。

注意事项： 更换 LED 新管时，必须调整限流电阻 R47 的阻值，使流过 LED 的电流值 $I \approx 10\text{mA}$。相关电路维修资料如图 4-6 所示。

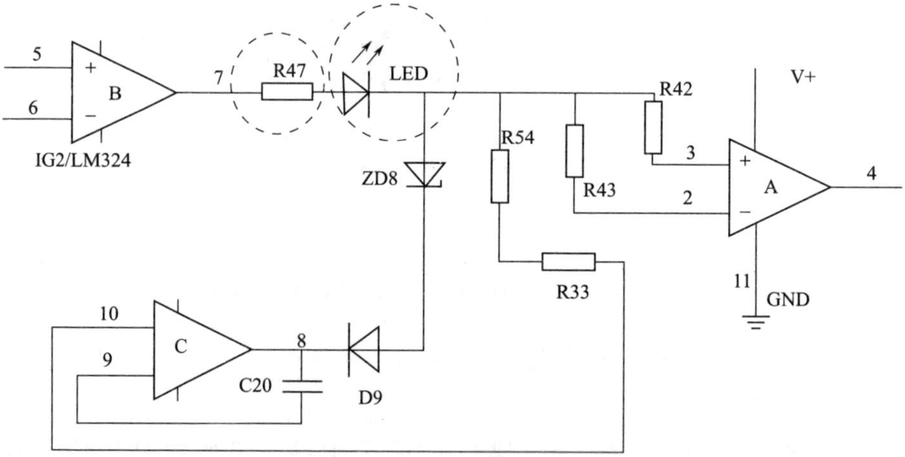

图 4-6　红色发光二极管 LED 及 R47 相关电路截图

（四）故障现象：博世 IXO33.6V 锂电池电动螺丝刀会经常出现按下开关后转个不停，只能频繁按压无数次开关，才有可能停转

检修要点：该故障应重点检查微动开关 S2 和场效应管是否正常。实际检修中

因微动开关 S2 损坏较多见，更换微动开关 S2 即可排除故障。相关维修资料如图 4-7所示。

图 4-7 微动开关 S2

注意事项：更换的微动开关应与原件规格型号一致，该微动开关规格为 3A/5VDC。

（五）故障现象：博世冲击钻通电后电动机不转

检修要点：该故障应重点检查开关是否损坏或接触不良、电刷与换向器是否接触不良。实际检修中因电刷与换向器接触不良较多见，研磨换向器表面或更换电刷即可排除故障。相关维修资料如图 4-8 所示。

注意事项：切忌使用金刚砂布打磨换向器，因为金刚砂微粒嵌入换向器表面，能划伤换向器和电刷表面，使表面形成细沟道，并影响氧化膜的生成。当换向器表面烧伤严重，沟道较深以及波浪度超过 0.5mm 时，打磨换向器将不能达到改善换向器表面状态的作用，应车削换向器表面。

图 4-8 博世冲击钻换向器

（六）故障现象：东成 Z1C-FF02-28 电锤通电后不运转

检修要点：该故障应重点检查开关是否接触不良、定子线圈是否断路。实际检修中因定子线圈断路较多见，重新绕制定子线圈即可排除故障。相关维修资料如图 4-9 所示。

注意事项：该例中，定子绕线采用直径 0.74mm 的漆包线，128 匝。

（七）故障现象：卡瓦尼手电钻接通电源后不运转

检修要点：该故障应重点检查电源线或可调开关是否正常。实际检修中因可调开关接触不良或不动作较多见，修理或更换可调开关即可排除故障。相关维修资料如图 4-10 所示。

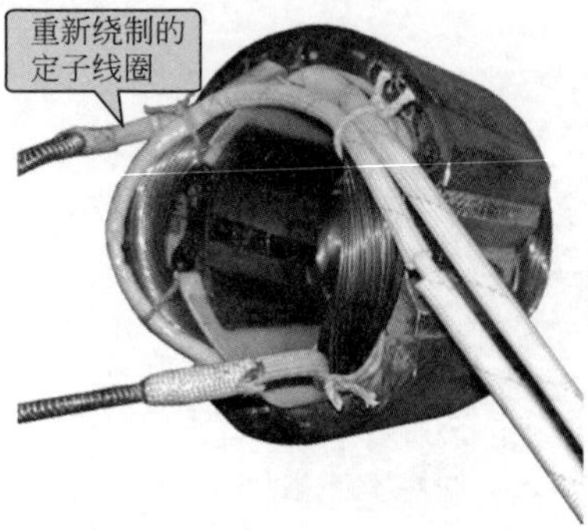

图 4-9 东成 Z1C-FF02-28 电锤定子线圈

图 4-10 卡瓦尼手电钻可调开关

注意事项：装机时，应注意不要将开关的接线接错。

（八）故障现象：凯顺 Z1C-HH-26 电锤工作时冒烟

检修要点：出现该故障应立即断电停机。重点检查是否负荷过重或电刷处冒烟、线圈是否烧坏。实际检修中因定子线圈烧坏较多见，重新绕制或更换新的定子即可排除故障。相关资料如图 4-11 所示。

注意事项：该机为 26 型定子，更换的新定子应与原定子规格一致。

（九）故障现象：牧田 9526PB 砂光机接电后不转

检修要点：该故障应重点检查电刷是否正常。实际检修中因电刷卡住弹不出来较多见，重新调整电刷的安装位置后，故障排除。相关资料如图 4-12 所示。

图 4-11 凯顺 Z1C-HH-26 电锤定子线圈

图 4-12 牧田砂光机电刷

注意事项：开关接触不良或不动作，也会出现类似故障。

（十）故障现象：日立 DH15DV 12V 电锤转速明显变慢

检修要点：该故障应重点检查电刷是否正常。实际检修中因电刷严重磨损较多见，拆机，焊下原电刷，重新焊上新电刷即可排除故障。相关维修资料如图 4-13 所示。

注意事项：更换电刷后，在装机之前，还应对转子和定子之间的铁粉、炭粉等进行清理。

（十一）故障现象：松下 EZT611 冲击起子机接电后，电动机不转

检修要点：该故障应重点检查电刷是否正常。实际检修中因电刷架刷握内严重锈蚀，从而造成电刷不能弹出较多见。清除电刷架刷握内的绿锈，使电刷能够顺滑弹出即可排除故障。相关维修资料如图 4-14 所示。

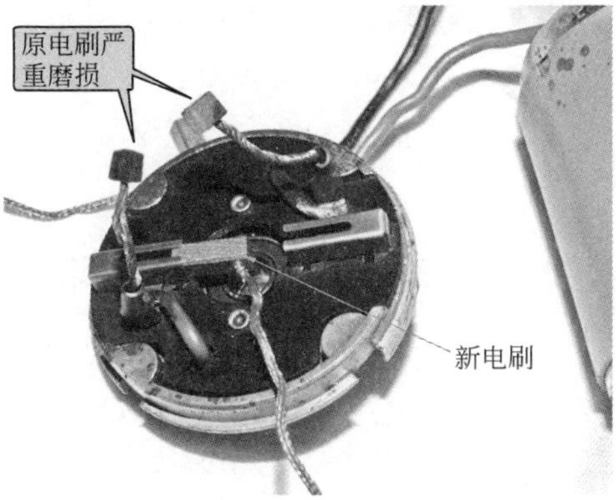

图 4-13 日立 DH15DV 12V 电锤电刷

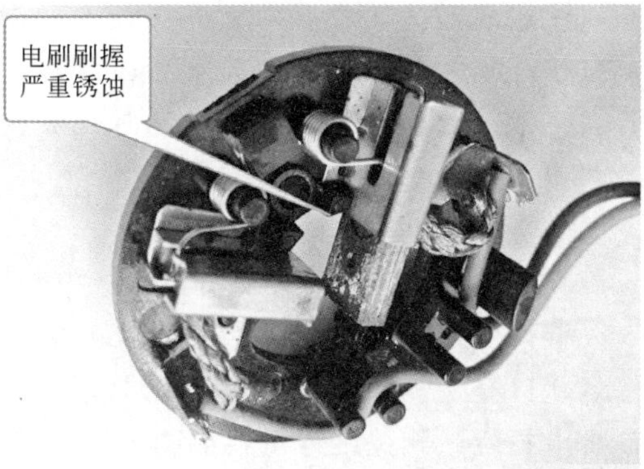

图 4-14 松下 EZT611 冲击起子机电刷及刷握

注意事项：电刷刷握内的绿锈简单地进行擦涂并不能使炭刷顺滑地弹出，可用 5000 目的细砂纸卷在棉棒上进行打磨，最后上一点润滑油即可。

课堂三

电动机故障维修实训

（一）故障现象：36 槽 12 极三相有刷电动机不能启动

检修要点：该故障应重点检查定子绕组是否正常。实际检修中因定子副绕组短路较多见，需要重新绕制定子绕组。该机定子副绕组相关资料如图 4-15 所示。

注意事项：该定子绕组由三套绕组叠加而成。三次谐波的三相绕组是单层链式布线，故可用整嵌法构成双平面绕组，嵌线规律是嵌入一圈往后退，隔空一圈再嵌一圈，直至完成，然后再把两组基波绕组嵌到相应槽的上层，但要注意其极性相同。最后把 K1、K2 的信号灯线圈嵌入即可。

（二）故障现象：60 槽 4 极（y= 12，a= 4）三相交流电动机不能启动

检修要点：该故障应重点检查电枢绕组是否正常。实际检修中因电枢绕组绝缘老化以至于开裂、分层、脱落较多见，需要重新绕制电枢绕组方可排除故障。该机电枢绕组相关维修资料如图 4-16 所示。

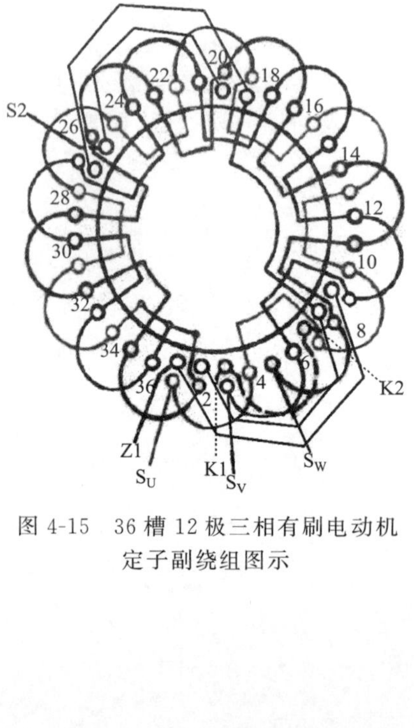

图 4-15　36 槽 12 极三相有刷电动机定子副绕组图示

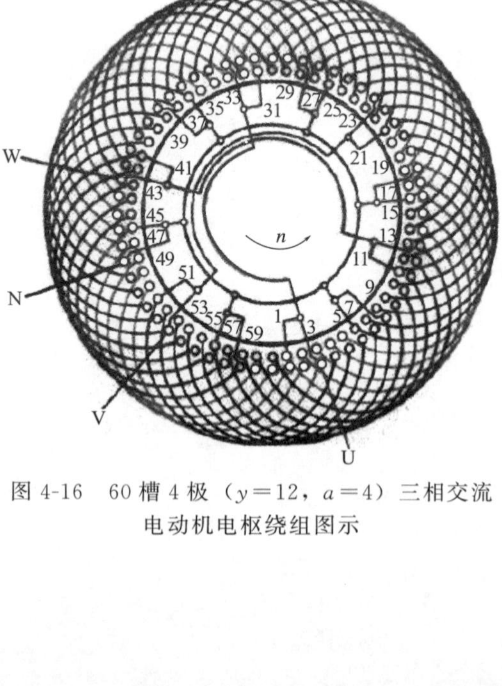

图 4-16　60 槽 4 极（y=12，a=4）三相交流电动机电枢绕组图示

（三）故障现象：BO2 单相水泵电动机不工作

检修要点：该故障应重点检查电源是否正常、水泵电动机是否损坏。实际检修中因水泵电动机绕组短路较多见，需要重绕电动机绕组方能排除故障。该机电动机为 24 槽 2 极 4/2-B 正弦绕组，相关维修资料如图 4-17 所示。

注意事项：该机电动机主、副绕组采用不同的 B 类缺圈正弦绕组布线方案，主绕组占槽率为 2∶1，高于副绕组，且全部为单层布线。

（四）故障现象：CO-8024 单相电容启动电动机不能启动

检修要点：该故障应重点检查电容是否不良、定子绕组是否正常。实际检修中因定子主绕组短路较多见，需要重新绕制定子主绕组方可排除故障。该机定子为 36 槽 4 极 4/3-A/B 正弦绕组，相关维修资料如图 4-18 所示。

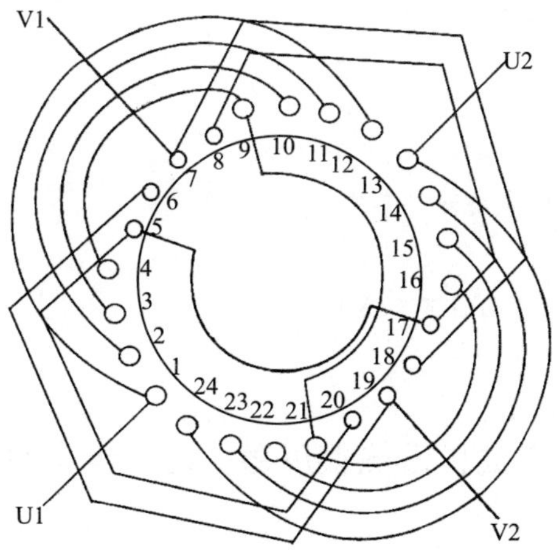

图 4-17 BO2 单相水泵电动机绕组图示

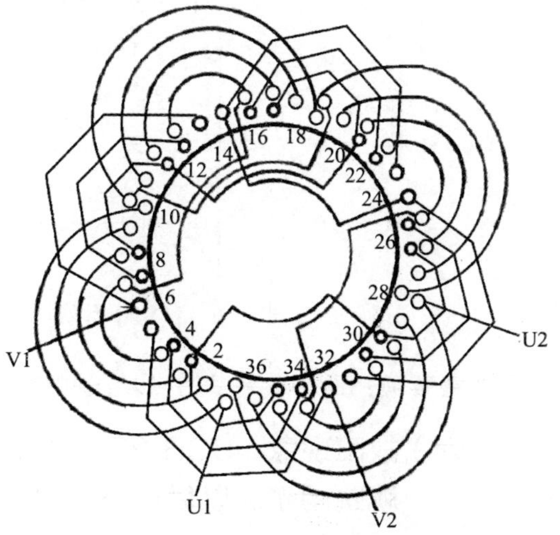

图 4-18 CO-8024 单相电容启动电动机绕组图示

注意事项：

① 该机绕组采用不同的正弦布线，采用分层嵌线，主绕组为 A 类，每极 4 圈；副绕组是 B 类，每极 3 圈。

② 该机电枢为双层叠式绕组，嵌线方式为 4 路并联，即每相绕组由 4 支路组成，每支路仅一组线圈，故其每组线圈的首、尾将交替连成一点，接线时注意分清首、尾，并确保相邻线圈组的极性必须相反。

（五）故障现象：HYJR 系列电子式软起动器已断开，而电动机仍运转

检修要点：该故障应重点检查旁路继电器 KM1 的 27-28 触点是否粘连。经检查发现旁路继电器 27-28 触点已粘连不能分开，更换相同规格的触点后排除故障。相关维修参考资料如图 4-19 所示。

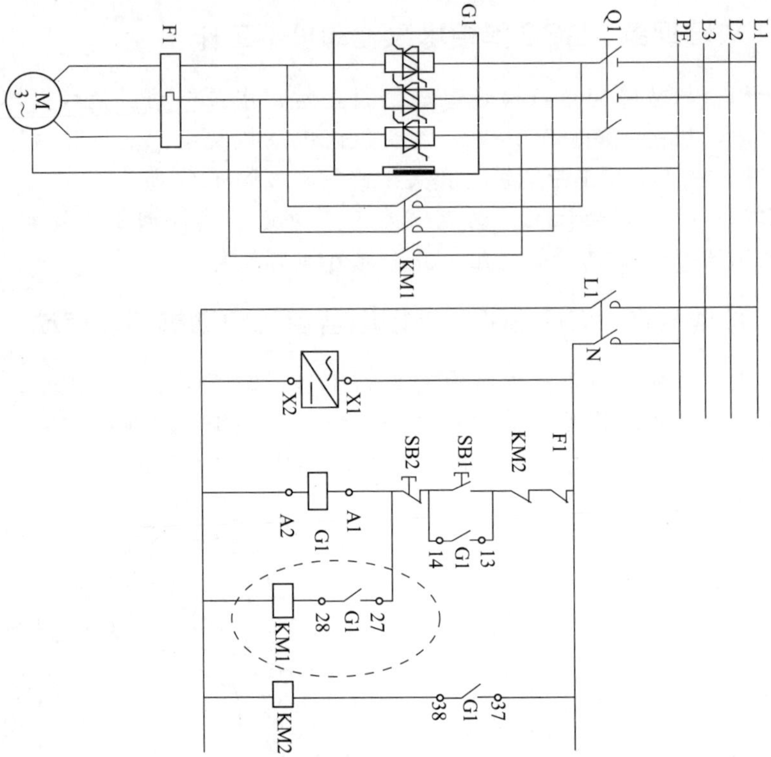

图 4-19　HYJR 系列电子式软起动器参考接线图

注意事项：晶闸管被击穿也会出现类似故障。

（六）故障现象：JCB-22 三相油泵电动机发热很厉害，运行半小时后就跳闸了，以后就不转动了

检修要点：该故障应重点检查电动机是否超负荷保护跳闸、电动机绕组是否烧毁。实际检修中因电动机绕组烧毁较多见。该机电动机为 24 槽 2 极单层叠式绕组，相关维修资料如图 4-20 所示。

注意事项：该机绕组可采用交叠法和整嵌法两种嵌线方式，以交叠嵌线比较普通。整嵌法时无需吊边，但绕组端部形成三平面重叠。

（七）故障现象：JD-6 电动机运行中过载指示灯闪烁，蜂鸣器鸣叫，长时间未保护停机

检修要点：过载灯闪烁说明过载保护电路已启动，长时间未保护停机应立即手动停机检查。重点检查电容器 C6 充放电特性及是否漏电、继电器 K 以及控制芯片（NE556）是否正常。实际检修中因继电器 K 线圈断线较多见，更换后故障排除。相关电路资料如图 4-21 所示。

注意事项：因为保护器接在线路中检查非常不便，一般应拆下在实验台上检修。

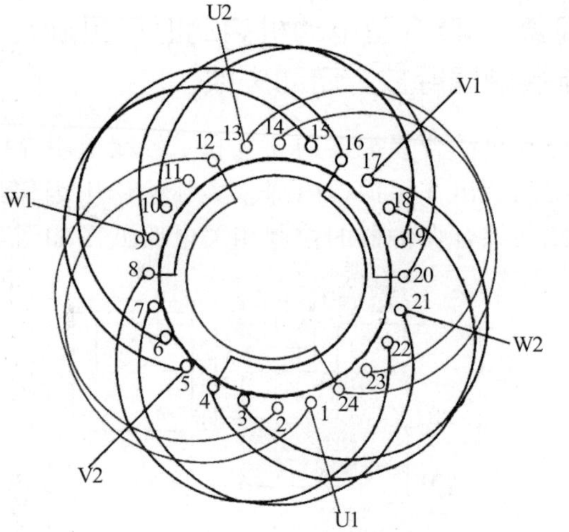

图 4-20　JCB-22 三相油泵电动机绕组图示

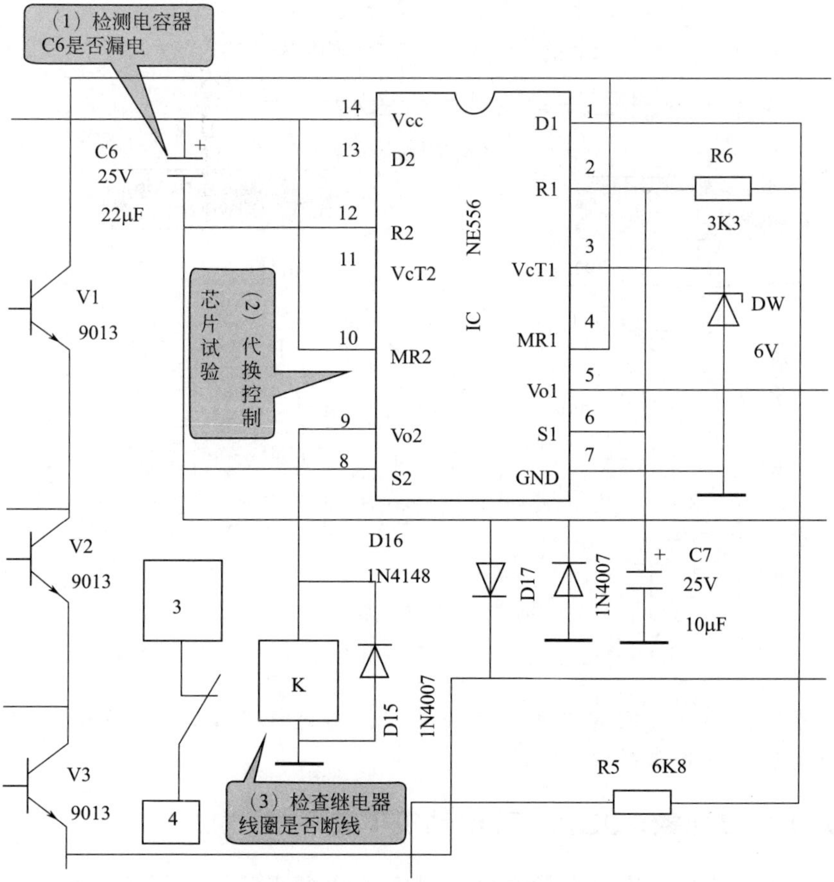

图 4-21　继电器 K 相关电路截图

（八）故障现象：JD-6 型电动机启动时可见旋转动作，缺相灯亮，2s 后交流接触器释放，启动失败

检修要点：将电动机综合保护器的 3 号和 4 号端子用导线短接再行启动，如电动机启动成功，说明问题出在保护器内部。实际检修中因保护器电阻 R2 虚焊较多见。该机的配合接线及综合保护器的控制相关电路截图如图 4-22 所示。

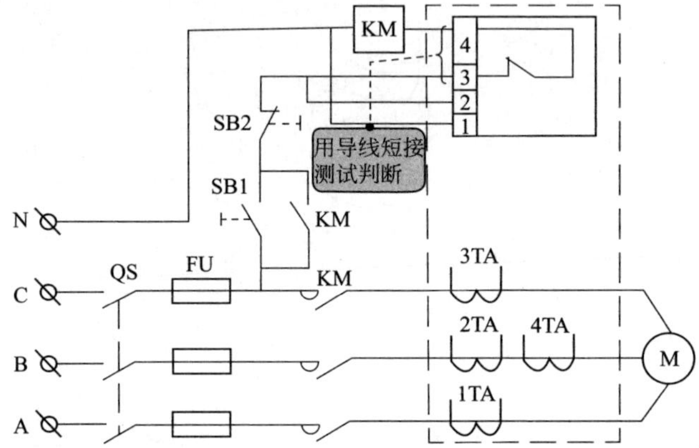

（a）配合接线

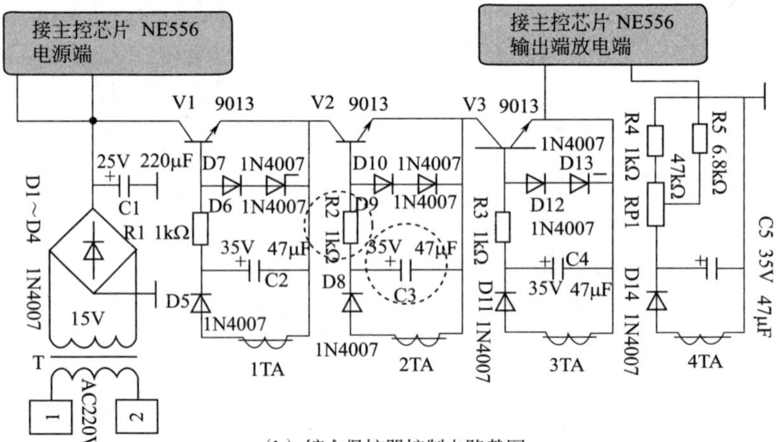

（b）综合保护器控制电路截图

图 4-22 JD-6 型电动机配合接线及电阻 R2、电容 C3 相关电路截图

注意事项：1TA～4TA 二次侧可短路，但不允许开路，开路将导致二次侧出现异常过电压，使电容器 C3 击穿。

（九）故障现象：JO2L-71 电动机不转

检修要点：该故障应重点检查电动机定子绕组或转子绕组是否正常。实际检修中因转子绕组断路较多见，需要重要绕制转子绕组。该机转子为 48 槽 4 极单层

叠式绕组，相关维修资料如图 4-23 所示。

注意事项：该机转子绕组采用二路并联接线方式，接线是采用短跳接线，逆向分路走线。U1 进线则分两路，一路进 U 相第 1 组线圈，逆时向走线，再与第 2 组反串连接；另一路从第 4 组进入，顺时向走线与第 3 组反串连接后，将两组尾端并联出线 U2。

（十）故障现象：JZ1B-4 单相阻抗启动电动机不能启动

检修要点：该故障应重点检查电动机定子绕组是否正常。实际检修中因定子主绕组短路较多见，需要重绕定子绕组方能排除故障。该机定子为 36 槽 4 极 4/3-B/A 正弦绕组，相关维修资料如图 4-24 所示。

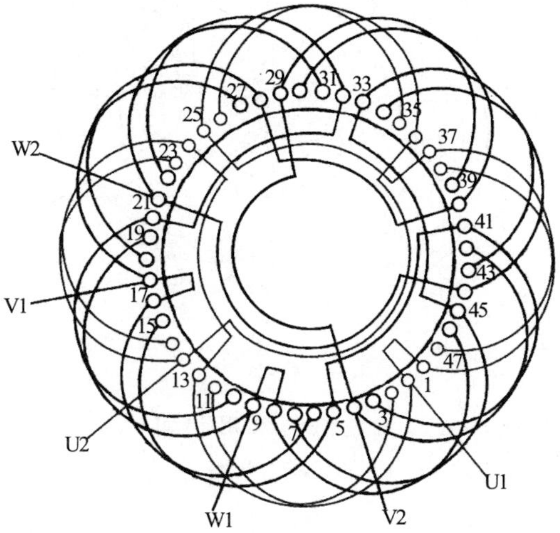

图 4-23　JO2L-71 电动机转子绕组图示

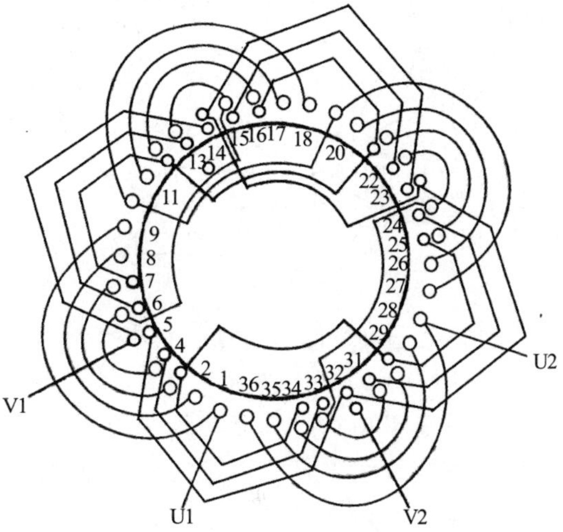

图 4-24　JZ1B-4 单相阻抗启动电动机定子绕组图示

注意事项：该机定子主、副绕组采用相反的布线，主绕组于底层整嵌，副绕组最大线圈则交叠嵌入其中。主绕组是正弦 B 类满圈安排，占槽率高，但绕组系数低，能基本消除 3、5、7 次谐波干扰。副绕组采用缺 1 圈 A 类嵌线，绕组系数稍高，但存在高次谐波分量。

（十一）故障现象：JZR2-Ⅱ型三相绕线转子电动机不启动

检修要点：该故障应重点检查熔丝是否熔断、转子或定子是否正常。实际检修中因转子绕组断路较多见，经查为单层绕组同一相断路，卸下电动机转子，经处理后故障排除。该机转子为 36 槽 6 极单层叠式绕组，相关维修资料如图 4-25 所示。

注意事项：该机转子绕组是庶极布线，嵌线可采用交叠法或整嵌法。该绕组每相由三组线圈组顺向串联而成，每组有两个 $y=6$ 的交叠线圈组成，相距 120°电角度，分布在定子铁芯上；同相组间是“尾接头”，即所有线圈组电流方向一致。

（十二）故障现象：QD3-151 单相潜水泵电动机不转

检修要点：该故障应重点检查潜水泵电动机绕组是否正常。实际检修中因电动机绕组严重短路较多见，需要重新绕制电动机绕组。该机电动机为 24 槽 2 极 4/4-B正弦绕组，相关维修资料如图 4-26 所示。

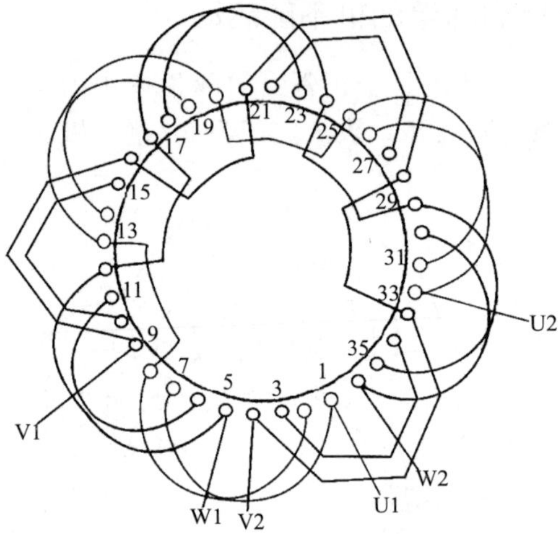

图 4-25　JZR2-Ⅱ型三相绕线转子绕组图示

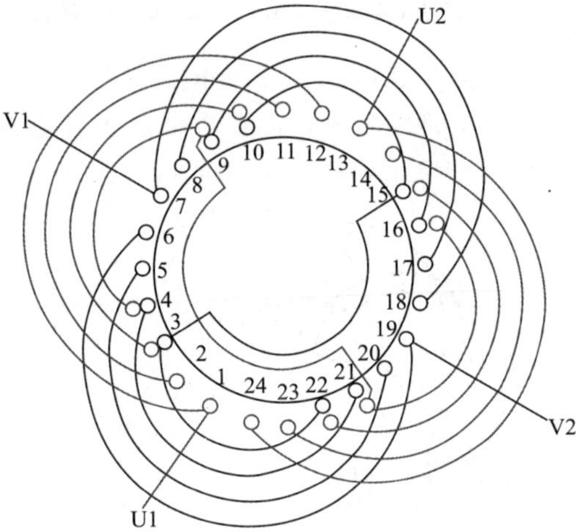

图 4-26　QD3-151 单相潜水泵电动机绕组图示

注意事项：该机电动机绕组采用分层整嵌，主、副绕组均采用相同的 B 类缺圈正弦布线方案，虽不能完全清除 3、5、7 次谐波影响，但绕组系数较高，宜用于不连续运行的电动机。

（十三）故障现象：QSD-15-10-0.7 型单相罩极潜水泵不启动

检修要点：该故障应重点检查电源是否正常、水泵电动机绕组是否正常。实际检修中因潜水泵进入异物导致局部摩擦引起绕组破损短路较多见，需要重新绕制水泵电动机绕组。该机为 20 槽 2 极 5B/2 正弦分布（$\theta=45°$）罩极式绕组，相关维修资料如图 4-27 所示。

注意事项：该机定子铁芯实为 24 槽，但设计时舍去 4 槽，为 20 槽冲片。主绕组为 5B 布线，即每极由 5 个线圈组成正弦绕组，具有较

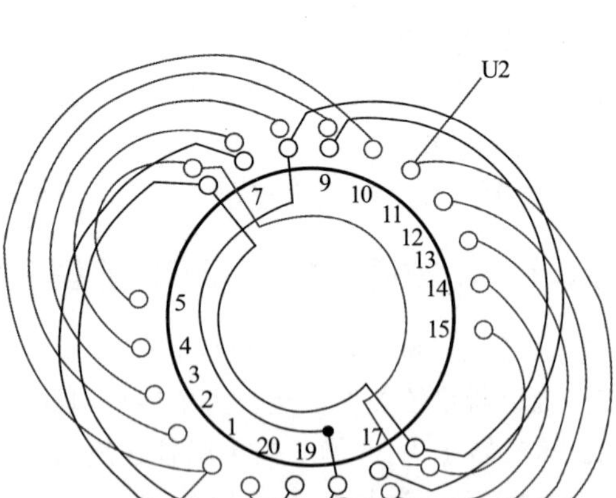

图 4-27　QSD-15-10-0.7 型单相罩极潜水泵绕组图示

强的消除高次谐波干扰的能力；罩极每组2圈同心布线，罩极偏角 $\theta=45°$，能兼顾电动机的启动和运行性能。

（十四）故障现象：YDEJ132S-4/8电动机三相电不平衡

检修要点：该故障应重点检查绕组是否烧毁。实际因绕组本身绝缘受损造成匝间短路较多见，如图4-28所示。修理绕组即可排除故障。

注意事项： 接线错误也会出现类似故障，改正接线即可。

（十五）故障现象：YZTP200电动机熔丝熔断

检修要点：该故障应重点检查绕组是否烧毁。实际因电动机使用过程中过载、过热导致绝缘层老化造成绕组两相间短路较多见，短路处熔断很多电磁线，周围有很多熔化的铜屑，如图4-29所示。修理绕组即可排除故障。

图4-28 YDEJ132S-4/8电动机绕组匝间短路

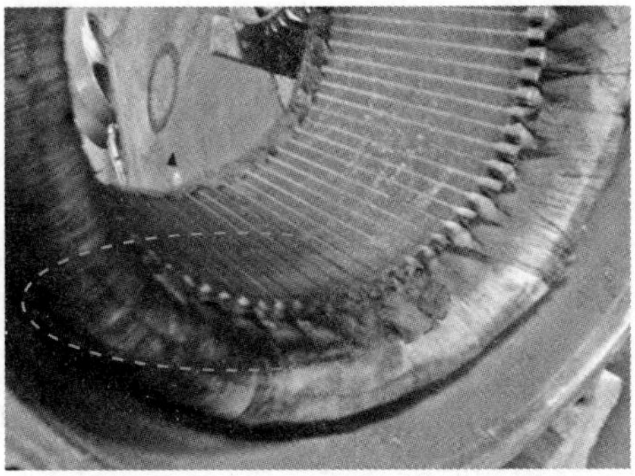

图4-29 YZTP200电动机相间短路

注意事项： 电压过低也会出现类似故障，升高电压即可。

（十六）故障现象：YZTP200电动机空载时不能启动

检修要点：该故障应重点检查定子三相中是否有一相断路。实际因熔丝烧毁较多见，重新更换熔丝后，故障排除。

注意事项： 馈电线路断电也会出现类似故障，应检查馈电线路间的电压。

（十七）故障现象：百胜门控双速电动机不能启动

检修要点：该故障主要应检查电容是否击穿、干簧管是否损坏。实际检修中因干簧管损坏较多见，更换损坏的干簧管即可排除故障。干簧管及控制开关接线方法如图4-30所示，供维修检测代换时参考。

注意事项： 该例中电容也是重要排查对象，该控制器双速电动机接线方法如图4-31所示，供维修检测时参考。

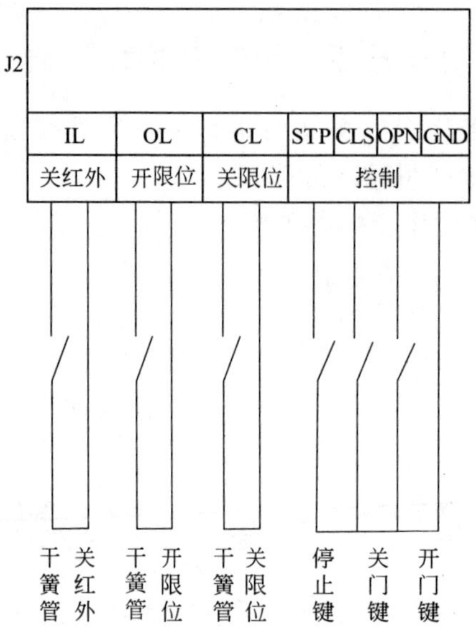

图 4-30 百胜门控制器干簧管及控制开关接线图

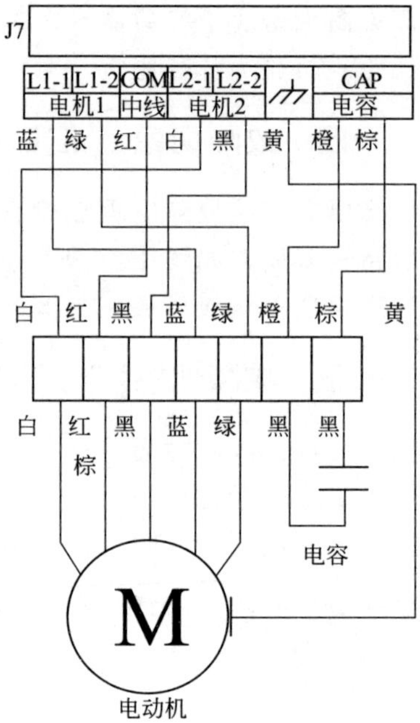

图 4-31 百胜门控双速电动机接线图

（十八）故障现象：日虹 C 系列变频器电动机减速太慢

检修要点：该故障可通过加装制动电阻解决。相关维修资料如图 4-32 所示，供维修检测时参考。

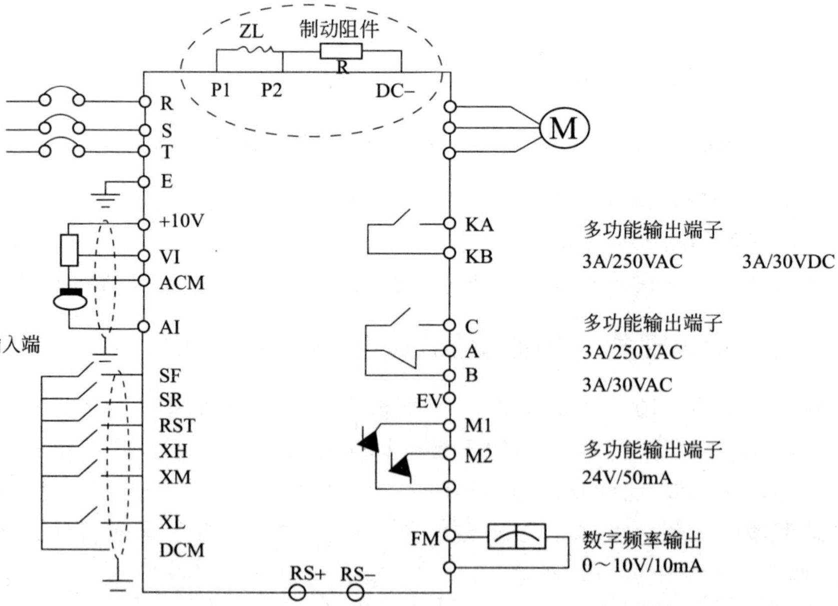

图 4-32 日虹 C 系列变频器电动机（15kW 以上）直流电抗器、制动单元连接端子

注意事项： 减速时间设定太长也会出现类似故障，解决办法是减少减速时间。

（十九）故障现象：台达 VFD-M 系列变频器电动机操作面板有显示，但不能启动运转

检修要点：该故障应重点检查 U、V、W 端子是否有输出电压。若无输出电压，则说明交流电动机驱动器故障；若有输出电压，则说明电动机连线有可能不良。实际检修中因电动机驱动器故障较多见，更换新的电动机驱动器即可排除故障。相关电路维修资料如图 4-33 所示。

注意事项： 该故障还应排查是否上限频率和设定频率低于最低输出频率。

（二十）故障现象：台达 VFD-M 系列变频器电动机显示代码“OC”

检修要点：显示代码“OC”为变频器侦测输出侧有异常突增的过电流产生，从而导致保护动作。应重点检查电动机输出功率与变频器输出功率是否相符合、变频器与电动机间的连接线是否有短路现象。实际检修中因变频器与电动机间的连接线有短路现象较多见。排除连接线处短路故障即可。台达 VFD-M 系列变频器系统配线图如图 4-34 所示，供维修检测时参照。

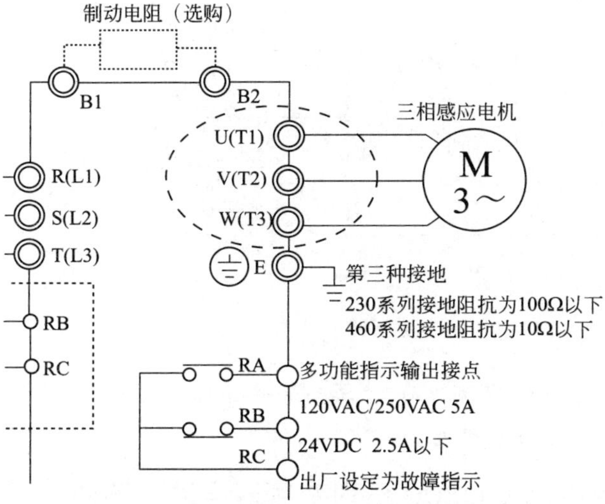

图 4-33 台达 VFD-M 系列变频器交流电动机驱动器配线截图

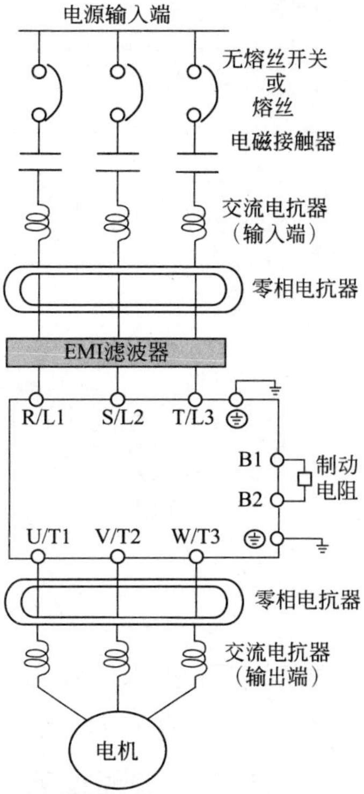

图 4-34 台达 VFD-M 系列变频器系统配线图

注意事项：该故障还应检查电动机是否有超额负载。

（二十一）故障现象：伟创 AC70E 系列变频器电动机不转

检修要点：该故障应重点检查变频器输出端子 U、V、W 上是否有电压输出且三相平衡，如 U、V、W 上无电压输出，则可能是变频器存在故障，修复或更换变频器即可排除故障。相关维修资料如图 4-35 所示，供维修检测代换时参考。

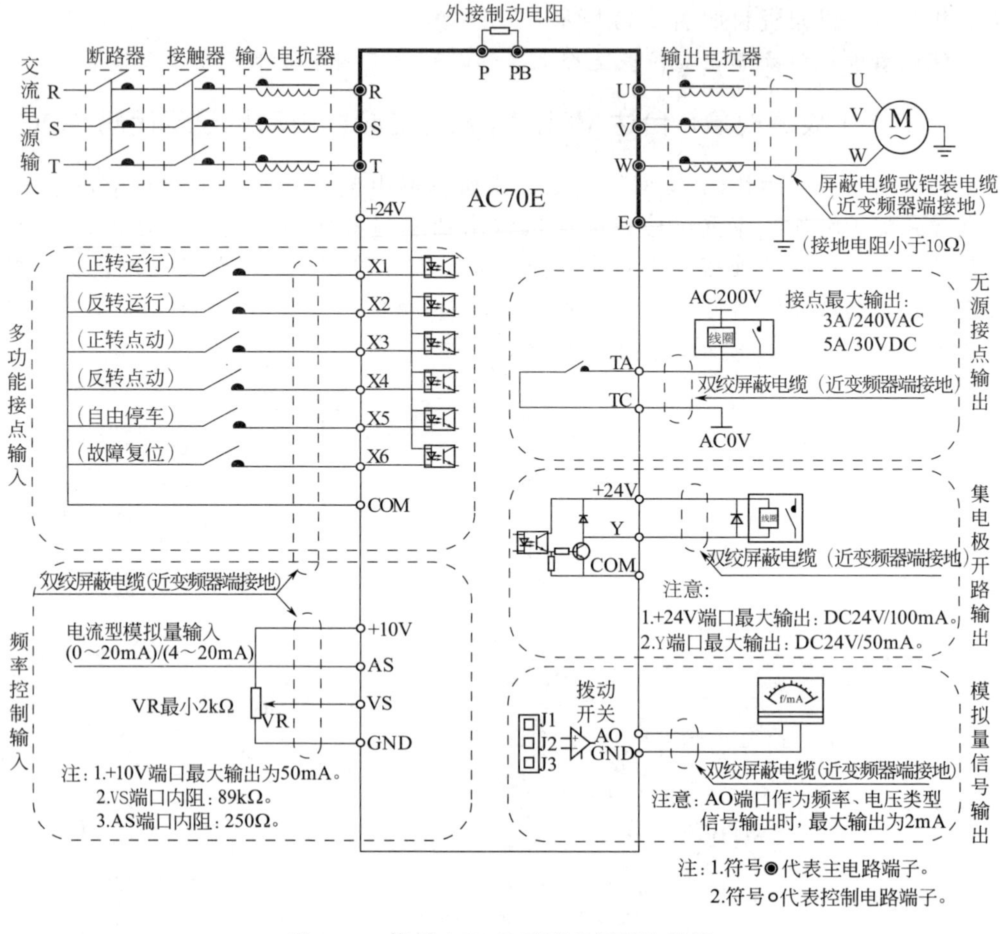

图 4-35 伟创 AC70E 系列变频器连接图

注意事项：如上限频率 F0.11 或给定频率小于启动频率 F1.02 的设定值也会出现类似故障，改正上限频率和给定频率即可。

（二十二）故障现象：英威腾 GD300 系列变频器电动机不转，且“POWER”灯不亮，键盘也无显示故障代码

检修要点：该故障应重点用万用表检查“RST”的电压，如测得电压正常，

则说明变频器损坏，检修或更换同规格变频器即可排除故障。相关电路资料如图 4-36 所示，供维修检测时参考。

注意事项：该故障还应排查输入侧空开、电磁接触器是否闭合。

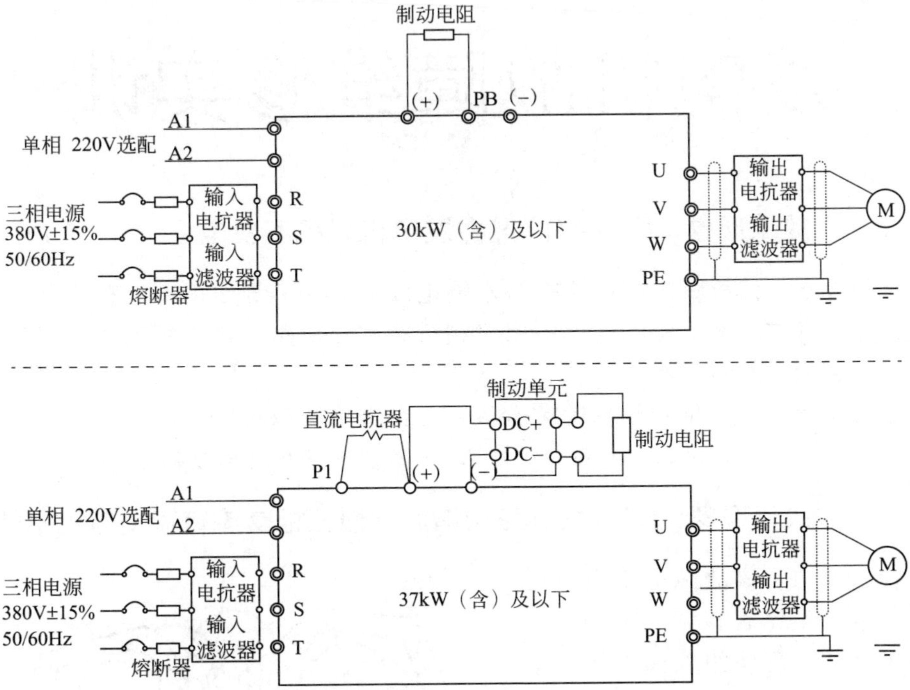

图 4-36　英威腾 GD300 系列变频器主回路接线图

课堂四

发电机故障维修实训

（一）故障现象：FD2-100 风力发电机风机不发电

检修要点：该故障应重点检查防水输电线插接头、导线内部、整流器或发电机线圈是否存在故障。实际检修中因三相桥式整流电路二极管短路较多见，更换损坏二极管后，故障排除。

注意事项：配电箱内部导线脱落粘连也会出现类似故障，此时若拔掉风机配电箱输出线插头，让风机空载运行，在 5～6 级风速下风叶转速高。

（二）故障现象：STC-160 三次谐波励磁三相交流有刷发电机不能启动

检修要点：该故障应重点检查定子绕组是否正常。实际检修中因定子副绕组线圈在槽内松动造成绕组接地较多见，需要重新绕制定子副绕组。该机定子副绕组相关维修资料如图 4-37 所示。

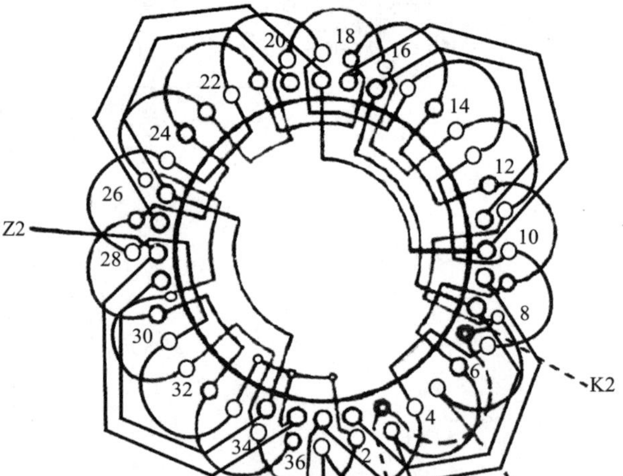

图 4-37　STC-160 三次谐波励磁三相交流有刷发电机定子副绕组图示

注意事项：该绕组由三套绕组组成。三相 12 极是三次谐波绕组，它由单层链式绕组构成并按庶极布线，每组仅 1 圈，全部线圈的极性相同，每相由 6 个节距 $y_1=3$ 的线圈顺接而成；三相引出线 S_U、S_V、S_W，基波绕组是单相 4 极，采用单层同心式布线，每组由双圈构成，4 组线圈按相邻反极性接线，引出线为 Z1、Z2；单个线圈是指示灯绕组，线圈节距 $y_1=4$，引出线是 K1、K2。

（三）故障现象：STC-200 三相有刷发电机不发电

检修要点：该故障应重点检查定子绕组是否正常。实际检修中因定子副绕组短路较多见，重新绕制定子副绕组即可排除故障。该机为 36 槽 12 极（$y=3$，$a=1$）三次谐波励磁（单链基波）定子副绕组，其示意图如图 4-38 所示。

注意事项：该机电枢绕组由 3 套单层绕组叠加而成，嵌线时采用整嵌法，先嵌三次谐波绕组，具体嵌法是嵌入一圈后，隔空一圈再嵌一圈，最后形成双平面结构。然后按图 4-38 将基波的单链绕组 4 个线圈嵌入相应槽的上层；最后把信号灯线圈嵌到相应槽中即可。

（四）故障现象：STC-225 谐波励磁三相交流有刷发电机不发电

检修要点：该故障应重点检查定子绕组是否正常。实际检修中因轴承磨损严重使定子和转子铁芯相擦产生高热而使定子绕组绝缘烧坏较多见，需要重新绕制定子绕组方可排除故障。该机定子绕组相关维修资料如图 4-39 所示。

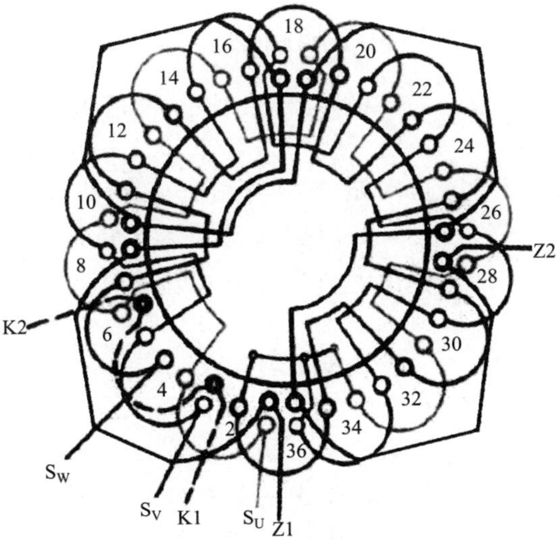

图 4-38 STC-200 三相有刷发电机定子副绕组图示

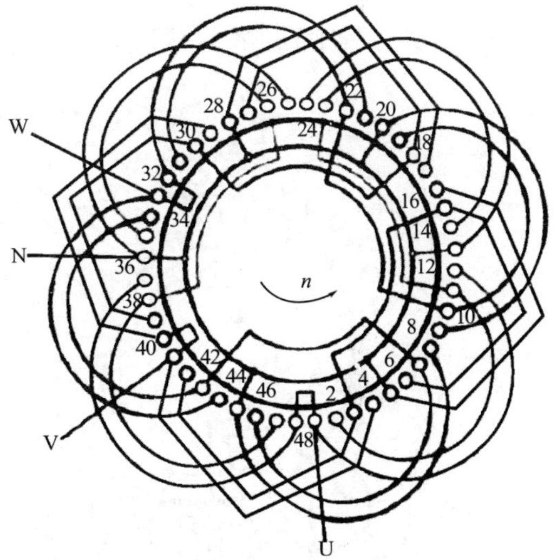

图 4-39 STC-225 谐波励磁三相交流有刷发电机定子绕组图示

注意事项：该机定子绕组是单层绕组，可采用整嵌法构成三平面绕组，但为使绕组端面紧凑美观，通常都选用交叠法，这时需吊起 4 边，嵌线的基本规律是嵌两槽，退空两槽再嵌两槽。

（五）故障现象：STC-225 谐波励磁三相交流有刷发电机不能启动

检修要点：该故障应重点检查定子绕组是否正常。实际检修中因定子副绕组严重断路较多见，拆除旧绕组重绕即可排除故障。该机定子副绕组相关维修资料如图 4-40 所示。

注意事项：该定子绕组属单层叠式庶极分割布线，它将三相线圈分成 6 个几何单元，每单元有 4 个线圈，其中两相单圈及一相双圈，并在各单元中轮换，即每组线圈数为 $1\frac{1}{3}$ 个线圈。绕组每相 6 组线圈的连接是顺向串联，但要注意接线的走向不同，即 U、V 相顺槽号走线，而 W 相则逆向走线。

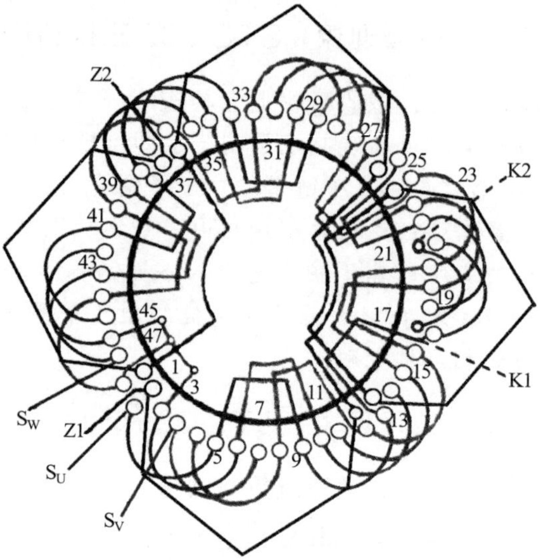

图 4-40 STC-225 谐波励磁三相交流有刷发电机副绕组图示

（六）故障现象：STD-200 三相有刷发电机不能启动

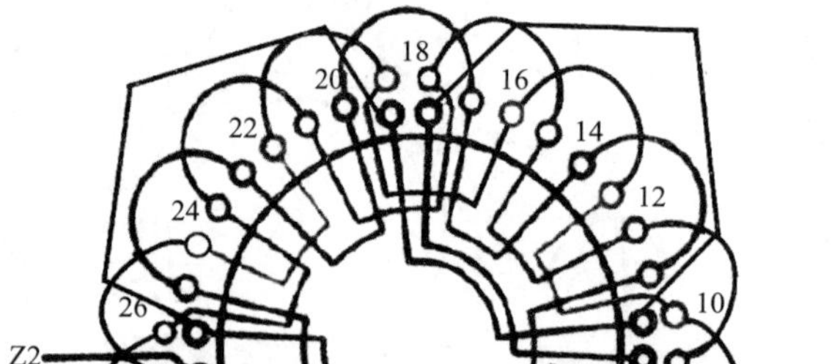

图 4-41 STD-200 三相有刷发电机定子副绕组图示

检修要点：该故障应重点检查定子绕组是否正常。实际检修中因定子副绕组严重断路较多见，必须拆除定子绕组重绕。该机定子副绕组相关资料如图 4-41 所示。

注意事项：该机定子副绕组由 3 套单层绕组叠加而成，嵌线时采用整嵌法，先嵌三次谐波绕组，具体嵌法是嵌入一圈后，隔空一圈再嵌一圈，最后形成双平面结构。然后将基波（Z1 和 Z2）的单链绕组 4 个线圈嵌入相应槽的上层；最后把信号灯线圈嵌到相应槽中。

（七）故障现象：T2-225M 三相交流发电机不能运行

检修要点：该故障应重点检查发电机定子绕组是否正常。实际检修中因绕组严重短路较多见，需要重新绕制定子绕组方可恢复运行。该机定子绕组相关维修资料如图 4-42 所示。

注意事项：该机定子绕组采用双层交叠法嵌线，4 极绕组的每相由 4 组线圈组成，分两支路从相反方向走线，每个支路的两组线圈是反极性串联，三相首端引出为发电机相线，尾端连接成星点并引出中性线 N。

（八）故障现象：T2-250M 三相交流发电机运行中冒烟

检修要点：该故障应迅速切断发电机电源。经查绕组烧坏几匝线圈，槽满率不高，可进行穿绕修理。该机绕组相关维修资料如图 4-43 所示，供维修检测时参考。

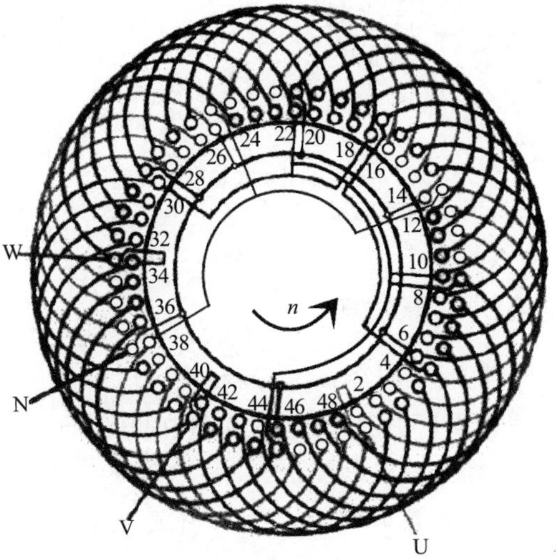

图 4-42　T2-225M 三相交流发电机定子绕组图示

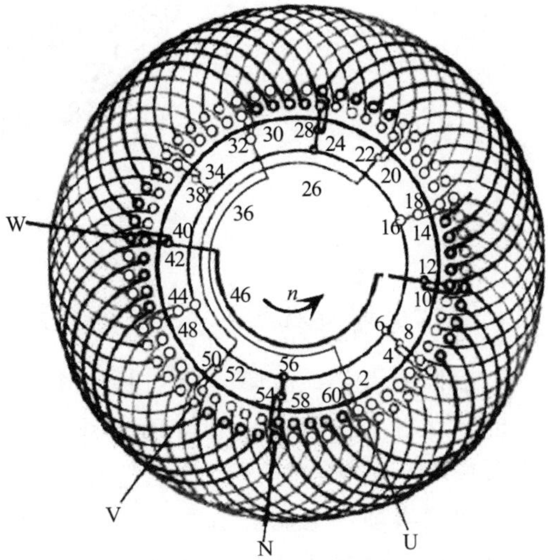

图 4-43　T2-250M 三相交流发电机绕组图示

注意事项：该机是双层叠式绕组，每组由 5 个线圈组成，采用四路并联接线，即每组线圈各自构成一个支路，而三相头端引出 W、U、V，全部相尾端连接起来成为星点并引出中性线 N。

（九）故障现象：T2-280L 三相交流发电机不能启动，即使空载能启动，转速慢慢上升，有嗡嗡声；发电机冒烟发热，并伴有烧焦味

检修要点：该故障应重点检查线路某相是否缺相、绕组是否正常。实际检修中因发电机绕组连线间虚焊导致接触不良较多见，认真检查发电机绕组连接线并焊牢即可。该机绕组相关维修资料如图 4-44 所示，供维修检测时参考。

注意事项：该机绕组出线 4 根，其中 3 根是相线，另一根为中性线 N。绕组每相有两个支路，每个支路由两组五联组按反极性串联而成，接线时则在进线后向左右方向走线，从而较合理地缩短连接过线。

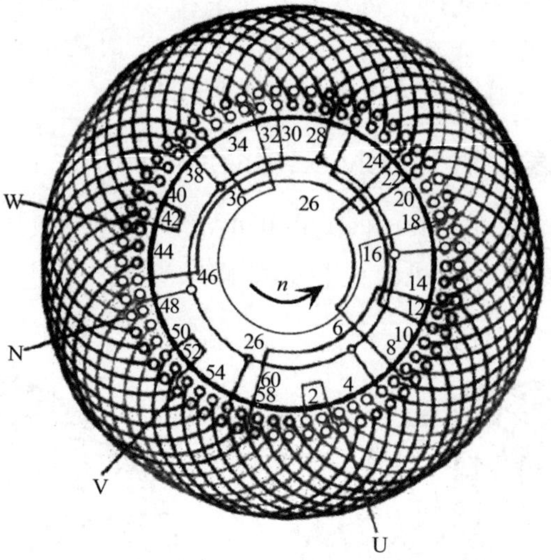

图 4-44　T2-280L 三相交流发电机绕组图示

（十）故障现象：T2 系列型同步发电机不能发电

检修要点：该故障应重点检查电刷与集电环是否正常。实际检修中因电刷与集电环接触不良较多见。可用砂纸擦净集电环表面，并调整电刷弹簧压力，使电刷与集电环接触良好。经上述处理后，发电机工作正常。

注意事项：电刷磨损了，使发电机位置、压力不正常时，要及时更换电刷，更换电刷的过程请严格参照说明书进行，不要违规操作。为了保证电刷与集电环接触效果更加良好，电刷的接触面要加工为圆弧状与集电环相对应，在为电刷进行圆弧加工时要采用细纱布固定在集电环上，然后使电刷磨削成为圆弧状。

（十一）故障现象：TCY788 交流柴油发电机运转正常无电压输出

检修要点：该故障应重点检查大功率三极管 T3 是否正常、发电机是否失磁。实际检修中因 T3 内部损坏较多见。更换 T3 后，故障排除。

注意事项：发电机失磁也会引起类似故障。将面板输出开关置于“开”位，将一个 3V 电源的正负极瞬间接触面板输出接线柱，给发电机充磁即可。

（十二）故障现象：TCY788 型交流柴油发电机输出电压仅为 90V

检修要点：该故障应重点检查负载电路及相关部位。实际检修中因负载短路使发电机数字电表电路板上的过流保护继电器损坏较多见。排除负载短路故障并更换过流保护继电器后，工作恢复正常。

注意事项：检测时，可用万用表检测与发电机副绕组相连的 38、22 号线上的电压，如果为 0V，则说明问题为负载短路所致。

（十三）故障现象：TDW-112 逆序励磁无刷单相交流发电机发出“嗡嗡”响声，迅速发热、冒烟并伴有焦臭味

检修要点：该故障应迅速切断电源停机，重点检查定子是否正常。实际检修中因定子主绕组短路较多见，重新绕制定子主绕组方可排除故障。该机定子主绕组相关维修资料如图 4-45 所示。

注意事项：该定子绕组可用整嵌法，先嵌主绕组，再嵌副绕组，使其形成双平面结构。

（十四）故障现象：TDW-90 单相无刷发电机不发电

检修要点：该故障应重点检查定子绕组是否正常。实际检修中因定子绕组受潮未经烘干便直接运行导致绝缘击穿较多见，需要重新绕制定子绕组方可排除故障。该机定子绕组相关资料如图 4-46 所示。

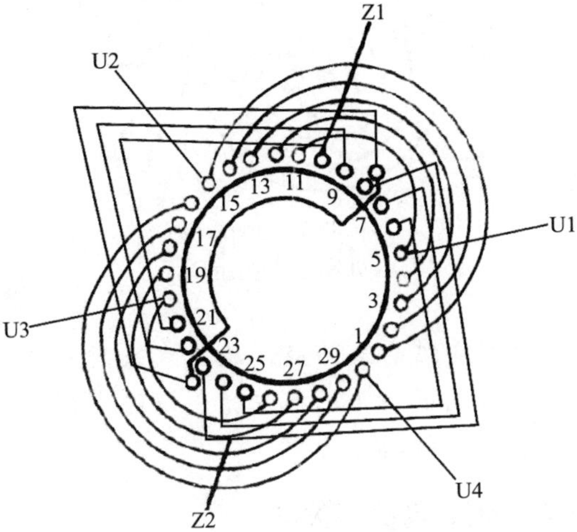

图 4-45 TDW-112 逆序励磁无刷单相交流发电机定子主绕组图示

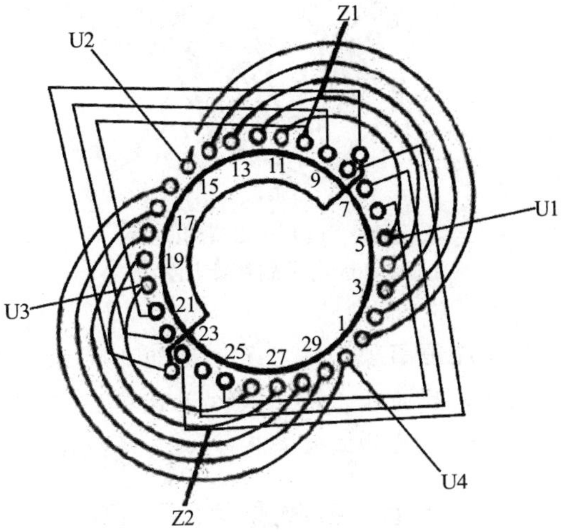

图 4-46 TDW-90 单相无刷发电机定子绕组图示

注意事项：该机定子绕组采用分层整嵌法，即先嵌入主绕组，再嵌副绕组，但每组线圈中应先嵌最小节距的线圈，然后逐个整嵌。

（十五）故障现象：TFD-132 单相交流发电机不能启动

检修要点：该故障应重点检查定子是否正常。实际检修中因定子副绕组烧坏较多见，重新绕制定子副绕组即可排除故障。该机为 36 槽 12 极（$y=2$，$a=1$）定子副绕组，其示意图如图 4-47 所示。

注意事项：该机三次谐波绕组采用整嵌法，构成槽下层平面的链式绕组，基波绕组及指示灯线圈嵌相应槽的上层。

（十六）故障现象：TFD-160 单相交流发电机不发电

检修要点：该故障应重点检查定子绕组是否正常。实际检修中因定子主绕组烧毁较多见，重绕定子主绕组即可排除故障。该机定子主绕组相关资料如图 4-48 所示。

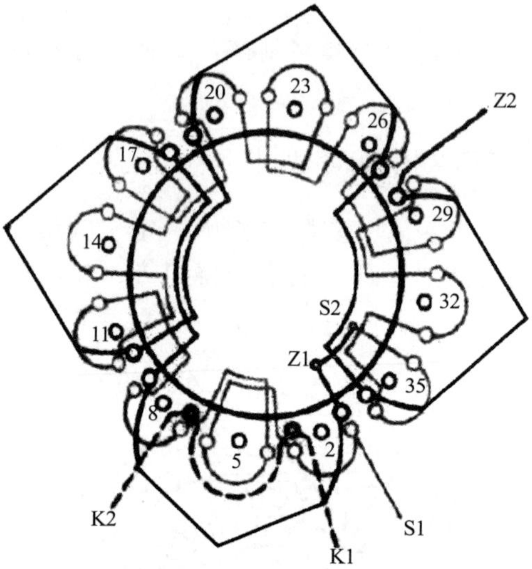

图 4-47　TFD-132 单相交流发电机定子副绕组图示

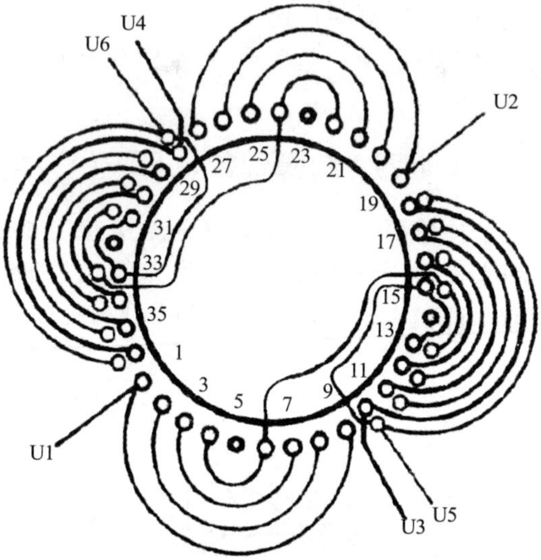

图 4-48　TFD-160 单相交流发电机定子主绕组图示

注意事项：该定子主绕组由两组单层同心式绕组叠合而成，故嵌线采用整嵌法分先后嵌入，即先嵌入黄色绕组于槽的下层构成下层面；再把绿色绕组嵌到相应槽的上层构成上层图，从而使绕组端部形成双平面结构。

（十七）故障现象：TFD-200 单相交流发电机不发电

检修要点：该故障应重点检查定子主绕组是否正常。实际检修中因定子主绕组短路较多见，重新绕制定子主绕组即可排除故障。该机定子主绕组相关资料如图 4-49 所示。

注意事项：嵌线采用整嵌法，先将绕组 U1-U5 和 U2-U6 嵌入槽的下层，然后再把绕组 U3-U1 嵌到相应槽的上层。

（十八）故障现象：TFW-200L 三相交流无刷发电机冒烟发热，并伴有烧焦味

检修要点：该故障应重点检查定子绕组是否正常。实际检修中因缺相运行，造成定子绕组烧毁较多见，需要重新绕制定子绕组。该机定子绕组为 36 槽（$y=7$，$a=2$），相关维修资料如图 4-50 所示。

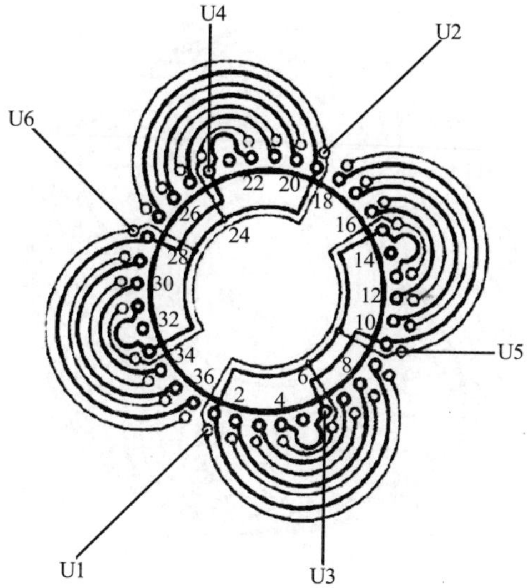

图 4-49　TFD-200 单相交流发电机定子主绕组图示

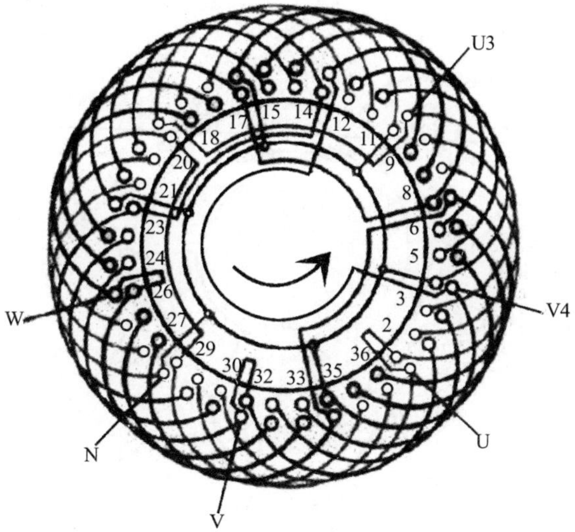

图 4-50　TFW-200L 发电机定子绕组图示

注意事项：该机绕组采用双层交叠法嵌线，绕组由 12 组线圈组成，每组 3 圈。每组分为两个支路，由相头进线后向左右两边走线，三相首端引出，尾端连接成星点，并引出机外作为发动机的中性线 N；另外还从 U 相和 V 相第一个支路的中间抽出 U3 和 V4。

（十九）故障现象：TFW2-180 三相交流无刷发电机不发电

检修要点：该故障应重点检查交流励磁机绕组是否正常。实际检修中因绕组短路较多见，需要重新绕制励磁机绕组方能排除故障。该励磁机绕组相关资料如图4-51所示。

注意事项：该机绕组是用单层链式布线的庶极绕组，是 18 槽定子绕割最多极数的三相绕组，采用单层链式布线。由于铁芯较小，线圈也不多，为减少接线，建议采用分相连绕，即每 3 个线圈为一组连绕，但要注意留足过线长度。

（二十）故障现象：TFW2-225S 发电机不能启动

检修要点：该故障应重点检查定子绕组是否正常。实际检修中因相间绕组严重短路较多见，需要重新绕制定子绕组方可排除故障。该机定子绕组相关维修资料如图 4-52 所示。

注意事项：该机定子绕组采用 2 路并联接线，每相有两个支路，每个支路由两个四联组构成，共引出线 6 根，接入（AVR）自动电压调节器信号线 U3、V4，由 U 相和 V 相第一个支路的中间抽出。

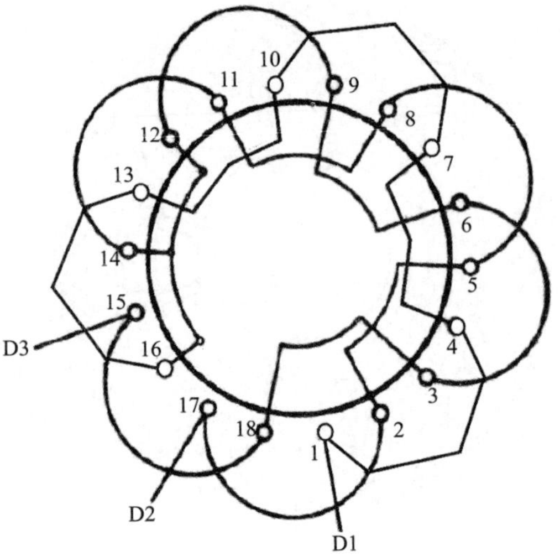

图 4-51 TFW2-180 三相交流无刷发电机绕组图示

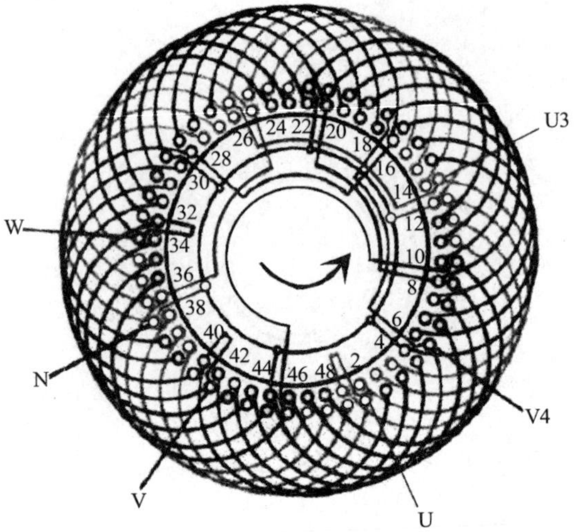

图 4-52 TFW2-225S 发电机定子绕组图示

（二十一）故障现象：TFW2-315 无刷发电机不发电

检修要点：该故障应重点检查电枢绕组是否正常。实际检修中因电枢绕组受潮失去绝缘作用造成接地较多见，需要重新绕制电枢绕组。该机电枢绕组相关维修资料如图4-53所示。

注意事项： 该三相绕组由 15 个线圈组成，每相有 5 个线圈，呈五角对称分布在定子上。全部线圈的电流方向相同，属庶极布线，即接线是顺接串联。引出三相输出端 D1、D2、D3，三相绕组的尾端接成星点。

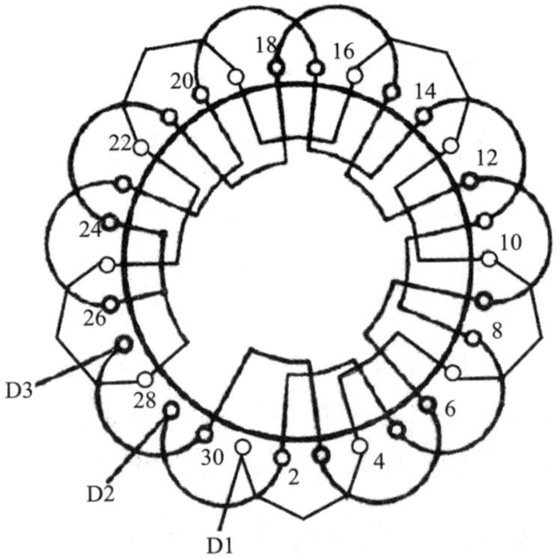

图 4-53 TFW2-315 无刷发电机电枢绕组图示

（二十二）故障现象：TFW2-400L1 三相交流无刷发电机无法启动

检修要点：该故障应重点检查定子绕组是否正常。实际检修中因槽内绕组与铁芯击穿较多见，需要重新绕制定子绕组。该机定子绕组相关维修资料如图 4-54 所示。

注意事项： 该机绕组采用交叠法嵌线，先按次序嵌入 10 个线圈的下层边，另一边吊起暂不嵌入，到第 11 个线圈开始相继嵌入两边，当嵌满 48 个线圈的下层边后，再把原来吊起的那一边嵌到相应槽的上层。

（二十三）故障现象：TFW2-400S 无刷交流发电机供电回路熔丝熔断

检修要点：该故障应重点检查发电机绕组相间是否短路。经查为 U、V 两相间部位的多股导线烧断，其周围有铜熔点。将烧伤的导线挑开，清理后焊好，并包好绝缘压平，下入槽后刷上绝缘漆并烘干即可。若无法修复时，应按原数据重绕。该机绕组相关维修资料如图 4-55 所示。

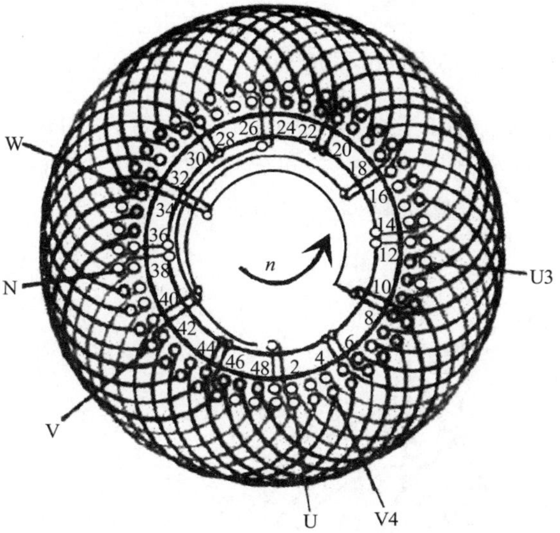

图 4-54 TFW2-400L1 三相交流无刷发电机定子绕组图示

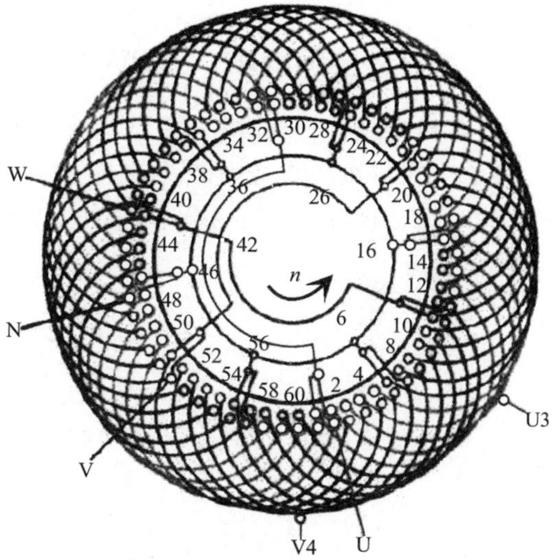

图 4-55 TFW2-400S 无刷交流发电机绕组图示

注意事项： U、V 两相第 1 组线圈中的第 3 个线圈中有一个中间抽头 U3、V4，重绕时要记录好抽头匝数的原始数据。

（二十四）故障现象：三菱汽油发电机高压太弱

检修要点：该故障应重点检查高压线是否不良。实际检修中因高压线漏电或局部短路较多见，检修或更换高压线圈即可排除故障。

注意事项： 磁铁磁性弱也会出现类似故障，充磁或更换磁铁即可。

（二十五）故障现象：小型低压发电机不能发电

检修要点：造成该故障的原因主要是失去剩磁或剩磁太弱、剩磁方向与励磁电流方向相反、励磁绕组回路有故障。实际检修中多因剩磁太弱，经充磁处理后，故障排除。

注意事项： 可用 6～12V 直流电源接至励磁绕组正负极充磁。

课堂五

其他电工电器维修实例

（一）故障现象：368W 单相罩极电动吹风机不转

检修要点：该故障应重点检查电源开关是否正常、风机绕组是否正常。实际检修中因风机绕组烧毁较为多见，需要重新绕制风机绕组方可排除故障。该风机为 24 槽 2 极 5A/2 正弦分布罩极式绕组，相关维修资料如图 4-56 所示。

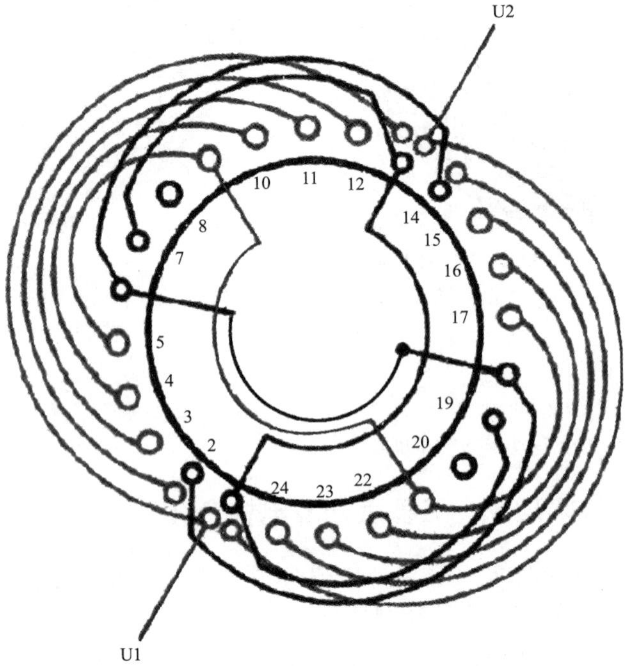

图 4-56　368W 单相罩极电动吹风机绕组图示

注意事项：该风机绕组采用分层整嵌，先嵌主绕组，完成后再用手绕嵌罩极线匝，最后把罩极线匝的首尾绞接焊牢即可。

（二）故障现象：GUK-82 路灯光控开关自动开关不工作

检修要点：该故障应重点检查光控电路及相关部位。实际检修中因光敏电阻

R4 不良（亮阻和暗阻不符合要求）较多见，更换后，故障排除。该路灯光控电路工作原理如图 4-57 所示。

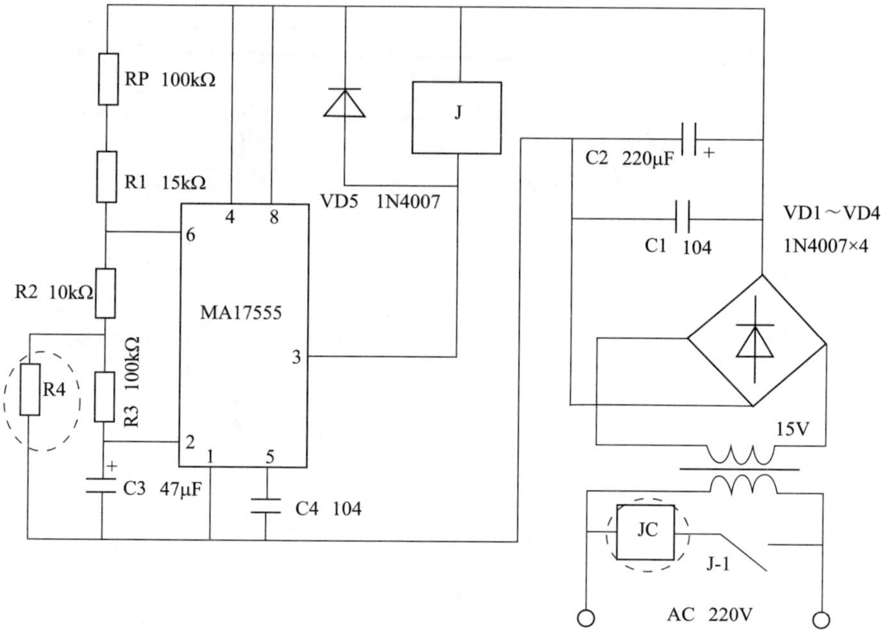

图 4-57　GUK-82 路灯光控工作原理

注意事项： 接触器 JC 损坏也会出现类似故障，可用一个 CJ20 型接触器代换。

（三）故障现象：LG GR-S24NCKE 三门智能电冰箱压缩机不启动

检修要点：该故障应重点检查 K1、K2 是否已吸合。经查 K1、K2 已吸合，进一步检查发现 PTC 起动器开路，更换后 PTC 起动器后，故障排除。相关电路维修资料如图 4-58 所示。

注意事项： 过载保护器 RF 损坏接触不良、PTC 起动器开路损坏、启动电容或运行电容开路失效、压缩机启动绕组 C-S 或运行绕组 C-M 开路、引线断脱、K1 或 K2 常开触点接触不良，均会造成压缩机不能启动故障。

（四）故障现象：SGK-Ⅲ-1 型声光控灯通电灯就亮；延时后灯灭一下又亮了，光控正常

检修要点：该故障应重点检查声控电路 R1、R2、C1、MIC（话筒）是否存在故障。实际检修中因 MIC 内部不良较多见，更换 MIC 后，故障排除。相关电路资料如图 4-59 所示。

注意事项： 检修时可先脱开电阻 R2 一脚通电测试。如此时灯亮，延时 50s 后自动熄灭，不再闪了，则说明故障点在 R1、R2、C1、MIC 这四个元件中，再用电容表进行逐一排查即可找到故障点。

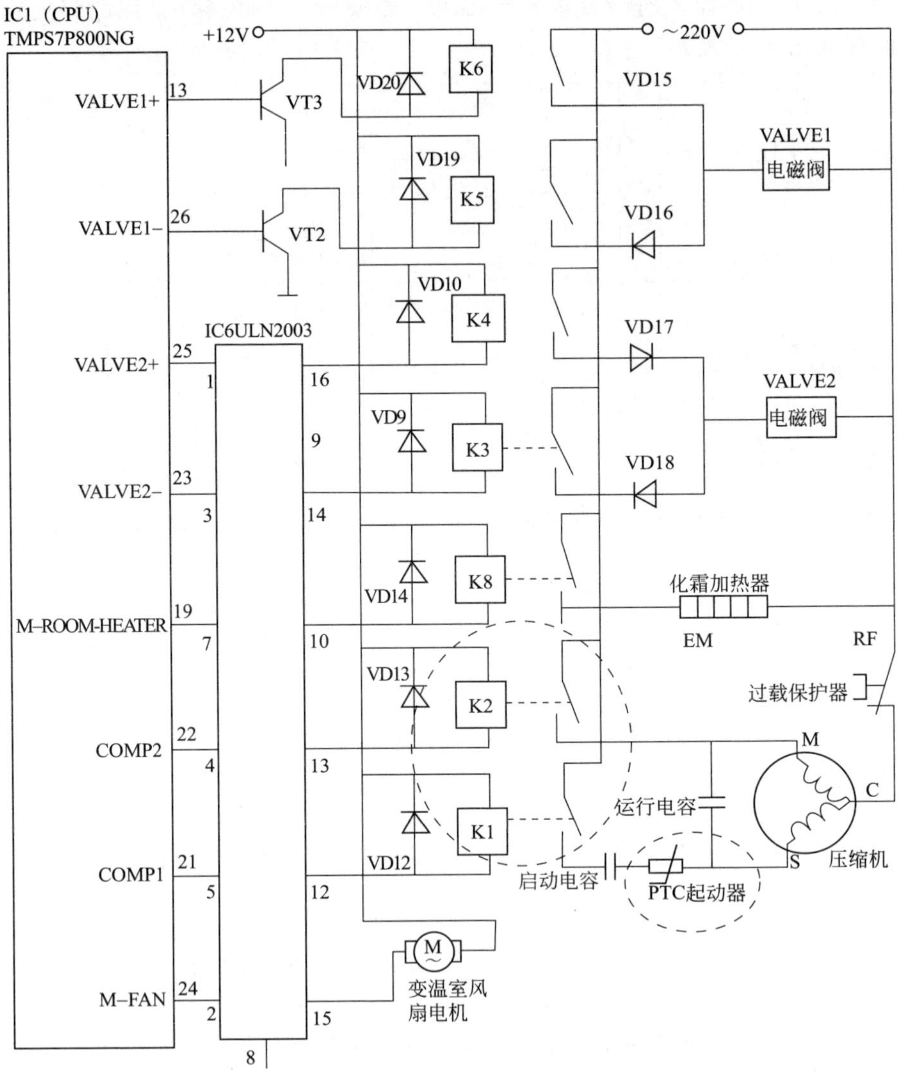

图 4-58　PTC 起动器相关电路截图

（五）故障现象：WSME-630Ⅱ电焊机按焊枪开关，无任何反应

检修要点：造成该故障的原因主要是焊枪开关或控制线断、隔离变压器坏（T6）、电源变压器坏（T4）、主控板有故障（ZKB）。实际检修中因 T6 隔离变压器损坏较多见。在断电情况下，用万用表电阻挡红表笔接 J13 插头⑨脚，黑表笔接 J13 插头⑧脚，如图 4-60 所示，正常值应为 3～7Ω，反之，说明 T6 隔离变压器损坏，更换即可排除故障。

注意事项：维修需在切断电源后等待几分钟，输入电容充分放电经测量确认无电后方可进行，防止电击。

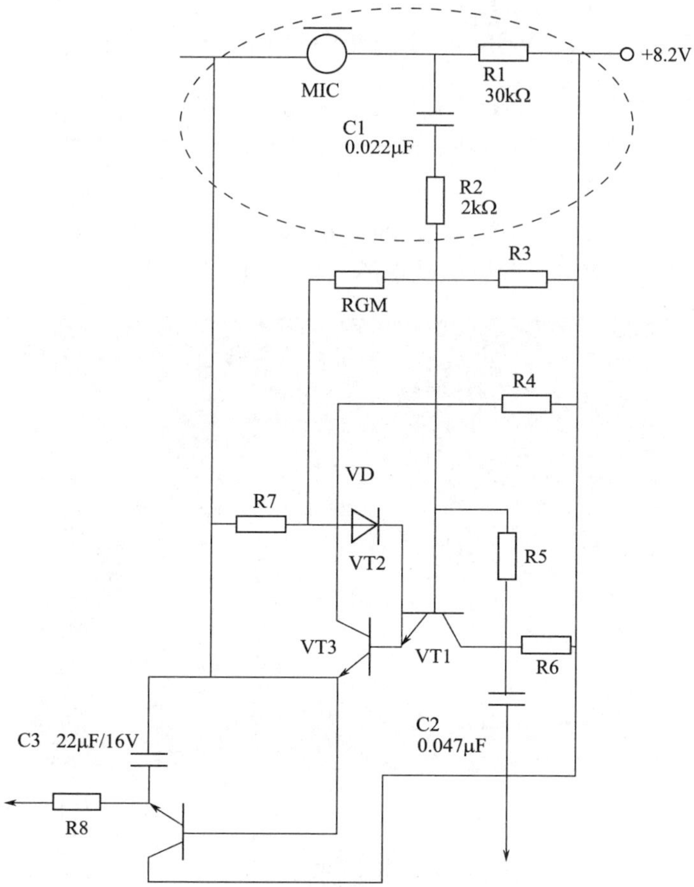

图 4-59 SGK-Ⅲ-1 型声光控灯声控相关电路截图

图 4-60 检测 T6 隔离变压器

（六）故障现象：WSME-630Ⅱ电焊机开机，面板无显示

检修要点：造成该故障的原因是电源缺相、主控板（ZKB）与显示板连线断路、接触不良（XSB）、保险管坏、T4 电源变压器坏、显示板坏（XSB）、主板坏（ZKB）。实际维修中因 T4 电源变压器损坏较多见。在通电状态下用万用表电压挡检测 T4 电源变压器绕组电压值（X1 插头），如图 4-61 所示，正确值应是 9VAC±10%，反之，说明 T4 电源变压器已损坏，更换即可排除故障。

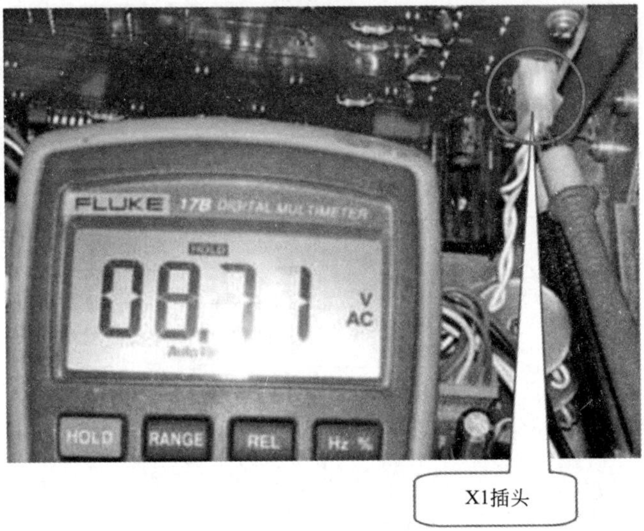

图 4-61　检测 T4 电源变压器电压

注意事项：通电检测只在空气开关不跳闸时进行，如空气开关已经跳闸，或开关闭合后空气开关跳闸，则应先进行断电检测。机内最高电压达 600V，检测时严禁人体接触带电部件。

（七）故障现象：比德文电动车（简易款）电动机振动、运转不连贯、无力

检修要点：该故障应重点检查电动机霍尔元件是否损坏。拆机之前，应先用霍尔检测仪或万用表检测电动机霍尔元件是否正常，如霍尔元件输出引线三相中有阻值差异比较大的，说明该相霍尔元件损坏，应进一步拆机检修。相关维修资料如图 4-62、图 4-63 所示。

注意事项：该机霍尔元件相位角是 120°，为保证电动机换相的精确，同时更换三个霍尔元件。安装霍尔元件时应注意：霍尔元件引脚与冲片不接触；三个霍尔元件必须平行，不得倾斜；胶水不溢出霍尔元件槽（建议使用 AB 胶，不使用 502）。

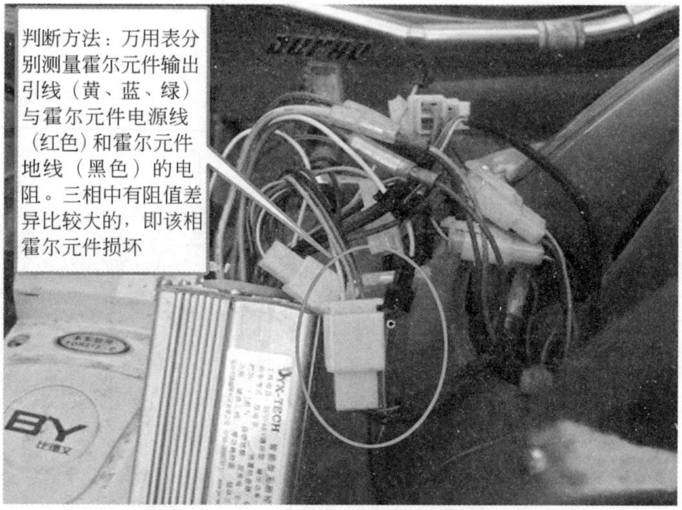

图 4-62　用万用表检测电动机霍尔元件

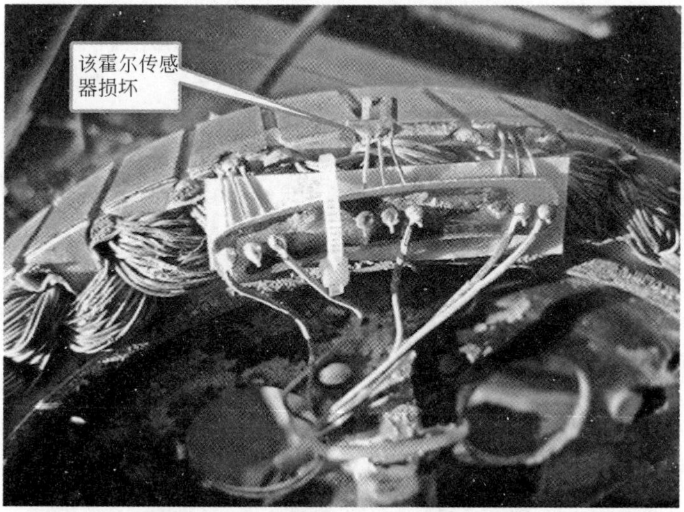

图 4-63　更换电动机霍尔传感器

（八）故障现象：富达 QW-90 吸尘器接通电源，风机不工作

检修要点：该吸尘器风机由交流单相串励电动机与叶轮同轴一体化组成。造成该故障的主要原因是电动机电路存在故障。实际检修中因双向晶闸管 VS（TBA12）击穿较多见，更换新的晶闸管 VS 即可排除故障。双向晶闸管 VS 相关电路截图如图 4-64 所示。

注意事项： 检修该例故障，应先将双向晶闸管 VS（TBA12）的 T1、T2 极短接，通电后若电动机 M 不转，则说明串励电动机 M 有故障；如短路 VS 后电动机正常转动，则说明电动机本身正常，可代换 VS 验证其是否损坏。

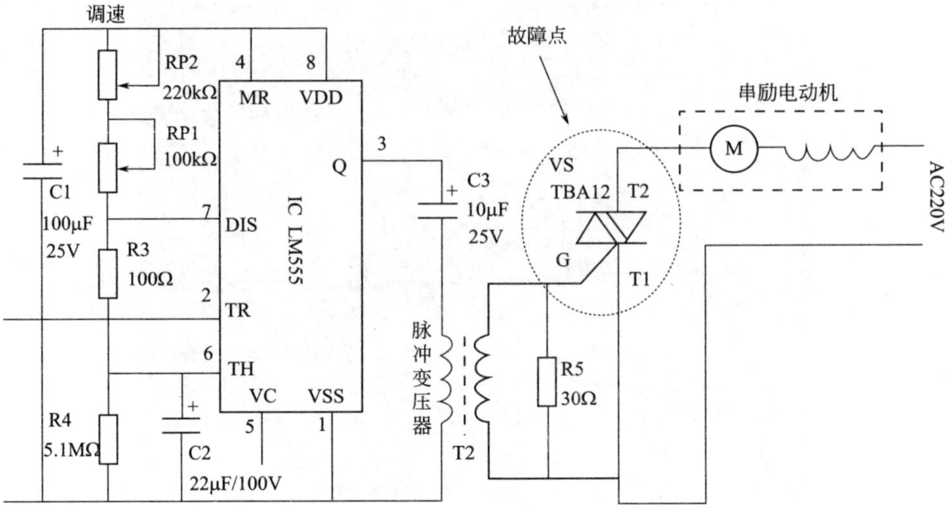

图 4-64　双向晶闸管 VS 相关电路截图

（九）故障现象：海尔 CXW-200-C1 近吸式油烟机照明灯亮，但电动机不运转

检修要点：造成该故障的主要原因是电容损坏或电容插接不牢；电动机的接线端子接触不良；电动机损坏；琴键开关损坏。实际检修中因琴键开关损坏较多见，采用如图 4-65 所示的同规格琴键开关更换后，故障排除。

图 4-65　海尔 CXW-200-C1 近吸式油烟机琴键开关

注意事项：检修时应注意安全，在电源线插头未拔掉前，不要触摸接插件。

（十）故障现象：立马电动车下坡时突然电动机抱死

检修要点：该故障应重点检查控制器是否正常。可断开控制器与电动机的 3 根相线，用手转动电动机试验，如电动机转动正常，则说明控制器烧坏。采用利民牌 48～64V/500～800W 通用控制器（见图 4-66）代换后，故障排除。

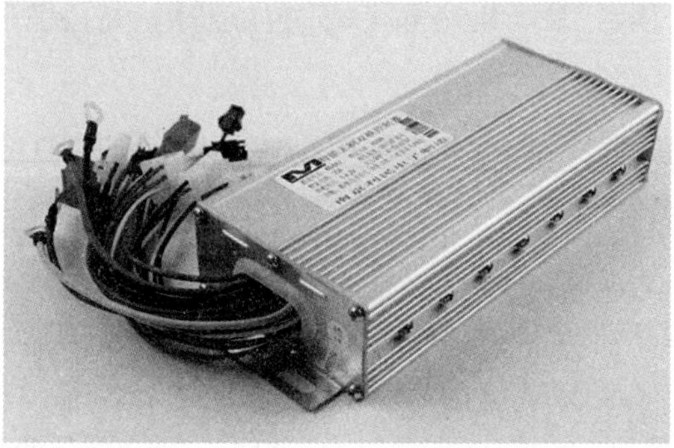

图 4-66 利民牌 48～64V/500～800W 通用控制器

此例是典型的上坡不坏而下坡坏的案例，由于电动车下坡时，电动机受到惯性作用会滑行前进，电动机就相当于是一个发电机，其输出的电流值超过一定值时，会造成控制器烧坏，使控制器内大功率 MOS 管击穿。现在大多数无刷控制器内部都设置有反充电功能和功率管动态保护功能，以防止功率管损坏。

注意事项： 代换控制器时，首先应关闭断路器，分别接好电动机 3 根相线和 5 芯霍尔元件插件。接线时注意正、负极不可接反，不要相碰。

（十一）故障现象：龙的 NK-802 电热水瓶主加热器不加热

检修要点：该故障应重点检查控制/显示电路组件是否存在元器件损坏。实际检修中因驱动管 VT1 和 R22 损坏较多见，更换损坏的元器件即可排除故障。相关电路截图如图 4-67 所示。

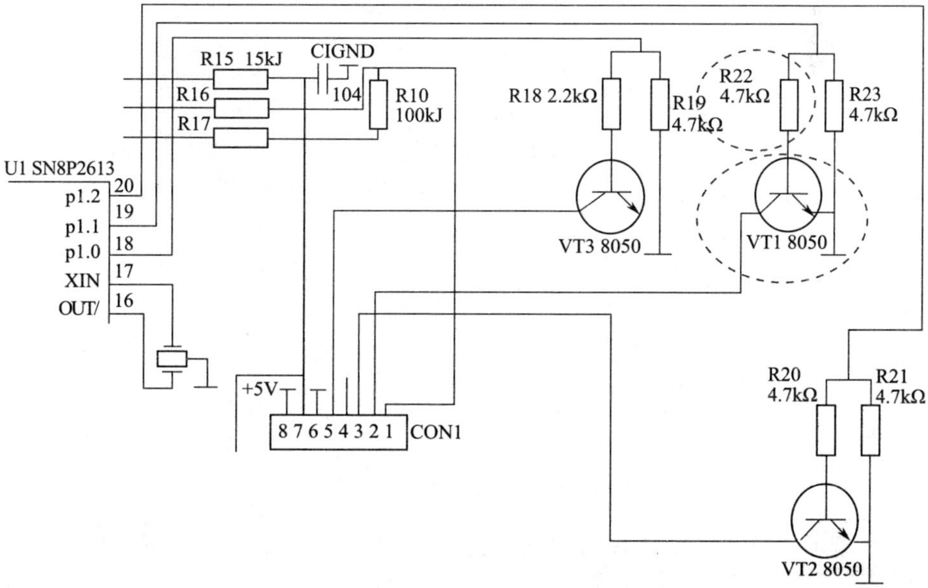

图 4-67 驱动管 VT1 和 R22 相关电路截图

注意事项： 该机控制/显示电路相关元器件损坏，还会产生加热温度低和熔断器熔断的故障。

（十二）故障现象：美的EG823LA3-NR微波炉按电源键整机无反应，不工作

检修要点：该故障应重点检查门开关是否正常、低压变压器是否正常。实际检修中因电压突然升高而损坏低压变压器的初级线圈较多见。由于身边没有此型号变压器，只好从其他废旧微波炉电路板上拆卸变压器进行改制后再代换。从旧板上拆下的变压器标称输出为16.3V×1、5.47V×2，但在变压器次级的输出引线上看到有11.45V、5.70V、20.26V、6.5V，通过利用11.45V和6.5V这两组电压进行接驳（见图4-68），成功替换，故障排除。

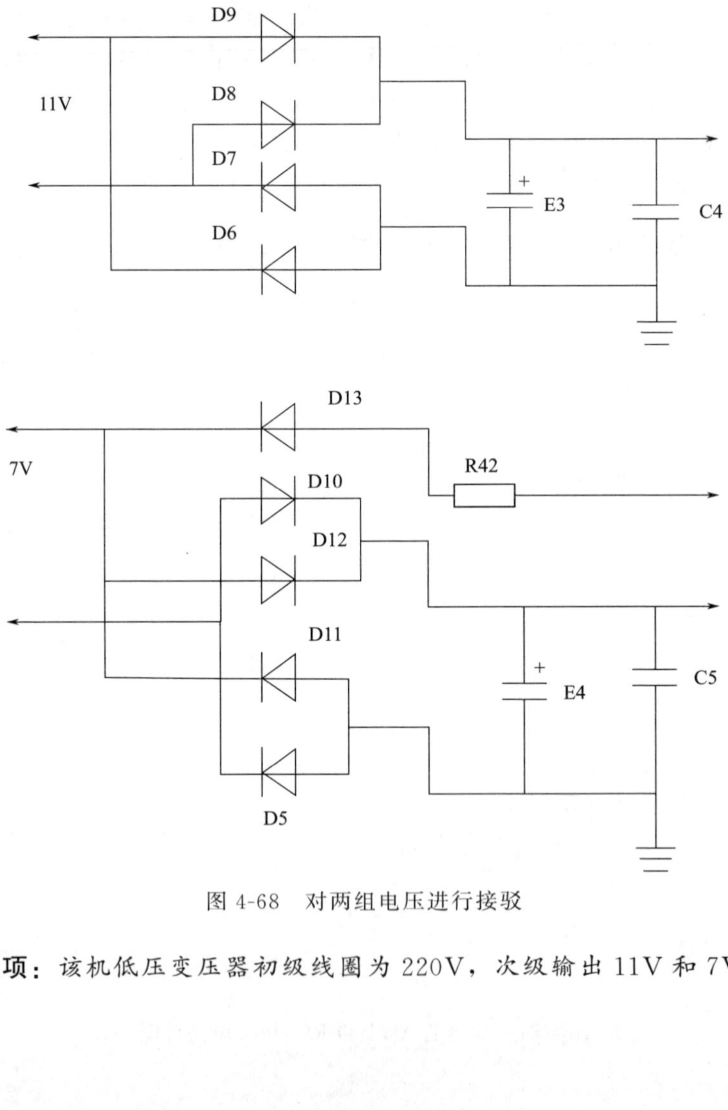

图4-68 对两组电压进行接驳

注意事项： 该机低压变压器初级线圈为220V，次级输出11V和7V。

(十三)故障现象：上海通用 ZX7-400S IGBT 逆变式手工直流弧焊机在焊接过程当中突然出现无输出，且故障保护灯点亮

检修要点：该故障应重点检测温度保护元件是否正常，可用电烙铁加温测试，如图 4-69 所示。如此时温度保护元件始终处于常闭状态，则说明已损坏，更换同规格温度保护元件即可排除故障。

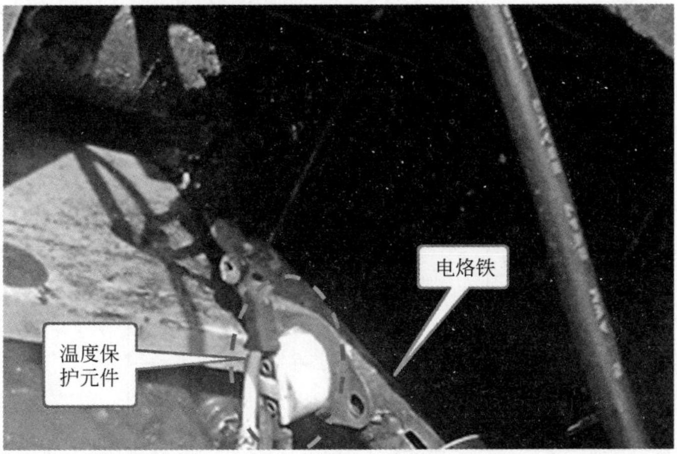

图 4-69 用电烙铁测试温度保护元件

注意事项： 实际维修中，温度保护器、散热风扇同时损坏较多见，因此检修该故障还应排查散热风扇是否也损坏。如散热风扇损坏，应更换同规格轴流风扇。

(十四)故障现象：帅康牌抽油烟机开关接通时右侧电动机不转，并有“嗡嗡”的响声

检修要点：该故障应重点检查 TLC336 晶闸管及绿色发光二极管 LED 是否正常。实际检修中因绿色发光二极管 LED 正向电阻值增大，使晶闸管控制角变大，导通角减少，输出电压过低，造成电动机不能运转较多见。换一正向电阻为 300Ω 发光管后，电动机运转正常。

注意事项： 判断晶闸管 TLC336 是否正常，可将一个 220V/60W 白炽灯泡接到右侧电动机回路（见图4-70），如此时接通开关，灯泡发出橘黄色闪烁的光，则可排除双向晶闸管有问题。

图 4-70 用白炽灯泡检测双向晶闸管

（十五）故障现象：四状态照明灯控制器工作时周边灯始终不亮

检修要点：该故障应重点检查 K2 是否有吸合声、电阻 R2（18kΩ）是否正常。实际检查中多因电阻 R2 虚焊使该触发器（控制芯片 CD4013）13 脚 VT2 始终处在清零状态，造成 K2 不动作。重新补焊 R2 后，故障排除。该照明灯控制器工作原理如图 4-71 所示。

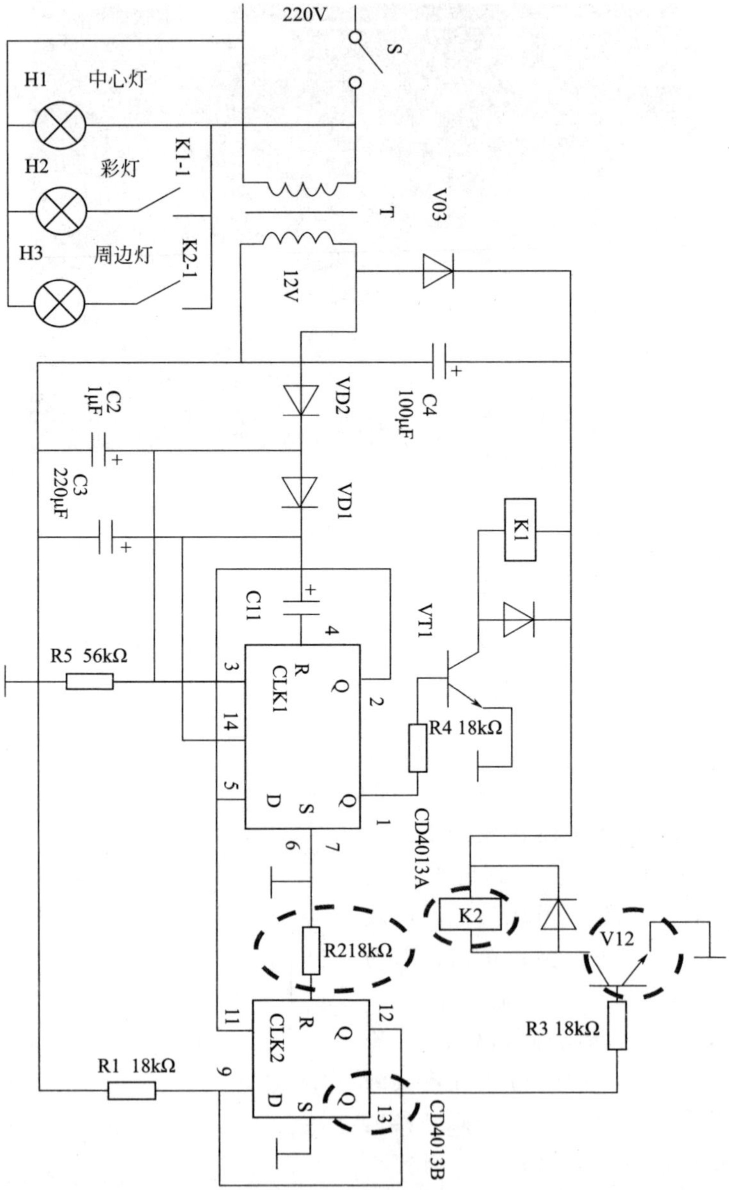

图 4-71 四状态照明灯控制器工作原理

注意事项：CD4013 是双 D 触发器，由两个相同的、相互独立的数据型触发器构成。每个触发器都有独立的数据、置位、复位、时钟输入和 Q 输出。此器件可用作移位寄存器，且通过将 Q 输出连接到数据输入，可用作计数器和触发器。在时钟上升沿触发时，加在 D 输入端的逻辑电平传送到 Q 输出端。置位和复位与时钟无关，而分别由置位或复位线上的高电平完成。

（十六）故障现象：速派奇有刷电动车电动机转动无力

检修要点：该故障应重点检查电动机是否正常。实际检修中因电动机定子磁钢松动移位较多见。取下旧磁钢，重新用 AB 胶粘牢，即可排除故障。

注意事项：粘贴磁钢前，应先钢锯条刮净电动机定子上的残胶。

（十七）故障现象：真汉子 RSCF-8217 型电动剃须刀，按下“开/关”轻触复位键可以启动直流电动机，但是再按下该轻触复位键时，直流电动机却不停止旋转

检修要点：该故障应重点检查三极管 Q3 是否正常。实际检修中多因 Q3 的 β 值变小后造成其未完全进入饱和导通状态，这时，由于 Q3 的 U_{CE} 管压降不够低，当“开/关”轻触复位键按下（S 接通）时，电阻 R6 与电阻 R9 连接点的电位降得不够低，使 Q3 的发射结仍得到其导通所需的正向偏置电压，所以造成 Q3 仍处于导通状态，造成直流电动机旋转不停。相关电路截图如图 4-72 所示。

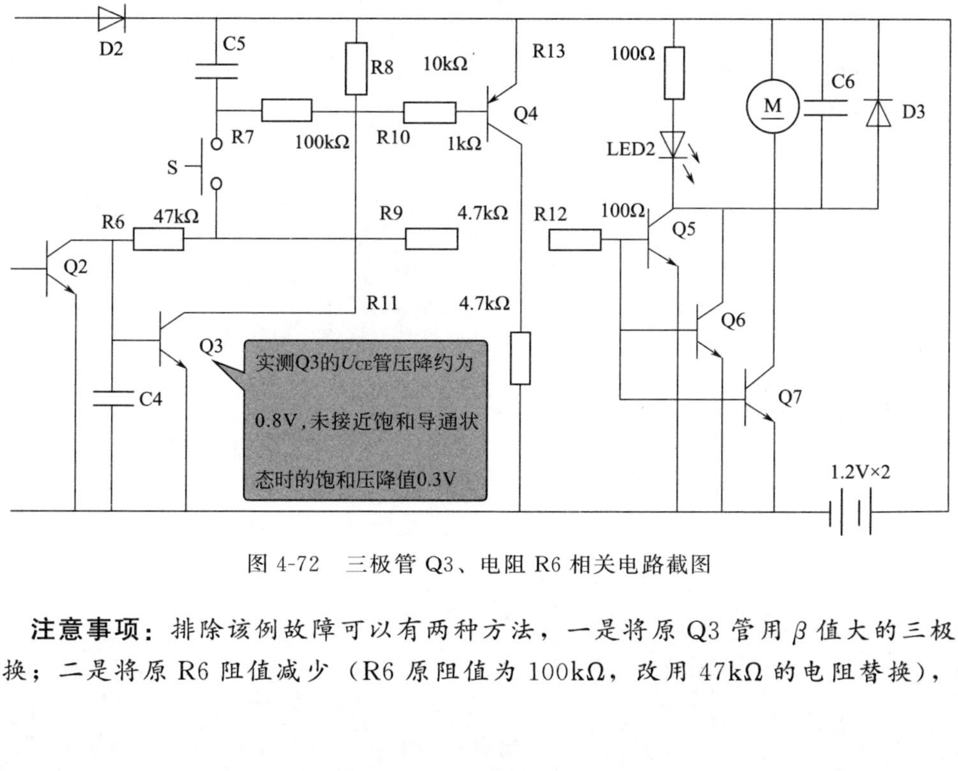

图 4-72 三极管 Q3、电阻 R6 相关电路截图

注意事项：排除该例故障可以有两种方法，一是将原 Q3 管用 β 值大的三极管更换；二是将原 R6 阻值减少（R6 原阻值为 100kΩ，改用 47kΩ 的电阻替换），使

Q3 进入饱和导通状态，使 Q3 的 U_{CE} 管压降降至约 0.3V。

（十八）故障现象：钻石牌电风扇开始启动很慢，等一分钟才能正常转，后来干脆不转了，拨一下扇叶也不转

检修要点：拆机，用万用表电阻挡测量电动机绕组上的 C5 温度保险电阻是否断路。更换新的温度保险电阻即可。C5 温度保险电阻相关资料如图 4-73 所示。

图 4-73　C5 温度保险电阻

注意事项： 新的温度保护电阻规格及参数应与原件相符，该机 C5 温度保险电阻参数为 130℃/2A/250V。